遗留空区（群）治理
与残余资源安全复采

王炳文　王成龙　著

北　京

冶金工业出版社

2019

内 容 提 要

本书以某黄金矿山为工程背景，基于选矿尾砂与地下采空区、残余矿体互为资源的理念，对金属矿山遗留空区（群）治理以及受采空区影响区域内的残余资源安全复采技术与方法进行了全面论述，涵盖了金属矿山遗留空区（群）探测技术、空区稳定性评价与分级、空区稳定性控制与充填治理、全尾砂充填材料基本特性、大体积全尾砂充填料浆快速脱水技术、残余资源安全复采工艺等方面的内容，系统解决了黄金矿山地下遗留采空区隐患充填治理、选矿尾砂环境友好处置以及井下残余矿产资源安全复采的技术难题，实现了金属矿山绿色开采与生态环境保护并重的矿业资源可持续发展。

本书可供从事金属与非金属矿山开采理论及其工程应用的科研人员与高等院校相关专业师生使用，也可供采矿工程技术人员、矿山生产管理人员阅读参考。

图书在版编目（CIP）数据

遗留空区（群）治理与残余资源安全复采/王炳文，

王成龙著. —北京：冶金工业出版社，2019.5

ISBN 978-7-5024-8118-6

Ⅰ.①遗… Ⅱ.①王… ②王… Ⅲ.①采空区处理

②采空区—复采 Ⅳ.①TD325

中国版本图书馆 CIP 数据核字（2019）第 082008 号

出 版 人　谭学余

地　　　址　北京市东城区嵩祝院北巷 39 号　邮编　100009　电话　(010)64027926

网　　　址　www.cnmip.com.cn　电子信箱　yjcbs@cnmip.com.cn

责任编辑　曾　媛　张耀辉　美术编辑　彭子赫　版式设计　孙跃红

责任校对　李　娜　责任印制　李玉山

ISBN 978-7-5024-8118-6

冶金工业出版社出版发行；各地新华书店经销；三河市双峰印刷装订有限公司印刷

2019 年 5 月第 1 版，2019 年 5 月第 1 次印刷

169mm×239mm；16 印张；311 千字；245 页

68.00 元

冶金工业出版社　投稿电话　(010)64027932　投稿信箱　tougao@cnmip.com.cn

冶金工业出版社营销中心　电话　(010)64044283　传真　(010)64027893

冶金工业出版社天猫旗舰店　yjgycbs.tmall.com

（本书如有印装质量问题，本社营销中心负责退换）

前　言

我国已成为世界第一大金属矿产生产和消费国，2017 年铁、铜、铅、锌、黄金等主要矿种原矿年产量占世界总量的 50% 以上。矿产资源长期大规模开采以及采空区处理滞后，在地下形成大量的采空区，严重威胁着周边居民生命财产安全和矿区生态环境健康，已成为金属矿山的重大危险源之一。原国家安监总局于 2014 年 6 月 17 日颁布第 67 号令，明文规定金属非金属地下矿山企业"必须加强顶板管理和采空区监测、治理"。

由于矿体赋存状态的多样性和地下开采环境的复杂性，使得金属矿山采空区具有隐蔽性、动态性、聚集性等特点，准确掌握采空区的空间位置及其形态，正确分析评价采空区的稳定性是采空区治理的技术关键之一。本书以某黄金矿山遗留空区（群）治理和残余资源安全复采为工程背景，提出了一种基于地下金属矿山开采环境修复的残余资源安全复采理念，利用选矿尾砂充填治理地下遗留空区，为受空区影响区域内的残余资源复采营造了新的采矿应力环境，既治理了地下遗留空区（群）隐患，又解决了选矿尾砂的排放问题，还实现了残余资源的安全复采，为解决金属矿山当前面临的尾矿库库容不足、选矿尾砂环境友好型处置、矿区生态环境保护压力大、井下生产存在安全隐患以及延长资源危机矿山服务年限等问题提供了技术依据，促进了矿产资源开发与矿区生态环境修复的协同发展。

本书主要介绍了以下技术创新成果：

（1）遗留空区（群）精准探测与稳定性评价技术。针对金属矿山遗留采空区（群）具有复杂性、隐蔽性、聚集性的特点，提出了隐覆空区物探结合开放空区激光扫描的空区精准探测技术。通过三维地质建模、理论分析和数值模拟，开展了遗留空区（群）链式致灾机理和稳定性评价技术的研究，将矿区遗留空区（群）按安全程度划分为稳定、较稳定和不稳定三个等级，为遗留空区（群）治理与充填顺序优化提供了理论指导。

（2）遗留空区（群）大体积全尾砂充填料浆快速脱水与动态监测技术。针对全尾砂充填料浆颗粒细微、保水性强、脱水困难的特点，基于全尾砂和碎石存在渗透系数差异的理论，提出了一种大体积全尾砂充填料浆快速脱水与动态监测技术方法，并研发了一套空区充填料浆脱水模拟试验装置，为遗留空区（群）尾砂充填治理提供了技术保障。

（3）遗留空区（群）隐患治理与残余资源安全复采协同技术。针对遗留空区（群）影响区域内存在大量的残余资源有待开发利用，基于选矿尾砂与地下采空区、残余矿体互为资源的理念，以地下开采环境修复与再造为指导，从协同理论的角度出发，提出了一套金属矿山遗留空区（群）隐患治理与残余资源安全复采协同技术，最大限度地回收受遗留空区（群）影响的残余资源，对延长资源危机矿山的服务年限，实现矿山可持续发展具有重要意义。

在本书撰写过程中，引用了诸多专家学者和相关研究人员的成果和论著，作者深表谢意。本书的撰写还得到了山东黄金矿业（玲珑）有限公司的闫少华副总经理、刘家瑞高工、刘杰硕士，华北科技学院翟盛锐博士，中国安全生产科学研究院李全明教授级高工、付士根教授级高工以及科研团队的徐文彬副教授、雷强硕士、李亚楠硕士、柴岳鹏硕士、张毅硕士、肖宏超硕士等的大力帮助，在此一并表示感谢。

本书的出版得到了"十三五"国家重点研发计划重点专项（2018YFC0808403）的资助。

限于时间和水平，书中不妥之处在所难免，恳请专家、学者不吝批评和赐教。

著　者

2019 年 2 月

目　　录

1 绪 论

1.1 研究背景

矿产资源是人类社会发展重要的物质基础，矿产资源的开发利用对社会的发展与进步起到了非常关键的作用。然而，矿产资源开发是一把双刃剑，在持续提供工业发展原料的同时，地下金属矿山也遗留下大量的采空区，不仅危及矿井生产安全，而且可能造成地表塌陷和生态环境破坏，是金属矿山重大危险源之一。1960 年，南非 Coalbrock North 矿发生顶板大规模突然冒落，井下破坏面积达 $300\times10^4\mathrm{m}^2$，死亡 432 人，这是目前顶板冲击地压最大的一次灾难。1961 年 10 月，大同矿务局挖金湾矿青羊湾矿井，空区一次性发生顶板冒落约 $16.3\times10^4\mathrm{m}^2$，地面塌陷 $12.8\times10^4\mathrm{m}^2$，沉陷深度达 $0.5\sim1.0\mathrm{m}$，造成 18 人死亡；冒顶产生的强烈气浪，吹翻井下载重 1t 的重车，吹毁风桥、密封 11 处，摧垮巷道支架 90m，矿井通风、运输系统均遭破坏，全矿被迫停产。据有关部门估算，我国矿山采空区体积累计超过 250 亿立方米，相当于三峡水库的库容量，而且随着矿山的持续开采，仍以每年 10 亿立方米的总量不断扩大。因此，原国家安监总局曾明文规定金属非金属地下矿山企业"必须加强顶板管理和采空区监测、治理"。

山东黄金矿业（玲珑）有限公司（以下简称"玲珑金矿"）始建于 1962 年，是一座集黄金采、选为一体的国营大型矿山企业。该矿经近六十年的开采，目前开采深度已达千米，矿产资源濒临枯竭，矿区生态环保压力日增，改变传统的开采方式势在必行。

该矿区以急倾斜薄矿脉为主，早期主要选用浅孔留矿法开采，采用废石充填或封闭的方式处理采空区。长期以来，在地下形成了大量的遗留采空区（群），部分采空区已垮塌，并在地表形成多处塌陷坑。随着矿山开采深度的增加，地表岩石移动影响范围逐步扩大，危及矿区现有地表工业场地建筑的安全。地下遗留采空区（群）的存在，对矿区的地表环境、生态以及地下采场正常生产均造成了重大安全隐患，已成为矿山的重大危险源之一。随着矿山开采强度和开采深度的不断加大，地下采场的安全生产形势日趋严峻，直接关系到矿山的正常生产。因此，开展遗留采空区（群）治理是确保矿山深部安全开采的前提。

由于采用空场采矿法开采，加之曾受群采乱挖的影响，矿区存在大量的残余资源有待开发利用，这些资源主要包括：（1）采空区周边残留的低品位矿产资源（过去称之为"贫矿"，在当前技术经济条件下，已成为矿山可利用资源）；（2）开采中预留的矿柱、间柱、顶底柱等矿产资源；（3）因技术原因而损失的矿产资源。随着矿产资源争夺的进一步升级，这些原本不太引人注意的空区残余资源日益受到关注。因此，安全、高效、最大限度地复采和回收这部分资源，对延长资源危机矿山的服务年限，实现矿山可持续发展具有重要意义。

玲珑矿区选厂现矿石处理能力超过 5000t/d，尾矿产出率达到 94%~96%，其中 50%~70% 的选矿尾砂仍采用传统的地表尾矿库堆存方式。尾矿库位于选矿厂南东向约 3km 的 S 型山谷中，三面环山，地形起伏大，坡度陡，属构造剥蚀低山丘陵地貌。该尾矿库经多次改（扩）建，现总库容已达 1545 万立方米、坝高 150m，为二等库，已无再扩建余地。截至 2018 年 6 月，该尾矿库剩余库容的服务年限不足 2 年。玲珑金矿曾考虑新建尾矿库以解决当前尾矿库库容不足的问题，但因位于罗山森林保护区内，选址征地工作困难、设计立项审批程序复杂、建设周期长且运营管理费用高等原因，无法满足矿区当前的生产需要。此外，地表尾矿库是一个具有高势能的人造泥石流危险源，其安全稳定性直接关系到周边居民生命财产安全以及自然生态环境保护，现今玲珑尾矿库库容已濒临设计容量，存在极大的安全隐患。因此，解决玲珑矿区选矿尾砂的安全处置问题已迫在眉睫，必须采取新思路、新技术、新工艺来解决这一难题，以满足国家绿色矿山建设和环境保护的要求。

玲珑金矿经多年开采，已形成的采空区及废旧巷道体积和数量巨大，甚至出现了地下空区（群）。限于当时的开采技术条件，其中绝大部分采空区未能及时处理或仅采用简单的废石充填措施，仍有大量空间体积的采空区和废旧巷道需进一步治理，且相当数量的采空区及废旧巷道因年代久远而出现冒顶、塌方等现象。此外，各采空区之间、空区与巷道之间是否连通也无从知晓，贸然进行井下充填治理作业，轻则出现跑浆、漏浆，重则引发充填料浆突涌的泥石流事故。因此，遗留空区（群）具体赋存状况不明，进行井下空区充填治理风险和难度大。若要实现井下遗留空区（群）有效治理，首先需要探明空区及废旧巷道的空间位置、规模、形态等基本赋存特征，并在此基础上采取相应的控制技术措施，以指导井下遗留空区（群）和废旧巷道的充填治理。

鉴于此，结合玲珑矿区地下开采的实际需要，同时为选矿尾砂寻求安全的处置方式，开展了玲珑矿区遗留空区（群）治理与残余资源安全复采协同技术研究。拟将玲珑矿区选矿尾砂充填到地下遗留空区，对采空区进行尾砂料浆充填处理，既可治理地下遗留空区（群）隐患，又可解决选矿尾砂的排放问题，还可实现残余资源的安全复采，一举三得，最终实现玲珑矿区矿产资源开发与生态环境修复协同发展。为此，山东黄金矿业（玲珑）有限公司委托中国矿业大学（北京）开展了遗留空区（群）与残矿资源现状调查、采空区稳定性评价、空区充填工艺与系统优化、残矿复采工艺设计等研究工作，为解决矿山当前面临的尾矿库库容不足、选矿尾砂环境友好型处置、矿区生态环境保护压力大、井下生产存在安全隐患以及延长资源危机矿山服务年限等问题提供了技术依据。

1.2 相关技术研究现状

矿山地下开采遗留大量的采空区，特别是自 20 世纪 80 年代以来，我国矿业开采秩序较为混乱，无规划的乱采滥挖在一些国有矿山周边留下了大量的不明采空区。这些采空区的存在，给矿山安全生产带来严重威胁：（1）矿山开采条件恶化，造成矿柱变形破坏、相邻作业区采场和巷道维护困难等；（2）引发大面积顶板冒落和岩移，引起地表塌陷；（3）采空区突然垮塌而产生的高速气浪和冲击波，造成人员伤亡和设备损毁；（4）采空区老窿积水，形成突水隐患。鉴于此，国内外许多学者在此方面做出了卓有成效的贡献，主要包括对地下采空区进行精确探测技术的研究，对采空区治理提出了一些行之有效的方法，同时还对采空区顶板的稳定性进行了一系列安全评判研究，通过对地下复杂采空区顶板数值模拟以确定其最小安全厚度等。

1.2.1 采空区探测技术

由于地下开采的特殊性，金属矿山采空区通常比较隐蔽、复杂，尤其是采用崩落法开采的矿山，空区的具体边界难以确定，遗留时间较长的采空区易造成地表塌陷。因此，分析矿体开采设计资料并进行采空区探测，对于评价采空区稳定性和开展灾害控制非常重要。

根据工作原理的不同，目前采空区探测技术可分为电法、电磁法、非电法及地震波法等。依据采空区赋存状况的不同，采空区探测技术又可分为隐覆采空区探测和可视采空区探测。早期采空区探测主要起源于以地质找矿为目的的物理探测方法。美国在电法、电磁法、微重力法以及地震勘探等方面开展了较多研究与应用，近年来又发展了高精密度三维地震探测技术、地震 CT 技术等。俄罗斯在采空区探测过程中，多采用直流电法、瞬变电磁法、波透视及射气测量等技术。欧洲一些国家较多采用微重力法、高密度电法和地质雷达法等探测采空区。我国早期一般采用工程钻探的方式进行采空区探测，工程量大且精度低，近年来在工程物探方面进行了较多研究。刘敦文、王俊茹、徐白山、薛金芳、郭崇光、曾若云等人分别采用探地雷达法、瞬变电磁法、地震波法、高密度电法、综合电法、直流电法等方法对采空区进行探测，取得良好的探测效果。

随着采空区数量的日益增多，对于探测技术的精度要求也不断提高。近年来，三维扫描技术得到了一定程度的发展，但由于矿山环境的复杂性，目前在采空区精细探测方面，国内外均处于起步阶段。三维激光扫描探测的核心技术为激光雷达技术（Light Laser Detection and Ranging，LiDAR），根据激光的往返时间或者相位差来测出围岩边界与测量地点之间的距离。利用三维激光扫描技术探测采空区时，可采用从左到右或从上到下两种方式进行探测，然后根据探测得到的点云数据，在计算机中形成采空区的三维形态，从而接近真实地描述出采空区的整体结构及其形态特性。三维激光扫描技术主要包括空区监测系统（Cavity Monitoring System，CMS）和空区激光自动扫描系统（Cavity Auto Scanning Laser System，C-ALS）两种，二者都可以得到采空区的形态和体积，而且得到的数据还可进行二次开发，与其他的矿山三维数值模拟软件相结合对采空区稳定性进行分析。

1.2.2　空区稳定性分析

空区稳定性分析，实质上就是分析在特殊环境中，空区结构及其围岩的稳定状态。金属矿山地下开采形成采空区，破坏了原始应力平衡状态，引起应力重新分布，产生次生应力场；同时，因采空区的赋存条件往往较为复杂，故影响采空区稳定性的因素较多，其中主要包括采空区岩体结构类型、岩体质量、形态、跨度、倾角、周围开采状况、地下水作用、地下温度场作用等因素。目前，国内外学者在采空区稳定性方面进行了大量研究，得到了许多有效的分析方法，其中主要包括基于岩体质量分级的分析方法、理论分析方法、数值模拟分析方法以及基于不确定理论的分析方法等。邱贤德等人根据盗采和无规划开发某矿区资源造成采空区不断扩大的现象，进行深入调查研究，并采用 ANSYS 有限元数值计算软件分析了该矿区采空区的稳定性；根据研究成果，采取了相应的空区处理技术措施，有效地控制了地压，获得了很好的经济效益和社会效益。

为了对采空区的安全状况进行分类，需要在现场工程地质调查和室内岩石力学测试的基础上，对岩体的质量进行综合评价，计算得出采空区允许的最大无支护跨度、采场顶板最大暴露面积、采场上盘围岩最大暴露面积，再结合具体的采场进行分类。李青山等人通过对阿尔登-托普坎铅锌矿采空区现状进行摸底调查，根据采空区跨度、高度和体积等对采空区进行了统计归类，提出了基于 Q 系统岩体分级的最大无支护跨度计算方法和 Mathews 图解方法，分别对采空区进行了安全性评价。刘敦文等人通过大量的实例，对目前的采空区处理技术进行了细致分类，并对其中的各种处理方案做出了科学评价；通过对厂坝铅锌矿空区处理方案的研究，提出了采用模糊数学的方法选择最优的空区处理方案，对目前采空区的处理具有指导意义。

1.2.3　采空区治理技术

地下矿床开采形成的采空区，破坏了岩体的原始应力平衡状态，使空区周围的岩体应力产生变化，并为建立新平衡而重新分布；当达到临界变形以后，就会发生围岩破坏和移动，对地下作业人员与生产设备造成重大的安全威胁，现已成为金属矿山重大危险源之一。同时，随着开采深度不断增加，大量的矿山（如红透山铜矿、冬瓜山铜矿、程潮铁矿等）已进入深部开采阶段，矿体赋存环境极其复杂，形成的深部采空区自稳能力减弱，其稳定与否直接威胁到深井矿山安全生产。2016 年 12 月 25 日，山东平邑一石膏矿发生大规模采空区顶板垮塌事故，导致多人遇难，对矿山企业造成了重大的经济损失和不良的负面效应。因此，采空区稳定性分析与治理是防止采空区灾害发生的关键环节。

金属矿山地下开采后遗留的采空区，在治理过程中受到多种因素影响，不同条件下的采空区所采用的治理技术也应有所不同，需要根据矿山实际生产情况，选择合适的采空区治理技术方案。影响采空区治理技术方案选择的主要因素包括采空区存在时间、采空区稳定状态、采空区赋存情况、矿体开采方法、矿区生态环境及企业经济状况等。根据采空区结构特点，目前采空区治理技术主要是针对顶板及矿柱，通过限制顶板位移、缓减矿柱应力集中等以控制采空区的稳定性，防止发生失稳破坏现象。结合国内外金属矿山开采技术条件，目前主要的采空区治理技术包括以下几种。

1.2.3.1 留设永久矿柱或构筑人工矿柱

在回采过程中留下矿柱或构筑人工矿柱支撑采空区，能够有效地减少采空区顶板暴露面积，进而限制顶板岩体下沉，通常适于缓倾斜薄至中厚以下矿体，并且对采空区围岩稳定性要求较高。该方法的优点是工艺简单，成本较低；缺点是留设矿柱会造成矿石损失，且后期采空区仍然可能发生失稳破坏。选用该方法处理空区的关键是矿岩条件好，矿柱选留恰当，连续的空区面积不太大。因此，采用这种方法治理采空区时，需要详细研究岩体的力学性质、地质构造等情况，从而选择合理的矿柱尺寸。

留设矿柱法治理采空区技术应用时间较早，研究理论相对成熟，近年来有关矿柱和顶板尺寸的理论研究取得了不少成果，但因矿体开采条件的不确定性和复杂性等，目前采空区留设矿柱的尺寸与数量通常采用经验法或类比法，仍有待深入研究。乔春生等人以大团山矿床开采过程中形成的采空区为工程背景，通过现场地应力测试，运用理论分析、室内试验和数值模拟等方法，系统研究了空区的稳定状态，得到了矿柱发生失稳的最小值，增加矿柱宽度对采空区顶底板稳定性提高作用不大，并在此基础上提出了空区治理具体措施。

对于厚大矿体，若留永久矿柱支撑处理采空区，矿石资源损失数量巨大。例如，刘冲磷矿 I #矿体因采用永久矿柱支撑采空区，至少缩短 5 年的开采服务年限。实践证明，仅用矿柱支撑空区顶板，只能暂时缓解采区地压显现，除非采出率极低，一般并不能避免顶板最终发生冒落或形成冲击地压，引起地表沉陷或开裂。若修筑人工矿柱则成本昂贵，若留永久矿柱支撑则要损失大量的地下资源。

1.2.3.2 崩落法治理采空区

崩落围岩处理空区可分为自然崩落和强制崩落，利用崩落围岩处理采空区并形成缓冲保护垫层，以防止空区内大量岩石突然冒落所造成的危害。该方法具有工艺简单、成本低的优点；缺点是采空区距离地表较近时，易引起地表下沉、塌陷。其适用条件为：（1）地表允许崩落，地表崩落后对矿区及农、林业生产无害；（2）采空区上方的预计崩落范围内，矿柱已回采完毕，井巷设施等已不再使用并已撤除。冯盼学等人针对可可塔勒铅锌矿多空区极复杂隐患环境下的残矿安全高效回采，借助束状孔变抵抗线爆破技术，采用束状深孔区域整体崩落为主、边角矿中深孔爆破落矿为辅的技术方案，并利用采空区底部扩漏形成的大漏斗出矿结构，不仅有效解决了复杂多空区的安全隐患，而且实现了残矿的大规模高效开采。刘献华根据紫金山金矿的空区特点和围岩的稳定性变化规律，对采空区处理方案进行了比较，最终选择了双层双侧硐室爆破和崩柱卸压技术，在该矿山取得了良好的技术经济效果，为类似矿山的空区处理积累了宝贵经验。

为控制地表移动，国外在 20 世纪 30 年代应用崩落法处理采空区时，就配合应用了预防性灌浆技术。发达国家在 20 世纪 70 年代以后，日益重视可持续发展——资源开发不应以牺牲环境为代价，地表保护日益受到重视。因此，一般不采用崩落法处理采空区，除非配合应用了预防性灌浆等技术措施。

1.2.3.3　充填法治理采空区

充填法治理采空区是将废石、选矿尾砂或碎石与胶凝材料混合后充填至井下采空区，从而达到限制岩层移动和缓减应力集中的目的。目前，充填法是采空区治理过程中非常重要的方法，同时也是最为有效的采空区处理技术，可以从根本上对采空区进行治理，最大限度地减轻采空区潜在隐患。李兆平等人通过对南京铅锌银矿遗留采空区引起地表塌陷问题的研究，提出了采用全尾砂加高水固化材料的充填方法，在矿山实际生产中取得了良好效果，实践证明是处理南京铅锌银矿采空区引起地表塌陷的最有效且经济合理的技术方案。

地表尾矿库堆存尾矿，既污染环境，又易发生溃坝灾害。因此，金属矿山尾矿的排放与处置仍是矿山亟待解决的问题之一。由于种种原因，我国矿产资源地下开采遗留大量未处理的采空区，是影响矿山安全生产最主要的隐患之一，既严重影响矿山安全生产，又极大破坏和浪费了地下宝贵的矿产资源。为解决上述两问题，利用尾矿充填空区，既可解决矿山充填骨料来源，解决或部分解决尾矿的排放问题，又可对地下采空区进行治理，使围岩维持稳定状态，减少了空区上覆岩层以及地表的移动，确保了井下采矿安全。因此，充填成为解决尾矿排放与采空区处理的最佳途径。郭利杰等人采用高浓度尾砂胶结充填工艺系统，利用地表堆存的尾砂进行空区充填处理，取得良好的技术经济效果。

山东金岭矿业侯庄矿采用分段凿岩阶段矿房法、全面留矿法，留设矿柱以维持采空区稳定。因部分空区围岩不稳以及受采矿活动影响，造成采空区发生小范围矿柱垮塌、顶板冒落，给矿山安全生产带来严重隐患。为避免大规模地压活动引发安全事故，矿山已部分采用尾砂胶结充填及废石充填采空区。但废石无法全部充满采空区，需要采用全尾砂胶结充填灌缝、接顶。因部分空区连通范围广，若采用正常胶结充填方案需施工大量密闭墙，为减少充填成本，金岭铁矿与高校联合，通过现场调查和室内试验，确定采用"全尾砂胶固粉料浆+速凝剂充填接顶"方案，进行无密闭墙尾砂浇注充填采空区接顶技术研究。

冬瓜山铜矿西狮子山矿床始采于 20 世纪 60 年代，2002 年闭坑后形成了一个特大空区群，这些采空区体积大、分布范围广，给矿山正常生产带来极大安全隐患。为此，冬瓜山铜矿结合矿山自身特点，经多方面调查、研究、论证，确定采用全尾砂对采空区进行充填处理，实践中采用分步实施的原则，将东狮子山采空区作为试验地点，完善并取得成功经验后推广应用到西狮子山采空区。2010 年，"冬瓜山铜矿特大采空区全尾砂充填治理工程的研究与实践"项目创造性地应用"高位放砂、多中段排水和间断充填"的充填工艺、井下混凝土封闭墙结构、充填过程监控等技术，成功地对特大型采空区进行全尾砂充填治理，取得了巨大的经济效益和显著的社会效益。

采用充填法治理采空区时，需要对采空区的形态、体积及空间位置关系等进行详细分析，以便在充填前构建隔离挡墙对采空区进行封闭处理，防止充填料浆流失。此外，还要求采空区能与钻孔、巷道或天井等相通，以确保充填管路能够顺利铺设，保证充填料浆顺利进入采空区，最终实现采空区最大限度充填。近年来，随着充填开采技术的发展，采空区充填治理技术越来越成熟，取得了许多现场实践经验和理论研究成果。

充填法治理采空区需要解决大体积充填料浆的脱水问题。采空区充填料浆主要排水方式包括充填盘区周边侧向中深孔溢流排水、采空区充填体底部中深孔脱水、采空区内布置滤水管脱水等方式。此外，还有通过充填挡墙上预埋的滤水管排水，利用钻孔安装滤水短管排水，利用采场围岩原有裂隙、断层构造进行排水以及利用自然渗透的方式进行排水等。

1.2.3.4 封闭隔离采空区

封闭隔离采空区，即利用封闭和隔离的手段处理采空区，这是一种经济、简便的处理方法，主要作用是防止采空区矿岩冒落时产生的冲击气浪造成人员和设备的损伤，适用于处理孤立小矿体开采后形成的采空区，或端部矿体开采后形成的采空区以及需继续回采的大矿体上部的采空区。构造充分的缓冲层厚度或通往采空区的巷道封堵长度是采用封闭法处理采空区的关键。实践证明，该方法适用性较差，对于开采厚大矿体所形成的大规模采空区，仅用该方法很难保障完全有效；只对采空区的通道口进行封闭，不能限制采空区内岩体的片帮、脱落，采空区失稳破坏的可能性仍然较高，不能作为永久处理采空区的方案。

应用封闭和隔离法处理分散、采幅不宽而又不连续的采空区，在国内外很早就有报道。目前配合其他处理方法，应用该方法处理采空区的矿山较多，一般采用留隔离矿壁、修钢混凝土等人工隔离墙，近年来又发展了爆破挑顶和胶结充填封堵等技术。对于大型空区，为便于人员进入，一般每中段敷设一牢固的密闭门。为防止顶板冲击地压，通常采用在空区顶板开"天窗"等技术。

1.2.3.5 联合法治理采空区

联合法治理采空区，是指在采空区治理过程中同时采用多种基本方法进行处理,以降低采空区潜在的危险。由于矿体赋存条件各异,生产状况不一,各单一空区处理方法均有局限性,某些空区内采用单一方法很难做到经济合理、简便适用,故产生联合法处理空区,可有效地限制围岩的失稳破坏,起到良好的治理效果。通常,联合法又可分为支撑充填、崩落隔离、矿房崩落充填和支撑片落、控制爆破局部切槽放顶等衍生方法。

(1) 支撑充填。即采用框架式原生条带矿柱支撑围岩,并用废石充填框架内的采空区,旨在维护空区之间夹墙的稳定,防止大规模空区倒塌,以保证矿床回采顺利进行,是支撑与废石充填的简单联合。实践证明,该方法控制顶板冲击地压,特别是大规模岩移活动的效果良好,但因留设规则的条带矿柱和顶、底柱以形成完整的框架支撑结构,处理区域必须采用后退式回采顺序,施工和管理比较复杂,还要损失大量矿石资源。

(2) 崩落隔离。即采用废石砌筑以封闭、隔离放顶崩落区域与开采系统的联系,旨在释放部分顶板应力,并避免人员误入、风路混入崩落区而造成危险和损失,是全面崩落与封闭隔离的简单联合。这种联合法是在崩落法实施的过程中逐步完善而形成的,在我国铜陵、中条山等老矿山都有应用。实践证明,该方法经济、施工和管理简便,尤其大面积爆破放顶时释放应力效果良好,但矿体较厚大或开采深度较小时易引起地表岩移。

(3) 矿房崩落充填。即先崩落已采空的矿房顶板,然后简易胶结充填;或先胶结充填,在料浆尚未固结前崩落矿房顶板;或按前述两种方案或其联合方案多次充填采空区。该方法是俄罗斯国家有色矿冶研究设计院、哈萨克斯坦热兹卡兹干有色冶金研究设计院和东热兹卡兹干矿在 20 世纪 90 年代共同试验成功的,适用于两步骤回采缓倾斜厚大矿体,其所形成的胶结体较一般充填料形成的胶结体强度高出 25% ~ 30%,可比一般胶结充填降低充填成本 30% ~ 60%,且控制采动地压和岩体移动的效果较好。

(4) 支撑片落。即采用人工或天然矿柱支撑隔离采空区,变大空区为小空区,并通过自然冒落形成废石垫层进行空区处理的方法。该方法是由李纯青等人于 2001 年提出的,适用于顶板中等稳固、可自然冒落的岩体条件。

(5) 控制爆破局部切槽放顶。其技术要点是:应用控制爆破手段,分别在顶板拉应力最大的地段沿空场走向全长实施一定宽度的控制爆破切槽放顶,强制引起顶板最先在该地段冒落,并尽可能使冒落接顶,从而实现空区小型化及其与深部开采系统的隔离,并将开采废石有计划地排入处理过的采空区,削弱可能发生的一定规模自然冒落所激起的空气冲击波,最终消除冲击地压隐患,并引导顶板应力向有利于安全开采的方向重新分布,确保安全生产。该方法是李俊平等人于 2001 年在东桐峪金矿提出的。

综上所述,在上述采空区治理技术中,充填法治理能够充分利用充填体的承载作用缓减围岩应力集中,治理效果最优。对于玲珑金矿而言,采用充填法治理采空区，不仅能够有效地控制采空区稳定性，而且能够解决选矿尾砂地表排放和残余资源回收等问题，起到一举多得的效果。

1.2.4 充填采矿技术

1.2.4.1 国外充填采矿技术

20 世纪初期，浮选工艺得到迅速发展，由此推动了采矿及选矿技术的进步。20 世纪中期，加拿大部分矿山采用了细颗粒浮选尾砂进行水力充填，但非胶结充填体不具有真实的内聚力，故其缺乏内聚特性，不能成为具有自立性的充填体。1962 年，加拿大 Frood 矿首次将尾砂和水泥进行胶结充填；1969 年，澳大利亚芒特艾萨铜矿首次采用尾砂水泥胶结进行充填，并对底柱进行回采，同时采用铅锌铜冶炼炉渣代替水泥作为固结剂。20 世纪 70 年代，尾砂胶结充填工艺在诸多金属矿山得到了推广应用，1978 年第 12 届国际岩石力学会议成为充填技术发展的重要里程碑。20 世纪 80～90 年代，加拿大在充填工艺方面取得了诸多研究成果，高浓度管道输送、膏体充填、块石胶结充填技术等得到广泛应用，有效地提高了矿山的生产能力，降低了充填成本；南非全尾砂胶结充填技术快速发展，废石胶结充填及脱泥尾砂胶结充填技术得到广泛应用，同时开始高浓度充填及膏体充填技术的研究。

1.2.4.2 国内充填采矿技术

近年来，国内诸多矿山在充填采矿技术的研究与应用方面均取得显著进步。综合起来，我国充填采矿技术的发展可分为以下三个阶段：

第一阶段是 20 世纪 50～60 年代，以废石干式充填工艺为主，目的主要是处理开采过程中产生的废石。1955 年，采用干式充填法开采的矿山约占有色金属地下矿山总量的 38.2%，在黑色金属地下矿山中高达 54.8%。但因当时开采设备较落后，开采技术水平较低，在开采效率、生产能力及采矿成本等方面限制了充填采矿技术的发展，故充填采矿法在有色金属矿山的应用比重也由 1955 年的 38.2%降至 1963 年的 0.7%。

第二阶段是 20 世纪 60～70 年代，以水砂充填和胶结充填工艺为主，充填骨料主要为分级尾砂、碎石等。1960 年，湘潭锰矿将碎石作为充填骨料，采用水力充填技术进行充填；1965 年，锡矿山南矿采用尾砂水力充填，有效地控制了采场大面积地压；1968 年，凡口铅锌矿首次将分级尾砂和水泥进行胶结充填，满足了采矿工艺需求。20 世纪 70 年代，广东凡口铅锌矿、山东招远金矿和焦家金矿等矿山采用了细砂胶结充填工艺，主要以尾砂、棒磨砂和天然砂等作为充填骨料。近几年，细砂胶结充填工艺与技术已日臻成熟，在国内凡口铅锌矿、小铁山铅锌矿、武山铜矿、安庆铜矿、金川二矿等多家矿山得到广泛应用。

　　第三阶段是 20 世纪 80 年代，随着绿色矿山理念的提出，对回采工艺、采矿成本及环境保护的要求越来越高，高浓度充填、膏体充填及全尾砂胶结充填等新技术受到高度重视。20 世纪 80 年代末期，凡口铅锌矿和金川有色金属公司率先开始了全尾砂胶结充填试验，同时我国第一座全尾砂胶结充填系统顺利建成。此外，高水速凝充填技术在煤矿得到应用，大厂铜坑矿实现了块石胶结充填工艺。1997~1999年，金川有色金属公司、大冶有色金属公司分别建成了膏体泵送充填系统。2006年，会泽铅锌矿首次引进深锥浓缩机，建立了充填管路长达 4000m 的大倍线全尾砂膏体充填系统。近几年，为降低生产成本，新型充填工艺及胶凝材料的研发与成功应用极大地推进了我国充填采矿技术发展。目前，凡口铅锌矿、会泽铅锌矿、冬瓜山铜矿等矿山充填采矿技术正逐渐应用于深部开采，发挥了巨大作用。

1.2.4.3　典型胶结充填系统

　　结合部分金属矿山现有充填系统的运行情况、工艺参数和经济指标，给出以下三种典型的充填系统：细砂管道胶结充填系统、膏体泵送胶结充填系统和膏体自流输送胶结充填系统（图 1-1~图 1-3）。

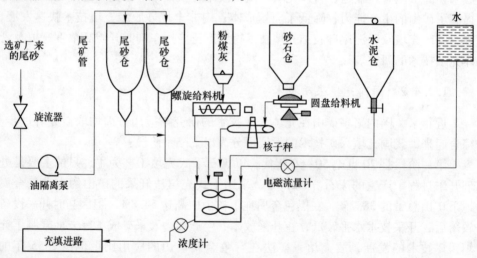

图 1-1　细砂管道胶结充填系统示意图

　　细砂管道胶结充填系统，由物料制备-运送-存储系统、料浆制备系统、监测仪表系统、井下排泥排水系统等部分组成。充填工艺要求各种充填材料必须按照设计配比实现准确给料，以保证充填料浆配比参数稳定。流量计、浓度计、料位计和液位计是矿山充填系统中常用的计量仪表。自流输送时，应注意确定合理的充填倍线，避免形成高压，并采取防止管道磨损的措施。因细砂胶结充填兼有胶结强度和适于管道水力输送的特点，自 20 世纪 80 年代开始在凡口铅锌矿、小铁山铅锌矿、铜绿山铜矿等 20 余座矿山得到推广应用。

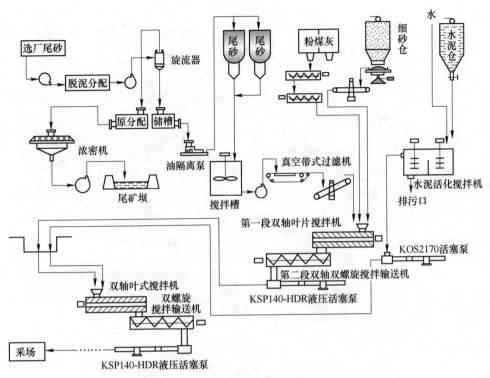

图 1-2 膏体泵送胶结充填系统示意图

膏体泵送胶结充填技术于 20 世纪 80 年代初起源于德国普鲁萨格金属公司巴德格隆德铅锌矿,其膏体充填系统成功运行 10 年并申请专利。在巴德格隆德矿膏体充填系统正式投产 5 年后,我国先后引进该技术和装备,建成了金川和铜绿山两套膏体泵送充填系统。铜绿山矿原采用分级尾砂胶结充填,但因水泥单耗高,充填体的沉降、脱水、接顶等无法满足保护"古矿冶遗址"的要求,故提出采用全尾砂-水淬渣膏体泵送充填技术。

膏体泵送胶结充填工艺流程主要包括物料准备、强力搅拌制备膏体、泵压管道输送、采场充填作业等部分。膏体充填需着重考虑的一个综合指标是膏体充填料浆的可泵性,即膏体充填料浆在管道泵送过程中的工作性,包括流动性、可塑性和稳定性。流动性取决于膏体充填料浆的浓度及粒度级配,反映其固相与液相的相互关系和比率;可塑性是膏体充填料浆在外力作用下克服屈服应力后,产生的非可逆变形的一种性质;稳定性是膏体充填料浆抗离析、抗沉降的能力,常用坍落度来判别膏体充填料浆的可泵性。

世界范围内采用膏体充填工艺的矿山很多,不同的矿山有不同的物料条件和不同的充填工艺技术参数。由于物料的不同和充填系统工艺参数的不同,对膏体料浆的要求也不同。因此,不同的膏体充填系统所需要的膏体料浆的性能特征也不尽相同。

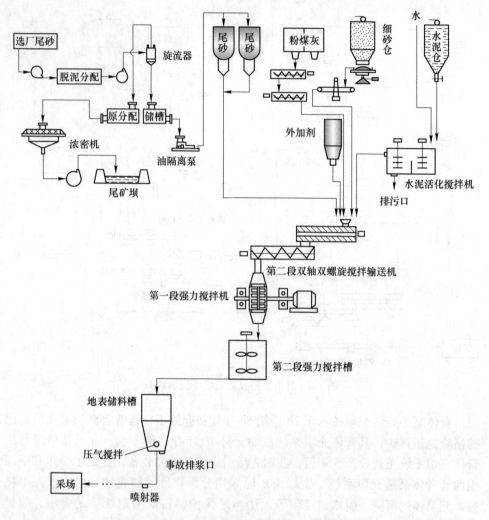

图 1-3　膏体自流输送胶结充填工艺推荐流程示意图

　　深井矿山，因有足够高差，为阻力较大的膏体充填料浆的自流输送创造了条件。膏体自流输送结合了细砂管道胶结充填系统和膏体泵送胶结充填系统各自的优势，成为深井矿山充填系统的首选方案。然而，膏体自流输送胶结充填系统目前只在充填倍线介于 $1.1 \sim 2.0$ 之间的少数浅井矿山使用，故将其使用范围扩大到深井矿山，具有十分重要的现实意义。云南驰宏公司会泽矿区，开拓深度将达到 1577m，为全国有色矿山中最深矿井之一。由于该矿山堆存了 60 多万吨的选矿尾砂和 100 多万吨的冶炼淬渣，并以每年 25 万～30 万吨的速度增加，同时该矿区属于长江上游水土保持和环境保护区，工业废物排放和堆存受严格限制，故会泽矿区最终采用了膏体自流输送胶结充填系统进行充填。

　　膏体自流输送胶结充填系统主要由地表物料储备、料浆制备及运送、采场充填作业等子系统组成。该系统虽经历了较长时间的发展历程，在理论和工艺上都取得了不错的研究和应用成果，但该系统能否正常运转，仍取决于以下控制因素：

（1）由于料浆输送方式为自流输送，故充填材料中-0.046mm细颗粒含量不宜过高，必须控制在20%以下，否则料浆的黏度增大，导致摩擦阻力损失过大而造成堵管事故。

（2）充填料浆质量浓度必须准确控制在一个合理范围内。其不同于膏体泵送充填，料浆浓度过高，对泵损伤较大，或在管道中因离析沉降而造成堵管事故；料浆浓度也不宜过低，否则会失去膏体自流输送的意义。

（3）充填材料各组分的用量要严格控制，特别是外加剂的用量更应准确。用量过少，会造成料浆流态不能转化，从而因阻力过大而发生堵管事故；同时，料浆浓度及其他材料供料也不能波动太大，以免造成充填体质量不稳或因搅拌不均而出现结块，造成堵管。

（4）料浆制备时，需严格控制搅拌质量，做到一级搅拌物料混合充分、均匀，二级搅拌实现流态转化。因此，一级搅拌要保证搅拌强度和时间，二级搅拌要保证搅拌速度与力度。

（5）系统要求对管路进行精确、严格、自动地监测和控制，发现流动不畅或堵管现象，要及时打开高压风，将大块或粘块吹至采场，以免造成停产。

（6）充填前，要准确了解充填量，充分考虑地表储料仓中的部分料浆，不能过量制浆，若因对采场了解不足而造成过量制浆，会造成充填材料的严重浪费，同时对环境产生污染。

1.2.5 残余资源复采与回收

传统的两步骤采矿，先期留有大量矿柱和形成大面积的采空区，后期进行矿柱回收和空区治理。这种留设矿柱的开采方式，存在一些无法解决的问题：所留设矿柱的形态一般不很规则，而且因承压变形甚至破坏，给后期回收带来诸多困难、工艺复杂、安全性差、工作效率低、作业成本高，故矿柱回收在技术上存在较大难度。

采空区影响范围内的残余资源回收，常规做法是先处理空区，在确保安全的条件下再采取合适的采矿法进行开采。近年来，在残余资源回收方面已取得一些可喜的新进展。例如，采用阶段崩落法对采空区群下的部分富矿体进行连续采矿；采用斜面蹬碴落矿采矿方法回收活动空区边缘的部分冒落残矿；基于外界扰动引发岩石力学系统失稳原理，采用中深孔崩矿、围岩弱化诱导顶板崩落连续采矿技术回采大范围隐患空区下低品位厚大矿体等。

宋嘉栋等人针对香炉山钨矿东区多年开采留下的大量不规则矿柱、采空区相互连通的实际情况，提出了采用袋装尾砂结合固定成形构架共同砌筑充填挡墙，实现高大采空区的分区隔离充填，采用"围空区采矿柱"的空场嗣后充填采矿法回收高大矿柱的方案，有效解决了大跨度高挡墙砌筑与挡墙固定成形的技术难题，实现了高大矿柱的低贫化损失回收。

林卫星等人提出了高危空区条件下的矿柱群分区协同开采技术，为特大空区矿柱群开采提供了一种新的途径。通过采用矿柱群协同开采关联分区法、多层矿柱立体分区协同开采技术、深孔协同开采控制爆破技术，实行回采与空区处理协同、拉槽与回采协同、多矿柱区位协同的三协同开采，将空区处理与矿柱群回采集中在一个步骤安全、高效、协同完成，实现大规模强化开采和高效率作业，从根本上解决了高危矿柱的回采技术难题。

任凤玉等人在研究采空区围岩冒落规律的基础上，提出并试验成功了多空区矿体监控强采技术、活动空区边缘回收冒落残矿技术、巷道过散体层技术与斜面蹬碴落矿新型采矿方法，形成了一整套开采多空区矿体的技术体系，有效地回采了团城铁矿被空区破坏的矿体与残留矿体，延长了矿山生产年限，取得了良好的经济效益与社会效益。

金属矿床地下开采形成大量采空区，不仅危及矿山安全，而且对资源的充分回收造成严重困难。因此，以先进的空区探测系统为手段，开展以空区精准探测为基础的相关技术研究与应用，已成为我国金属矿山安全生产重大前沿研究课题。刘晓明等人综合运用理论分析、现场探测、地质建模等方法，以空区激光探测系统、矿业软件Surpac为主要工具，开展了基于空区实测的复杂边界矿柱回采可视化技术研究，获得了准确的矿柱三维模型及爆破设计参数，为有效回收铜坑矿隐患资源提供了重要的基础。

1.2.6　存在的不足

综上所述，国内外学者在空区稳定性分析及治理方面开展了较多研究工作，建立了多种研究方法，取得了丰富研究成果，但目前理论研究仍落后于工程实践，存在以下问题：

（1）对采空区受力、变形和破坏的研究通常都是以同一阶段采空区围岩为研究对象，对于多个阶段矿体开采形成采空区（群），采空区之间重叠顶板的稳定性研究尚有不足。

（2）对多个阶段采用空场法开采后，相邻阶段均已形成采空区的情况下，采用全尾砂胶结充填治理技术的研究相对较少，且理论研究落后于工程实践。

（3）结合玲珑金矿实际情况，因长期开采形成的采空区较多，成片的空区连接形成空区（群），对矿山安全生产构成潜在隐患，通过采空区稳定性分析评价并设计合理的全尾砂胶结充填技术治理空区，不仅能保证矿山安全生产，同时可解决尾砂地表堆排问题。

1.3 研究内容与研究方法

1.3.1 研究目标

全面掌握并解决玲珑矿区井下遗留空区（群）带来的安全隐患，防止地表塌陷；缓解当前尾矿库库容不足，实现选矿尾砂环境友好型安全处置；最大限度地回采地下残余矿产资源，延长资源危机矿山的服务年限。

1.3.2 研究内容

紧紧围绕玲珑矿区遗留空区（群）稳定性分析、评价、治理以及残余资源安全复采开展研究工作，以解决当前矿山生产过程中面临的关键技术难题。具体研究内容包括：

（1）遗留空区（群）隐患调研与评价。主要内容包括：遗留空区（群）统计分析与探测；采空区稳定性主要影响因素分析；遗留空区（群）稳定性计算与分析；遗留空区（群）稳定性关键控制技术研究；采空区稳定性评价与分级。

（2）全尾砂充填料浆基本性质研究。主要内容包括：全尾砂基本物化性能；全尾砂充填料浆基本性能；全尾砂固结机理；全尾砂固结体配比设计与优化配伍等研究。

（3）空区全尾砂充填技术研究。主要内容包括：充填料浆质量控制；地表充填站系统评价与改造；现有充填管网布置及输送方案优化；空区大体积充填料浆脱水技术与应用等。

（4）空区全尾砂充填工艺研究。主要内容包括：全尾砂充填空区与无尾矿山建设可行性研究；待充空区分类以及待充空区充填料浆合理配比选择与充填体强度确定；充填体支护作用机理分析与研究；空区充填构筑物设计与优化；废弃巷道尾砂处置方式选择等。

（5）残余资源安全复采技术研究。主要内容包括：采场围岩及充填体稳定性的控制因素分析；采场围岩与充填体相互作用的稳定性计算；残余资源采矿环境修复与稳定性分析；残余资源复采关键参数优化与回采工艺研究；残余资源复采采场地压监测与控制技术等。

（6）现场工业试验。主要内容包括：遗留空区与废置巷道充填治理方案设计与现场工业试验；残余矿产资源复采方案设计与现场工业试验；空区充填治理成本分析；残余矿产资源复采经济效益评价等。

1.3.3 研究方法

采用现场调研、理论分析、室内试验、数值计算、相似模拟、现场工业试验等研究方法，基于选矿尾砂与地下采空区、残余矿体互为资源的理念，以地下开采环境修复为指导，开展矿区遗留空区（群）隐患治理与残余资源安全复采协同技术研究，系统解决金属矿山地下遗留采空区隐患充填治理、选矿尾砂环境友好处置和井下残余矿产资源安全复采的技术难题，实现金属矿山绿色开采与生态环境保护并重的矿业资源可持续发展：

（1）现场调研。通过现场调研，收集工程地质资料，分析矿区地质构造、岩体性质及地应力分布规律，通过三维激光扫描和开采资料分析，统计采空区数量及围岩稳定性等信息。

（2）室内试验。开展矿区全尾砂基本物化性能、全尾砂浆沉降性能、全尾砂充填料浆输送性能以及全尾砂胶结充填体基本物理力学性能等方面的试验。研究全尾砂充填体强度与水化产物含量之间的定量关系，以及环境温度和尾砂级配对充填料浆流变特性的影响规律。

（3）理论分析。查阅相关文献，借鉴前人的理论分析方法，对矿区遗留采空区顶板和矿柱的破坏失稳形式及其力学作用机理进行研究，并以大开头矿区四条主要生产矿脉的采空区为研究对象，采用多种理论分析计算，对顶板和矿柱的稳定性进行评价和分级。

（4）数值计算。利用 ANSYS 和 FLAC^{3D} 建立三维数值计算模型，分析矿体开采后围岩应力、位移及塑性区分布状态，并结合理论分析结果对采空区稳定性进行综合评价。采用数值模拟方法，研究全尾砂充填体对围岩应力分布的影响，并根据采空区充填前后围岩的应力分布状态，分析采空区全尾砂充填治理效果。

（5）物理模拟。根据采空区充填治理理论及工艺，设计采空区充填治理试验模型，通过室内充填料浆脱水模拟试验，分析采空区大体积全尾砂充填料浆脱水效果。

（6）现场工业试验。制定采空区全尾砂充填治理方案，开展遗留采空区充填治理现场工业试验，综合分析全尾砂充填治理效果。在采空区充填治理的基础上，开展受空区影响区域内残余资源的复采与回收现场工业试验。

1.4 关键技术与技术路线

1.4.1 关键技术

金属矿山遗留空区（群）治理与残余资源安全复采涉及的关键技术包括：
（1）遗留采空区（群）链式致灾机理及其稳定性评价；
（2）遗留采空区（群）大体积全尾砂充填工艺选择与参数优化；
（3）空区影响区域内残余资源安全复采方案选择与优化。

1.4.2 技术路线

本书涉及的研究内容主要包括两方面：一是历史遗留空区（群）稳定性评价与治理；二是受采空区影响区域内残余资源的安全复采。拟采用的技术路线如图 1-4 所示。

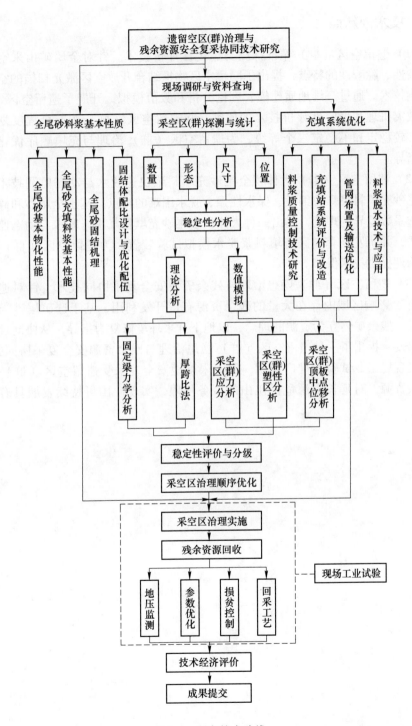

图 1-4 研究技术路线

1.5　技术创新点

（1）遗留空区（群）精准探测与稳定性评价技术。针对金属矿山采空区具有复杂性、隐蔽性的特点，提出了隐覆空区物探结合开放空区激光扫描的空区精准探测技术。通过三维地质建模、理论分析和数值模拟，开展了遗留空区（群）链式致灾机理和稳定性评价技术的研究，将遗留空区（群）按安全程度划分为稳定、较稳定和不稳定三个等级，为遗留空区（群）治理与充填顺序优化提供理论指导。

（2）遗留空区（群）大体积全尾砂充填料浆快速脱水与动态监测技术。针对全尾砂充填料浆颗粒细微、保水性强、脱水困难的特点，基于全尾砂和碎石存在渗透系数差异的理论，提出一种大体积全尾砂充填料浆快速脱水与动态监测技术方法，并研发一套空区充填料浆脱水模拟试验装置，为遗留空区（群）尾砂充填治理提供技术保障。

（3）遗留空区（群）隐患治理与残余资源安全复采协同技术。针对遗留空区（群）影响区域内存在大量的残余资源有待开发利用，基于选矿尾砂与地下采空区、残余矿体互为资源的理念，以地下开采环境修复为指导，从协同理论的角度出发，提出了一种遗留空区（群）隐患治理与残余资源安全复采协同技术，并开展现场工业试验与推广应用，最大限度地安全复采受遗留空区（群）影响的残余资源，对延长资源危机矿山的服务年限，实现矿山可持续发展具有重要意义。

2 遗留空区（群）分布与探测

2.1 矿山开采现状

2.1.1 地质概况

2.1.1.1 地层和构造

玲珑金矿田位于招掖金矿带，矿区出露地层主要为新太古代胶东岩群郭各庄组（Ar3jG）和新生代第四系（Q）。胶东岩群郭各庄组（Ar3jG）呈残留状，一般分布于玲珑序列之中，延长和延深规模均很小，岩性主要为黑云母片岩和斜长角闪岩，总体走向北西西，倾向北北东，倾角较陡。第四系（Q）主要为残坡积层、冲积层，由砂、砾石、粉质黏土、亚黏土组成，多分布在山前坡地、冲沟及低洼处，厚度一般为 0.5~2.0m。

矿脉主要赋存于玲珑混合花岗岩低次序断裂构造带内，由于构造的多期活动和成矿期次的多阶段化，导致矿体形态和赋存条件复杂。脉岩种类繁多，从酸性到基性均有，但以闪长玢岩、煌斑岩、辉绿玢岩为主。

矿区内构造主要为断裂构造，规模较大的有破头青断裂和玲珑断裂，断裂构造控制了矿区内矿脉的产出规律，矿脉走向北北东-北东，主干矿脉倾向南东，深部倾角变陡，次级矿脉及支脉大多数倾向北西，侧伏向北东，与玲珑断裂倾向一致。破头青断裂为招平断裂的一段，全长 21km，宽 250~340m，走向 60°，倾向 SE，倾角 30°~50°。玲珑断裂是一条呈北北东走向左旋压扭性质断裂构造，纵贯矿区中部，矿区范围内长约 1600m，宽 50~150m，走向 25°~35°，倾向 NW，倾角 65°~85°。断裂带岩性主要为碎裂状花岗岩、花岗质碎裂岩、构造角砾岩、花岗质糜棱岩和断层泥。断层泥发育在破碎带下盘，为标志性主裂面，一般在断裂带宽处，岩石较破碎，矿化蚀变强，金矿体多位于断层下盘。

2.1.1.2 围岩和夹石

矿体围岩有二长花岗岩、钾化花岗岩、绢英岩化钾化花岗岩、绢英岩化花岗岩、绢英岩、黄铁绢英岩、闪长玢岩等。矿体多在膨大处见夹石，夹石主要为二长花岗岩、闪长玢岩和花岗质碎裂岩，产状与矿体一致。矿区节理、裂隙较为发育，节理、裂隙的总体走向与矿区主要断裂构造方向基本一致，节理、裂隙的成因与区内断裂构造的活动密不可分。

2.1.1.3 地应力分布

玲珑金矿开采时期较长，相关学者针对矿区地应力分布规律做了大量研究工作。根据前期研究成果，矿区地应力分布主要呈以下规律：（1）矿区地应力主要以水平构造应力为主导，最大水平主应力平均约为自重应力的 2.26 倍，垂直主应力基本上等于或略大于自重应力；（2）最大水平主应力、最小水平主应力和垂直应力均随着深度的增加呈近线性增长；（3）矿区深部与浅部相比，岩性有较大变化但应力分布规律无明显变化，说明矿区的地应力分布状态主要是由区域构造应力所控制，局部岩性的变化对于地应力分布规律的影响较小。

2.1.2 生产系统

玲珑金矿生产系统主要由九曲矿区、大开头矿区、西山矿区、东风矿区和灵山矿区等五个独立矿区的生产系统以及玲珑选厂、灵山选厂两个独立的选矿系统构成。其中，玲珑矿区主要生产系统包括九曲、大开头、西山、东风等四个独立的井下生产单位和玲珑选厂。

2.1.2.1 九曲矿区

九曲矿区采用地下开采方式，生产规模 1500t/d。现有开拓方式为平硐、竖井、盲竖井、盲斜井联合开拓，两翼进风、中央回风的中央对角式通风系统。主要开拓工程包括：+206m 主运平硐、+280m 平硐、+280m 竖井、-70m 盲竖井、9#斜井、4#主斜井、-720m 盲斜井。

2.1.2.2 大开头矿区

大开头矿区目前开拓方式为平硐、竖井、盲竖井、盲斜井联合开拓，主要开拓工程包括大开头+255m 平硐、+255m 技措井、-270m 盲竖井、-670m 盲竖井。

大开头+255m 技措井主要担负大开头矿段矿/废石、人员、材料的提升；-270m 盲竖井主要担负-270m 水平以下矿/废石、人员、材料的提升；-670m 盲竖井主要担负-670m 水平以下矿/废石、人员、材料的提升。+206m 主运平硐为矿区主运输平巷，是连接九曲-大开头-东山矿段的枢纽工程，担负将九曲矿石运至玲珑选矿厂的任务，与东山坑口南北主穿、大开头+255m 技措井、九曲 4#主斜井连通，出口设在玲珑选矿厂原矿仓附近。

2.1.2.3 西山矿区

西山矿区现有开拓方式为平硐、竖井、盲斜井联合开拓，共有 1 条竖井、2

条斜井、13 个生产中段，目前最低开采中段为-270m 中段。其主要开拓工程为：+230m 平硐、3#竖井（+380m～-50m）、53#盲斜井（-50m～-270m）、6#盲斜井（+230m～+110m）。

2.1.2.4 东风矿区

东风矿区现有开拓方式为竖井开拓，生产能力 2000t/d，共有 2 条竖井、5 个中段，主要开拓工程为回风井和混合井。混合井井筒净直径 ϕ7.1m，井深 1018.5m，采用双提升系统，箕斗提升系统担负矿石、废石提升任务，罐笼提升系统担负井下人员、材料、设备升降任务。混合井兼入风井，井筒内设提升间、管缆间及梯子间。

2.1.3 采矿方法

九曲、大开头和西山矿区因大多数矿体厚度较薄，倾角为倾斜～急倾斜，矿岩较稳固，故多采用浅孔留矿（嗣后充填）采矿法（图 2-1）。矿块沿走向布置，矿块高度 40～50m，矿块宽度为矿体水平厚度，矿块长度 40～50m。通常采用平底出矿结构，不设底柱，留设顶柱和间柱，顶柱高度 3m，间柱宽度 6m。

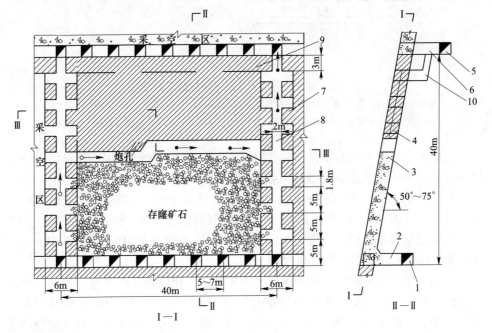

图 2-1 无底柱浅孔留矿采矿方法

1—沿脉运输巷；2—出矿穿脉；3—已采矿石；4—未采矿石；5—回风穿脉；6—回风巷道；
7—间柱；8—人行通风天井；9—顶柱；10—脉外联络天井

东风矿区主要回采171#脉矿体，其赋存呈大脉状，倾角35°~45°；采场沿矿体走向布置，长50m、高40~50m，宽度为矿体厚度。根据矿体赋存条件及矿岩稳固情况，主要采用盘区上向水平分层或进路尾砂（胶结）充填采矿法：矿体厚度小于5m时，采用上向水平分层尾砂（胶结）充填采矿法（图2-2）；矿体厚度大于5m时，采用上向水平分层进路回采尾砂胶结充填采矿法（图2-3）。

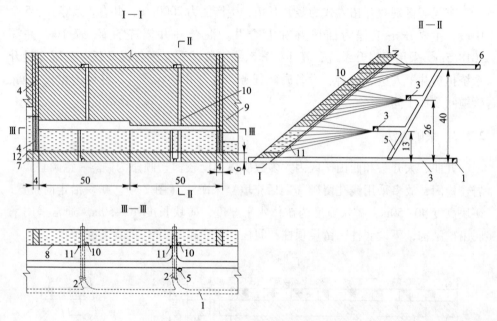

图 2-2　盘区上向水平分层尾砂充填采矿方法

1—脉外运输巷道；2—出矿穿脉；3—分段巷道；4—间柱；5—溜矿井；6—上中段运输巷道；

7—底柱；8—充填体；9—未崩落矿石；10—充填通风井；11—泄水井；12—人工假底

上向水平分层尾砂胶结充填采矿法，充填分两次进行，每次间隔时间≥8h。第一分层：第一次采用灰砂比1:4、质量浓度68%~70%尾砂胶结充填料浆充填，高度1.0m；第二次采用灰砂比1:10、质量浓度65%~70%尾砂胶结充填料浆充填，高度1.0m。其他分层：第一次采用灰砂比1:20、质量浓度65%~70%尾砂胶结充填料浆充填，高度1.5m；第二次采用灰砂比1:10、质量浓度65%~70%尾砂胶结充填料浆充填，高度0.5m。

上向水平分层进路回采尾砂胶结充填采矿法，充填分3次进行，每次间隔时间≥8h。第一分层：第一次采用灰砂比1:4、质量浓度65%~70%尾砂胶结充填料浆充填，高度1.0m；第二次采用灰砂比1:20、质量浓度65%~70%尾砂胶结充填料浆充填，高度1.3m；第三次采用灰砂比1:10、质量浓度65%~70%尾砂胶结充填料浆接顶充填。其他分层：第一次采用灰砂比1:20、质量浓度65%~70%尾砂胶结充填料浆充填，高度1.0m；第二次采用灰砂比1:20、质量浓度

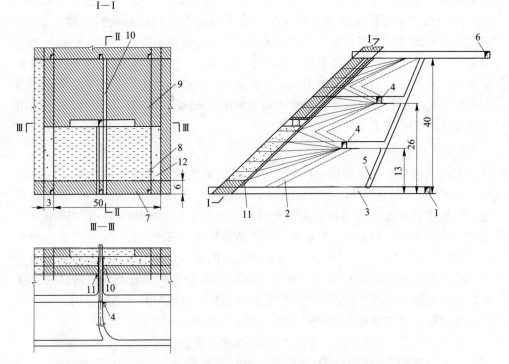

图 2-3　盘区上向进路回采尾砂胶结充填采矿方法

1—脉外运输巷道；2—辅助斜坡道；3—出矿穿脉；4—分段巷道；5—溜矿井；6—上中段运输巷道；
7—底柱；8—充填体；9—未崩落矿石；10—充填通风井；11—泄水井；12—间柱

65%~70%尾砂胶结充填料浆充填，高度 1.3m；第三次采用灰砂比 1∶10、质量浓度 65%~70%尾砂胶结充填料浆充填。

2.1.4　充填系统

2.1.4.1　系统组成

玲珑矿区现建有东风和东山两座地表充填站。其中，东风充填系统主要负责东风矿段，东山充填系统主要负责大开头矿段。九曲矿段目前尚未建设充填站，若利用东山充填站进行井下尾砂充填，需要进行充填能力验证与管网分析。

A　东风充填系统

东风充填站采用分级尾砂充填工艺，选厂输送的尾砂先经旋流器分级后，再与水泥（胶凝材料）充分搅拌混合后进行充填。日充填量达 2000t/d、充填料浆质量浓度 68%~70%。

根据日平均充填量及一次最大充填量，考虑充填流失系数、不均衡系数等因素并留有发展余地，充填站设 1500m³ 钢结构立式砂仓 2 座，水泥仓 2 座，ϕ2000mm×2100mm 高浓度搅拌槽 4 个。由于早期设计的底部结构为球形砂仓，只能采用分级尾砂充填。选厂产出的尾砂泵送至砂仓顶部旋流器组，经旋流器组分级后，粗砂沉入砂仓，溢流细砂自流至回水泵站。充填时，先由砂仓内的造浆喷嘴采用高压风、水造浆，使饱和尾砂流态化，从砂仓放出的尾砂浆在搅拌槽内与水泥混合后进行充分搅拌，料浆达到质量浓度 65%~70% 后，经充填输送管由充填钻孔送至井下采空区进行充填。

B　东山充填系统

充填站位于东山平硐内，毗邻东山竖井。充填制备站设 1 座 750m³ 立式砂仓、1 座 50t 水泥仓，站内安装 ϕ2000mm×2100mm 高浓度搅拌槽 1 台。来自玲珑选厂的尾砂经泵送至充填站。正常充填时一个班工作，工作时间 6h。充填站设有储水池，水池内的水经水泵加压后用于造浆和管道清洗，另设有除尘系统和事故处理池。充填时，立式砂仓内处于饱和状态的尾砂，经风水联合造浆后，由立式砂仓底部放砂管自流放入搅拌槽，水泥经水泥仓下的螺旋给料机输送入搅拌槽。尾砂与水泥在搅拌槽内均匀搅拌后经垂直钻孔自流至井下充填管网系统。东山充填系统设计充填能力 80~90m³/h、充填料浆质量浓度 65%~70%。

充填钻孔直径 ϕ300mm，钻孔与充填连接套管之间采用高标号水泥浆填充。钻孔内充填管选用 DN100 铸石复合管，铸石管外径 ϕ194mm、内径 ϕ100mm、壁厚 14mm、充填层 13mm。管道连接形式为套管焊接，套管选用 ϕ219×11 无缝钢管。除充填钻孔外，-270m 水平敷设 DN100 无缝钢管作充填管路，-270m 水平以下采用 DN100 钢骨架聚乙烯复合管。

目前，东风充填系统和东山充填系统皆依靠自然沉降，将选厂尾矿浆达到充填设计的浓度（质量浓度>65%，近结构流流态），但自然沉降时间长，且底流浓度不稳定，难以实现连续造浆、充填，要实矿山无尾排放，仍需要进行改造，充填能力才能提高。

2.1.4.2　管网分析

充填倍线是指充填管路总长度与充填料浆经过的高差之比，反映了充填系统靠自身重力所能达到的输送能力，是水力充填系统的一个重要指标。在自流管道输送系统中，体现了充填管道的水平输送距离。管道自流输送时，充填倍线 N 定义为：

$$N = \frac{L}{H} \tag{2-1}$$

式中　L——充填系统中管路总长度，m；
　　　H——充填系统中料浆入口与出口处的垂直高差，m。

根据玲珑矿区目前采空区分布状况，进行采空区充填前必须增设新的充填管道，并应计算大开头矿区、西山矿区及九曲矿区各中矿段充填管道的充填倍线等参数。

根据国内外相关经验，充填料浆要实现自流输送，在料浆质量浓度75%~78%、灰砂比1：4~1：6、输送管径108~133mm、输送能力（100±10）m³/h时，适宜的充填倍线为3~9之间。充填倍线值太小，充填料浆因剩余压头作用而易发生爆管、冲管等事故。相反，充填倍线值越大，表明自身重力不能克服充填管路的摩擦总阻力，则易发生料浆堵管，不易处理，影响安全生产。因此，充填自流输送系统需通过分析和优化充填料浆的颗粒级配组成、流变特性以及管网设计等来确定。

在充填管线布置与设计过程中，充填倍线过小，表明充填料浆自身重力足以克服管道阻力，即存在剩余压头，剩余压头过大易造成管道磨损严重；同时，因压力过剩而常现"抖管"现象，影响矿山安全生产。出现此类现象时，通常需增加管道水平长度等方式来增加阻力，增阻管道布置长度、位置则需依实际情况而定。

在充填过程中，因受充填站选址、采场距离等因素影响，矿山充填倍线随着采场位置的改变而发生改变。当充填倍线过大，充填料浆自流输送时，易造成料浆堵管等充填事故。发生上述现象时，需适当增加压力来克服阻力，通常在管道充填系统中加设增压泵。增压输送充填倍线 N' 则定义为：

$$N' = \frac{L}{H + H'} \tag{2-2}$$

式中　H'——充填系统中料浆入口与出口处的垂直高差，m。

需要注意的是，在选择充填增压泵时，鉴于充填料浆与水在输送过程中的特性不同，故一般的液体泵不能满足要求，只能选择渣浆泵、混凝土泵或是高浓度料浆专业输送泵。由于在充填过程中，增加输送泵必然会增大料浆输送成本、设备维修及运营管理等费用，故在矿山选择充填方式时，多倾向于采用自流充填方式。

A　九曲矿区

要实现九曲矿段充填采矿与空区回填，-270m以上中段的空区回填与废置巷道治理可利用东山充填系统，通过管道经由+206m平硐、4#斜井实现；-270m以下各中段采场充填和空区回填，可利用地表+212m东山充填站制浆进行管道输送至充填地点。

根据九曲矿区充填倍线计算结果（表2-1），将充填倍线划分为1~8、8~12、>12三个范围，充填倍线1~8表示可自流输送，8~12表示经技术措施处理后可自流输送，12以上则需泵压输送（图2-4）。九曲-110m中段上部以及-150m中

表2-1　九曲矿段充填倍线计算结果

充填倍线	1~8	8~12	>12
采空区位置	−570m 中段采空区	−150m 中段 5#脉采空区	90m 中段采空区
	−620m 中段采空区	−190m 中段采空区	10m 中段采空区
	−670m 中段采空区	−320m 中段采空区	−110m 中段采空区
			−150m 中段 9#脉采空区

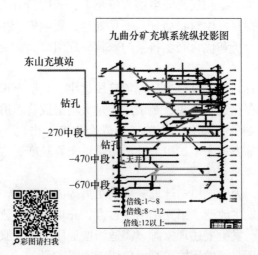

图2-4　九曲矿段空区可充范围示意图

段部分采空区（如9#脉）的充填倍线超过12，无法自流输送，需泵送；−150m中段部分采空区（如5#脉）以及−190m~−320m中段各采空区的充填倍线8~12，采取一定技术措施改善充填料浆的流动性，可实现自流输送；−570m中段以下空区充填倍线小于8，基本上可实现自流输送。

　　B　大开头矿区

　　大开头矿区主采矿脉有175#、47#、48#、50#。其中，47#、48#矿脉较窄、倾角大且稳固，尚未考虑采用充填法采矿；175#脉较宽，倾角较缓，但−670m中段以上基本回采结束。因此，该区充填方案只考虑−570m中段至−670m中段50#脉及−670m中段以下的175#脉。充填路线：+212m平硐充填站→充填钻孔→−270m中段西大巷、−270m中段主运巷→充填钻孔→−470m中段主运巷→−520-47支1-9395采场东顺路→−520m中段运输巷→−570-50#-8385采场东顺路→−520-50#脉外巷→−620-50#-8183采场西顺路→−620m中段50#脉外巷→−670m中段50#脉外顺路。若充填−720m中段以下175#脉可利用各中段通风井。

　　要实现大开头矿段充填采矿与空区回填，可利用地表+212m东山充填站制浆，管道输送至−270m以下各中段采场和空区；−270m以上中段的空区回填与废置巷道治理可利用东山充填系统，通过管道经由+206m平硐完成。根据大开头充填倍线计算结果（图2-5）可知，大开头-320m中段至-720m中段采空区充填倍线均小于8.0，基本可以实现自流输送。

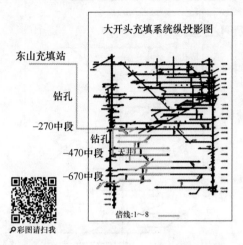

图 2-5 大开头矿段空区可充范围示意图

C 西山矿区

以充填站建设在西山+230m平硐工业场地为例，计算西山矿段充填采矿与空区回填系统的充填倍线（+230m充填站）。以-230m中段采空区充填为例，该中段充填线路：+230m充填站→230m至30m中段充填钻孔→30m中段53#脉小斜井至-10m中段→-10m中段53#脉625线位置施工充填钻孔至-50m中段→-50m中段108#脉斜井至-130m中段→-130m中段108#脉人行井至-170m中段→-230m中段采空区上方。

根据西山充填倍线计算结果（表2-2和图2-6）可知，西山充填服务范围内的充填倍线在7.0~10.5之间；-30m中段以上水平充填倍线大于8，无法自流输送，需泵送；-30m中段以下各中段可实现自流输送，或采取适当措施改善充填料浆流动性后可实现自流输送。

表 2-2 西山矿段充填倍线计算汇总

充填倍线	1~8	8~12	12以上
采空区位置	-10m中段采空区	-50m中段55脉采空区	190m中段采空区
	-50m中段53#脉56#脉采空区	-90m中段108#脉采空区	150m中段采空区
	-90m中段53#脉采空区	-130m中段108#脉采空区	110中段采空区
	-130m中段53#脉采空区	-170m中段108#脉采空区	70m中段采空区
		-230#中段108#脉采空区	30m中段采空区

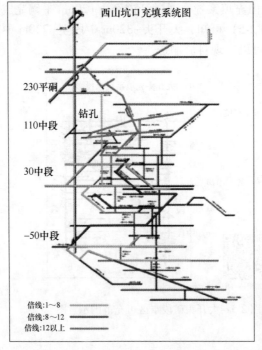

图 2-6　西山矿段空区可充范围示意图

D　东风矿区

主要考虑东风充填站服务九曲矿段空区充填的区域范围。自东风充填站（标高+232m）敷设充填管路至-470m 中段斜坡道底，再由-470m 中段沿巷道敷设管路至钻孔处，经-470m 中段沿钻孔至-570m 中段；-570m 中段敷设管路至与九曲贯通顺路，再由-570m 中段沿贯通井至九曲-620m 中段贯通天井。因此，东风充填站制备的充填料浆管道输送至-620m 中段贯通井位置，其充填倍线为 5.37。若按管道自流输送时充填倍线不宜超过 7.0 计算，该充填系统可服务的范围有：

（1）东部（九曲矿段）：可服务至九曲 47#S 条 41 线至 175 支 2#脉 11 线；

（2）西部（大开头矿段）：可服务至 47#脉 62 线~83 线、50#支 67 线~77 线、175 支 2#脉 97 线以东，而 47#支 2 区域则无法覆盖。

2.1.4.3　充填成本

A　东风矿区

东风矿区采用上向水平分层和上向进路尾砂胶结充填采矿方法，根据矿山实际生产统计，充填成本费用为 65.30 元/立方米（表 2-3）。需说明的是，充填主要技术指标调查内容包括：设计/实际充填浓度、充填倍线、充填能力；企业当前的充填配比与充填强度；墙体密封方式（混凝土砌筑，砖墙砌筑，木材+土工布，钢支架+土工布，其他方式）；充填体接顶和脱水情况；当前采充是否平衡；自动化控制程度等。

　　B　灵山矿区

　　因采用下向分级尾砂胶结充填采矿方法，灵山充填成本费用为 83.08 元/立方米（表2-3）。

表 2-3　充填采矿成本分析　　　　　　　　　（元/立方米）

序号	调查内容	成本			计算依据
		东山	东风	灵山	
1	充填成本费用	27.44	65.30	83.08	1.1 至 1.6 之和
1.1	充填材料成本费用	15.81	30.46	54.40	1.1.1 至 1.1.6 之和
1.1.1	胶结材料（C 料或水泥）	7.04	19.94	42.48	充填工业试验消耗 C 料成本
1.1.2	充填钻孔	1.06	0	0	充填钻孔按 5 年折旧
1.1.3	充填水	0.38	0	0	
1.1.4	输送管道（至空区）	5.61	5.39	5.75	充填管路按 5 年折旧
1.1.5	封闭板墙	0.31	0.31	0.42	土工布、板墙、钢筋网
1.1.6	其他材料	1.41	4.81	5.75	脱水螺纹管、蓄水池
1.2	充填系统固定资产折旧	0.83	4.46	6.04	包括充填站及充填相关设备的折旧
1.3	充填电费	4.73	3.27	3.72	充填站及选厂泵送
1.4	充填人工费	4.82	26.31	18.06	参与充填工业试验人员费用
1.5	离析料浆的清理费	0.45	0	0	
1.6	设备维修费	0.80	0.80	0.86	参照东风矿区维修费用

2.2　采空区探测技术及方法

　　金属矿山在开采过程中形成了大量遗留采空区未及时充填，这些采空区的存在严重影响后续的开采接替。若发生大面积顶板冒落事故，会对阶段运输巷道产生严重危害，影响井下生产与运输，甚至造成人员伤亡。此外，矿山选矿产生的尾砂仍采用传统的地表尾矿库堆排方式，不仅占用大量土地资源，而且还影响周边生态环境。为解决以上问题，考虑将选厂产生的尾砂通过合理配比充填至井下采空区，这样既可节省地表尾矿库占地，又可治理井下空区隐患。玲珑矿区此前主要采用废石充填，但充填效果不太理想。井下废石因块度大小不均、颗粒级配差、流动性弱等原因，不能有效充填采空区，甚至在充填体内形成空洞。为了准确确定井下遗留采空区的分布情况，需要对井下空区进行探测和统计。

2.2.1 概述

玲珑金矿前期地下采空区未能及时处理，空区分布广泛且不规则，有的空区局部已破坏，形成复杂空区 （群）。针对金属矿山采空区具有复杂性、隐蔽性的特点，提出了隐覆空区物探结合开放空区三维激光扫描的空区精准探测技术。探测的主要内容包括：（1）采空区位置；（2）采空区数量；（3）采空区体积；（4）采空区形态；（5）采空区是否已采用废石充填等。

三维激光扫描技术是一门新兴的测绘技术，又称 "实景复制技术"，是测绘领域继 GPS 之后又一次技术革命。三维激光扫描仪采用非接触式高速激光的测量方式，在复杂的现场和空间对被测物体进行快速扫描测量，获得点云数据。海量点云数据经三维重构，可以再现矿山开采现状，测量成果可导入三维矿业软件，为生产计划的调整和储量动态管理提供高精度原始数据，提高了矿山技术管理水平。

将三维激光测量技术应用于矿山空区测绘始于 1995 年，加拿大诺兰达矿业公司为了对一个采空区的安全稳定性进行评估，与 Optech 公司合作开发了一款用于矿井采空区测量的设备，后来 Optech 公司将这一产品进行了完善开发，形成了专门针对矿山采空区测量的第一代产品。随着计算机技术的发展，2000 年这项技术在加拿大、澳大利亚等一些国家矿山进行了推广应用，目前基本上是矿山开采领域的标准配置。该技术进入我国的时间较晚，2005 年前后各类产品才开始陆续引入。近年来，随着我国矿山企业广大工程技术人员对三维激光扫描测量技术的不断了解，已开发出一系列空区三维激光测量系统，逐渐缩小该技术在矿山空区测量领域的差距，应用趋于普及。

2.2.2 开放空区探测

由于矿山采空区分布的特殊性，人员无法进入，传统测量方式基本无法实现空区测绘。采用钻孔电视，虽可观察钻孔及空区内的基本情况，但受技术所限，视频观测无法准确掌握空区的三维信息。采用空区三维激光扫描系统，可对现有空区位置、形貌、尺度等进行精细探测和扫描，获得已有空区的真实形态与空区分布模型。

北京卓创科技有限公司研制开发的 LSG 型采空区三维激光扫描仪 （图 2-7），具备系统便携、测量精度高、可拓展性好等优势。测量时，通过延伸杆等辅助测量装置可深入采空区内部进行测量，同时也可搭载越障履带车，通过远程无线控制驶入空区进行测量。激光扫描头通过作 360°旋转测量收集测点数据，一次测量不但可获得采空区三维形态，还可获得采场空间的有毒有害气体参数。该系统最远探测距离达 200m，精度 5cm，最小角度分辨率 0.1°，扫描速度为 3 万点/秒 （表 2-4）。

 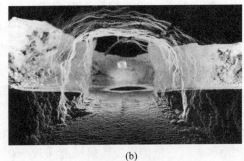

（a） （b）

图 2-7 LSG 型采空区三维激光扫描仪

（a）装置实物；（b）巷道测量建模

表 2-4 LSG 型采空区三维激光扫描系统技术参数

名称	参数	备注	名称	参数
激光模组			三维伺服旋转机械部分	
激光分类	Class1 人眼安全激光器	标准满足（BS EN 60825-1：2007）	范围	水平扫描角度 360°
波长	905nm InGaAs 激光器			垂直扫描角度 270°
测距分辨率	<1mm		扫描方式	水平扫描和垂直扫描
最大量程	200m	反射率 20%时不低于 100m	步进角度	最小可至 0.1°
		湿度>95%时不低于 50m	角度精度	<0.1°
最小量程	0.15m			
距离精度	5cm			
测量频率	30kHz			

北京卓创科技有限公司研制开发的 GLS-Ⅱ钻孔式三维激光扫描仪（图 2-8），

 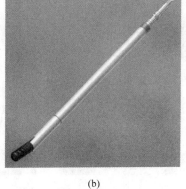

（a） （b）

图 2-8 GLS-Ⅱ钻孔式三维激光扫描仪

（a）系统组成；（b）测量探棒

由测量探棒、控制机箱、凯夫拉拖拽电缆三部分组成，测量过程中，只需沿勘探钻孔下放测量探棒即可实现自动测试。其探头（φ5cm）前端配置微型红外摄像机，实时观测孔内影像，一次测量即可得到地下空区的 3D 模型、空间体积及空区延伸方向。仪器自带倾斜、旋转传感器，无需对仪器进行整平操作。探头进入空区后，由摄像机反馈的图像可以指示探头伸入钻孔的深度，可为探头扫描工作开始前选择合适的位置。

与 LSG 型采空区三维激光扫描仪相比，GLS-II 钻孔式三维激光扫描仪可沿钻孔下放至封闭空区，其三维伺服旋转机械能实现 360°旋转。GLS-II 的激光扫描头通过作 360°旋转测量，收集各测点数据。每完成一圈 360°的扫描后，激光扫描头将自动地按照预先设定的角度抬高，并进行新一圈的扫描，直至完成全部探测工作。其探测工作原理如图 2-9~图 2-11 所示，通常有水平扫描和垂直扫描两种扫描方式，适用于不同条件的采空区扫描。空区探测三维形态分析如图 2-12 所示，通常以正北为 Y 轴正方向，正东为 X 轴正方向，方位角为顺时针方向与 Y 轴的夹角。

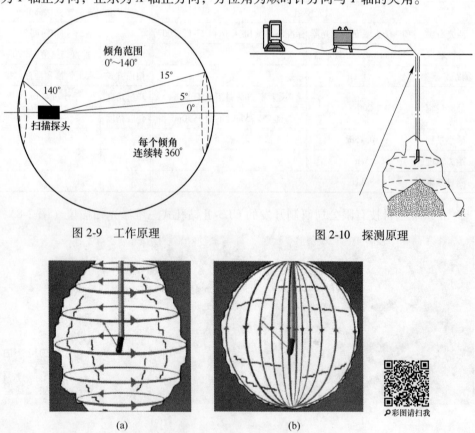

图 2-9　工作原理　　　　　　　　图 2-10　探测原理

图 2-11　激光扫描仪的探测方式

（a）水平扫描方式；（b）垂直扫描方式

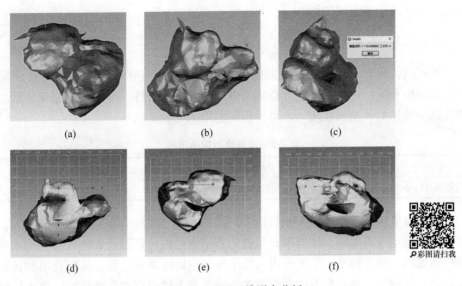

图 2-12 空区三维形态分析

（a）模型沿 X 方向剖面图；（b）模型沿 Y 方向剖面图；（c）三维空间体积计算结果；
（d）沿 Y 轴（南北）切割图；（e）沿 X 轴（东西）切割图；（f）沿 Z 轴（俯视）切割图

2.2.3 隐覆空区探测

由于地下采空区的复杂性、自然环境的恶劣性、现场施工的艰巨性与危险性，致使空区现场探测极其困难。采用地球物理勘探技术方法确定空区位置与形状，具有安全性好、成本低、精度高、探测工作条件好等特点，相比其他探测方法具有明显的优越性。

物探方法是通过观测和研究各种地球物理场的变化来解决地质问题的一种检测方法。在自然界，不同的物理作用具有不同的物理场。例如，在重力作用的空间有重力场，天然或人工建立的电（磁）力作用的空间有电（磁）场等。组成地壳的不同的岩土介质往往在密度、弹性、电性、磁性、放射性以及导热性等方面存在差异，这些异常将引起相应地球物理场的局部变化。对于这种与地下岩土介质局部变化有关的地球物理场的变化，通常称为异常场。地球物理勘探就是通过专门的仪器观测这些地球物理场的分布和变化特征，然后结合已知地质资料进行分析研究，推断出地下岩土介质的性质和环境资源等状况，从而达到解决地质问题的目的。从探测原理上，隐覆空区物探方法有高密度电法、瞬变电磁法、微重力法、音频电磁法、地质雷达等。

玲珑矿区已开采几十年，因早期未充填或仅采用废石回填，上部采空区多数无法进入，其位置和形态已无法掌握。因此，隐覆空区的治理工作通常是以物探为主，利用物探手段初步掌握采空区的分布位置，而后开展钻探验证，在此基础上开展采空区充填治理工作。

2.2.3.1　高密度电法

不同的天然岩（矿）石有不同的电阻率，同种岩（矿）石因赋存条件不同也会表现出不同的电阻率。地下介质的电阻率取决于岩性、湿度、孔隙度、温度和孔隙中液体的种类和性质。常见介质的电阻率见表 2-5。

表 2-5　常见介质的电阻率

介质	矿井水	采空区	冲积物	花岗岩	石英斑岩	黏土	砂岩	砾岩
电阻率/$\Omega \cdot m$	1~10	∞	1~10^3	3×10^2~1×10^5	3×10^2~9×10^5	1~100	1~6.4×10^3	2×10^3~1×10^4

高密度电法是以地下被探测目标体与周围介质之间的电性差异为基础，人工建立地下稳定直流电场，依据预先布置的若干道电极，采用预定装置排列形式进行扫描观测，研究地下一定范围内大量丰富的空间电阻率变化，从而查明和研究有关地质问题的一种直流电法勘探方法。由于岩土体中空隙发育程度、含水性以及水的矿化度等的不同，不同岩土体的导电性能差异较大，使用物探设备测出地下岩层的电阻率，通过电阻率的变化再结合其他分析手段可推断和解释地下地质体的赋存状态。高密度电法相对于常规直流电法而言，主要优势在于"高密度"。野外观测时，一次布置可达几十甚至几百根电极，大大提高了工作效率；电极布置密集，保证了探测精度；兼具剖面法和测深法的功能，从而使观测数据能直观形象地反映断面电性异常体（如岩溶、洞穴、断层、破碎带、采空区等）的形态和产状。图 2-13 为新型分布式高密度智能化电法仪工作示意图。

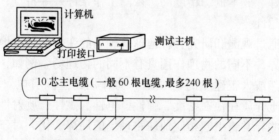

图 2-13　新型分布式高密度电法仪工作示意图

美国劳雷公司生产的八通道高密度电法探测仪（SuperSting R8/IP），其主要功能包括：（1）孔隙度及孔隙的连通性；（2）湿度或含水量；（3）孔隙水中的电解质；（4）温度（研究地热）；（5）矿物的导电性。采用该设备测得布线剖面地层的导电特性，矿岩所组成的地质体的不同电阻率是高密度电阻率法勘探、推断和解释地下地质体的一个基本条件。以程潮铁矿为例，其矿岩主要包括铁矿石、花岗岩、矽卡岩、大理岩、闪长岩、地表土、散体覆盖层、空区等。按照导电性从优到劣的顺序为实体岩>散体覆盖层>空区，通过对照地质剖面图、探测结果可初步推断顶板围岩的崩落高度。

山西大同某矿地下空区第二检测段高密度电法探测结果反演如图 2-14 所示。由图 2-14 大致可反映该区地下浅层空区分布状况，可看出四个疑点：（1）地表 80~110m 范围、地下 45~100m 之间有两个电阻值较大的区域，据地表观测，地表有少量裂缝产生，目前已趋于稳定；（2）地表 396~492m 范围、地下 20~50m 之间，原开采形成的巷道连接位置处，对岩体的扰动相对较多，在其上部岩体中形成较大范围的裂隙带分布，造成电阻率增大，而其下部电阻率则较小；（3）位于地表 588m 处，原开采过程中，受围岩中形成的裂缝带影响；（4）地表 780m 处的大电阻区域，位于地表 200m 以下，初步判断该疑点是由原开采活动以及竖井施工时周围岩体形成的松动区域再加之断层的影响共同造成的。

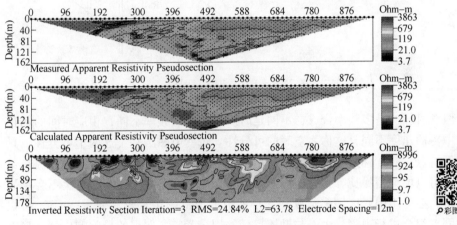

图 2-14 某矿区高密度电法探测结果反演图

2.2.3.2 瞬变电磁法

瞬变电磁法（Transient Electromagnetic Methods，TEM）属于时间域电磁感应方法。该方法是以地壳中矿岩导电性差异为主要物理基础，其探测原理是在发射回线上给一个电流脉冲方波，一般利用方波后沿下降的瞬时产生一个向地下传播的一次磁场（图 2-15）。在一次磁场的激励下，地质体将产生涡流，其强度大小取决于地质体的导电程度。在一次场消失后该涡流不能立即消失，它将有一个过渡（衰减）过程。该过渡过程又产生一个衰减的二次磁场向地表传播。由地表的接收回线来接收二次磁场，该二次磁场的变化将反映地下地质体的电性分布情况。按不同的延迟时间测量二次感生电动势 $V(t)$，得到二次场随时间衰减的特性曲线，用发射电流归一化后成为 $V(t)/I$ 特性曲线。

瞬变电磁法是观测纯二次场，不存在一次场的干扰，这称为时间上的可分

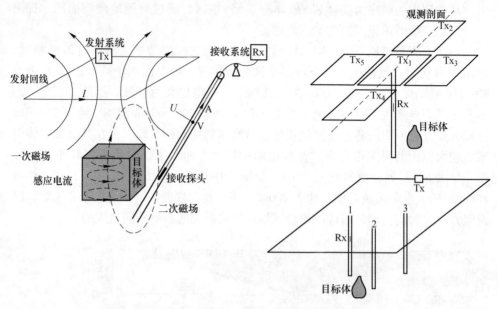

图 2-15　工作原理示意图

性；但发射脉冲是多频率合成，不同延时观测的主要频率不同，相应时间的场在地层中传播速度不同，这称为空间的可分性。瞬变电磁法基于这两个可分性，具有如下特点：（1）将频率域的精度问题转化为灵敏度问题，加大功率和提高灵敏度就可以增大信噪比，加大勘探深度；（2）在高阻围岩区地形起伏不会产生假异常，在低阻围岩区因多道观测，早期道的地形影响也较易分辨；（3）可以采用同点组合进行观测，由于与勘探目标的耦合紧密，取得的异常响应强，形态简单，分层能力强；（4）对线圈位置、方位或收发距要求相对不高，测地工作简单、工效高；（5）有穿透低阻的能力，探测深度大；（6）剖面水平测量和垂向深度测量工作可同时完成，提供了较多的有用信息，减少了多解性。

采用中国地质科学院地球物理地球化学勘查研究所 IGGETEM 瞬变电磁系统进行探测工作，该系统适用于矿产勘探、构造探测、水文与工程地质调查、环境调查与检测以及考古等物探工作的各个领域。

2.2.3.3　微重力探测

微重力探测是以地下介质间的密度值差异作为理论基础，通过研究局部密度不均体引起的重力加速度变化的数值、范围及规律来解决地质问题。地面微重力方法不受电磁场等人为干扰和接地条件的影响以及工作场地大小等因素限制，对低缓微弱异常具有较高的分辨能力，并且野外工作方法简单、成本低、效率高，从而弥补了某些物探方法的不足。该方法在物性前提优越（密度差异很大）的岩溶及其他洞穴勘察中是一种理想的探测方法。该方法的具体步骤如下：

（1）测点布置。测网选择工作基本网度为线、点距 20m×10m。定点定线测量工作使用全站仪施测，并进行三角高程测量。首先建立一个相对重力基点，采用单次观测法，每个工作单元首尾连接基点。若空区充填治理，注浆前、注浆后各进行一次微伽重力测量。

（2）仪器设备。重力测量选用美国拉科斯特公司生产的 LCR-D 型微重力仪。施工中按重力调查技术规定（DZ0004-91）要求进行仪器准备工作。

（3）资料整理。

（4）检测精度。总探测精度采用 25 微伽。

目前，国内外针对地下不明空区的处置质量检测尚无规范可循，也未形成统一的检测办法和标准。采空区注浆（充填）处置工程质量的微重力检测是指采用微重力测量的方法对采空区处置工程范围内进行整体（平均）密度变化特征观测，通过微重力数值图分析对注浆（充填）工程情况进行综合评定（图 2-16）。

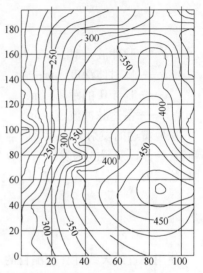

图 2-16 注浆（充填）后微伽重力异常平面图

2.2.3.4 地质雷达

探地雷达是一种电磁探测技术，利用主频为数十兆赫至数千兆赫波段的电磁波，以宽频带短脉冲的形式，由地面通过天线发射器（T）发送至地下，经地下目的体或地层的界面反射后返回地面，为雷达天线接收器（R）接收。其工作原理如图 2-17 所示。

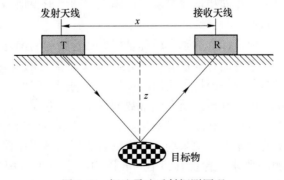

图 2-17 探地雷达反射探测原理

　　地下介质相当于一个复杂的滤波器，介质对电磁波不同程度的吸收以及介质的不均匀性质，使得雷达发射出去的脉冲在达到接受天线时，综合了地下不同介质的物理信息，表现为波幅减小、频率降低、相位和反射时间发生变化等，波形变得与原始发射波形有较大差别。通过对这些改变了的波形进行分析，可得到所需的地下信息，建立地下介质的结构模型。脉冲波的行程为：

$$t = \frac{\sqrt{4z^2 + x^2}}{v} \tag{2-3}$$

式中　t——脉冲波走时，ns，$1ns = 10^{-9}s$；

　　　z——反射体深度，m；

　　　x——T 与 R 的距离，m；

　　　v——雷达脉冲波速，m/s。

　　探地雷达的发射天线及接收器有单置式和双置式之分，单置式为发射与接收器同置一体，双置式为发射与接收分体。使用单置式天线计算探测目的层深度的计算公式为：

$$z = \frac{|x|}{\sqrt{\left(\frac{t}{t_0}\right)^2 - 1}} \tag{2-4}$$

　　使用双置式天线计算探测目的层深度的计算公式为：

$$z = \sqrt{\frac{t_2^2 x_1^2 - t_1^2 x_2^2}{4(t_1^2 - t_2^2)}} \tag{2-5}$$

式中　z——反射体深度，m；

　　　t_1——第一次脉冲波走时，ns，$1ns = 10^{-9}s$；

　　　x_1——第一次 T 与 R 的距离，m；

　　　t_2——第二次脉冲波走时，ns，$1ns = 10^{-9}s$；

　　　x_2——第二次 T 与 R 的距离，m。

　　雷达图形以脉冲反射波的形式被记录，波形的正负峰值分别以黑白色表示或以灰阶或彩色表示，这样同相轴或等灰度、等色线即可形象地表征出地下或目标的反射面。

　　探地雷达能够发现目标物的基本原理是根据目标物与周围均匀介质在介电常数、磁导率以及电导率方面存在的差异，这样就会使雷达的反射回波出现异常。探地雷达方法的基本原理是根据雷达回波穿过介质的回波时间大小与邻近介质回波时间大小和相互对比来分析介质介电常数的变化，而介质介电常数的变化直接反映其均匀性、含水量以及孔隙度等变化。在干燥地区，介质的空隙程度往往是决定异常变化的主要因素。矿山采场、巷道围岩的探测属于中深层物探工作，按照工程概况和检测的要求，探测深度在 4m 以内，主要了解围岩破碎情况。因此，选择探地雷达方法是比较合适的解决方案。

2.3 遗留空区与废置巷道空间分布调查

2.3.1 遗留空区统计与分析

玲珑矿区以急倾斜薄矿脉为主，早期主要采用浅孔留矿法开采、废石充填或封闭的方式处理采空区。长期以来，在地下形成了大量的遗留采空区（群），部分采空区已垮塌。在现场调查、核实、深入了解的基础上，再通过统计、测绘、分析工作，得出各矿区、各矿脉的采空区分布状态、规模和空间结构参数。

2.3.1.1 九曲矿区

据不完全统计，九曲矿区各中段采空区体积共计约为 $144.1 \times 10^4 \mathrm{m}^3$。其中，已废石/尾砂回填治理的空区约 $12.2 \times 10^4 \mathrm{m}^3$（但其中仍有 $4.0 \times 10^4 \mathrm{m}^3$ 的空间未充实），封闭隔离采空区约为 $122.4 \times 10^4 \mathrm{m}^3$，拟待治理的采空区体积约为 $9.5 \times 10^4 \mathrm{m}^3$。

2.3.1.2 大开头矿区

大开头矿区主要采用空场法（浅孔留矿法）开采 47#、48#、50#、175 支 2 等矿脉。截至目前，大开头矿区所辖-270m 中段水平以上各矿脉的地质储量已基本枯竭，仅-150m 中段等少数地点进行残采残出作业，故上部中段存留较多采空区，其中包括以往采场出矿后未充填的空区以及民采留下的大量采空区。大开头矿区深部生产中段为-270m、-470m～-800m 水平，虽形成了大量采空区，但大部分已用废石进行了回填。

据不完全统计，大开头矿区各中段采空区总体积共计约 $43.6 \times 10^4 \mathrm{m}^3$。其中，已废石充填治理的采空区体积约为 $27.2 \times 10^4 \mathrm{m}^3$，已隔离且封闭出矿穿的空区约为 $12.2 \times 10^4 \mathrm{m}^3$，需充填处置的空区约为 $11.1 \times 10^4 \mathrm{m}^3$。另外，尚有 $8.0 \times 10^4 \mathrm{m}^3$ 空区仍需投入 280m 充填巷、20m 钻机硐室工程以及恢复 700m 老巷进行探测。

2.3.1.3 西山矿区

据不完全统计，西山矿区各中段空区体积共计约为 $115.9 \times 10^4 \mathrm{m}^3$。其中，已被废石、尾砂回填且封闭出矿穿和隔离的空区体积约为 $94.5 \times 10^4 \mathrm{m}^3$，可充填空区约 $3.0 \times 10^4 \mathrm{m}^3$，需充填空区约 $7.5 \times 10^4 \mathrm{m}^3$，需进一步探测的空区约 $10.9 \times 10^4 \mathrm{m}^3$。

2.3.1.4 东风矿区

东风矿区主采矿脉为 171#脉，现采矿区域分为西区（150～165 线）和中区（127～150 线）。西区位于-247m 中段～-470m 中段，该区存在多种采矿方法，-420m 以上中段采用空场法开采，多数未回填，空区体积较大且空区间相连，多为采矿存窿或上盘塌落区；西区-420m～-470m 中段采用充填法开采，采空区已充填。中区主要分布于-180m 中段～-420m 中段之间，投入采矿时间相对较短，采用充填法开采，空区均已充填，因井下采空区最高-180m 中段距地表约 410m，对地表造成的影响暂无法判断。

东风矿区现主要采取的空区治理措施包括：（1）各采空区地点已封堵并设有警示标识，安排专人对空区定期进行观察；（2）现采矿均已改为充填法开采。

2.3.1.5　玲珑矿区小计

根据此次统计结果，玲珑矿区采空区体积共计约 318.6×10^{4}m^3，其中可用于尾砂充填处置的空区总体积约为 184.6×10^{4}m^3（包括虽封闭隔离但可充填的空区约 137.6×10^{4}m^3，可充填处理的空区约 28.1×10^{4}m^3，需进一步探测的空区约 18.9×10^{4}m^3）（表 2-6）。需要说明的是，因矿方提供的资料有限，加之部分资料遗失，矿山采空区体积统计缺少充分依据，部分中段空区体积只能依据矿山年生产能力做出粗略推算估计，最终计算结果仅供参考。

表 2-6　玲珑矿区可利用的空区体积　　　　　　　　　（m^3）

矿段	已充废石/尾砂充填处理	封闭隔离	需充填处理	待探测确定	合计
大开头	271741	122429	111301	80000	585471
九曲	122450	1224002	94566	—	1441018
西山	945400	29920	74742	109230	1159292
小计	1339591	1376351	280609	189230	3185781

玲珑矿区虽有近 134.0×10^{4}m^3 的空区已用废石/尾矿充填处理，但其中约 90%的空区仅采用废石充填。考虑到空区废石充填的密实程度以及尾砂与废石混合充填时尾砂浆易进入废石孔隙中，故按空区废石充填的孔隙率和空隙率为 0.3 计算（即，空区充实率取 70%），则这部分仅采用废石回填处理的空区仍有 36.2×10^{4}m^3 的空间可供无尾矿山建设时考虑利用全尾砂浆进行补充充填：

$$V = 134.0 × 90\% × 0.3 = 36.2 × 10^4 m^3$$

需要说明的是，对于浅部已废弃中段，因近几十年的群采等无规划开采，在地下不同深度，特别在矿区浅部已形成纵横交错的大量采空区（群）。鉴于大部分浅部中段巷道已被破坏而无法进入，该部分采空区资料的收集以及后续治理工作均存在较大困难。

2.3.2　废置巷道统计与分析

2.3.2.1　九曲矿区

九曲矿区废置巷道工程总长约为 35103m，工程量约为 217223m^3（按巷道的断面规格为 2.4m×2.6m 计算），统计中段包括 130m、90m、-70m、-110m、-150m、-320m、-370m、-420m、-470m，所包含的矿脉有 4#、4#支、5#、5#支、9#、9#支、10#、18#、18#支、22#北穿、23#、31#南穿、32#北穿、35#南穿、47#、47#支、47#S、52#、52#支、55#、56#、8#、107#、108#、131#、176#、176#N、176#支等。根据调查结果，九曲矿区可利用废置巷道空间总体积约为 21.72×10^{4}m^3。

2.3.2.2　大开头矿区

大开头矿区废置巷道工程总长约为 5194m，工程量约为 27424m^3（按巷道的断面规格 2.2m×2.4m 计算），统计中段包括-150m、-270m、-470m、-520m、-570m、-620m、-670m、-720m、-760m，所涉及矿脉主要有 47#、47#支、47#支 1、47#N、48#、50#、52#支、61#、175#支 2、175#支 3。根据调查结果，大开头矿段废置巷道空间总体积约 2.74×10^{4}m^3。

2.3.2.3　西山矿区

西山矿区废置巷道工程总长约 15508m，工程量约 77252m^3（按巷道断面规格为 2.16m^2 或 5.06m^2 计算）。统计中段包括 230m、150m、110m、70m、30m、-10m、-50m、-90m，所涉及矿脉主要有 53#、55#、55#、56#、98#、107#、108#、131#。根据调查结果，西山矿区废置巷道空间总体积达 7.73×10^{4}m^3。

3 遗留空区（群）稳定性评价与分级

3.1 概述

3.1.1 采空区稳定性影响因素

关于煤矿采空区稳定性研究目前已取得大量成果，形成了多种切实可行的分析方法和理论模型。对于金属矿山，因矿床地质结构、矿体赋存环境等复杂多变，导致采空区稳定性影响因素众多，故对于金属矿山采空区稳定性及失稳的研究，目前尚未形成统一理论。实际上，采空区的失稳并非独立事件，而是在多种影响因素综合作用下的结果。因此，开展多种因素作用下采空区稳定性敏感分析是探明采空区失稳机理的基础。

空区的形成，从整体上破坏了原岩应力场平衡，使应力重新分布，出现围岩次生应力场，同时长期受到爆破震动、地下水等因素影响。此外，采空区的几何参数及空间位置关系都会对采空区（群）的稳定性产生影响。因此，采空区稳定性研究的本质，就是分析特定结构的采空区围岩在次生应力场等多场作用下的应力及变形规律。由此来看，影响采空区稳定性的两个关键因素是采空区结构和采空区赋存环境。本节将从采空区形状类型及赋存环境入手，详细阐述影响采空区稳定性的因素，拟采用理论分析、数值计算等多种方法对采空区稳定性进行敏感分析，建立数学模型并绘制曲线。具体来说，采空区的结构因素包括采空区岩体结构类型、岩体质量、采空区形态、采空区跨度、采空区倾角等，采空区赋存环境则包括开采深度、周围采动影响、地下水及地下温度场等。

3.1.1.1 采空区结构因素

A　采空区岩体结构类型

岩体结构由结构面和结构体两个要素组成，是反映岩体工程地质特征的最基本因素，不仅影响岩体的内在特性，而且影响岩体的物理力学性质及其受力变形破坏的全过程。结构面和结构体的特性决定了岩体结构特征，也决定了岩体结构类型。岩体稳定性主要取决于两个方面：结构面性质及其空间组合和结构体性质，这是影响岩体稳定性的最基本因素。

B　采空区岩体质量

岩体的完整性、岩石质量和不连续面特性是控制岩体质量的内在因素，岩体质量的好坏直接决定了采空区的稳定状态。

C　采空区形态

采空区形态包括采空区高跨比、倾角、复杂程度等，是影响空区稳定性的直接因素：

（1）采空区高跨比。理论计算和实测结果均表明，围岩的松动范围与采空区跨度成正比。大跨度地下采空区围岩的松动范围远远大于小跨度采空区。一般来说，相同结构类型的岩体，大跨度发生冒落的概率或数量要高于小跨度的采空区。

（2）采空区倾角。采空区倾角决定了采空区顶底板围岩的应力应变状况。倾角较小的采空区顶板中间部位往往下沉幅度最大，最终出现拉裂破坏；采空区边壁及矿柱则多为剪切破坏。倾角较大的采空区岩体重力产生的向采空区方向的法向应力减小，故在一定深度下稳定性较好，但随着开采深度加大，则易造成突然破坏。

（3）采空区复杂程度。采空区复杂程度包括采空区规模大小和边界的复杂程度。采空区规模大，造成采空区顶板下沉量变大，易出现拉应力，且应力向两侧集中，对矿柱稳定性也产生不利影响。同时，边界越复杂，越易出现围岩应力集中，影响采空区稳定。采空区规模的稳固性不仅取决于单一开采空间应力分布，还需考虑相邻部位的采动引起的应力叠加等问题。多个采空区会形成一种群的效应。

3.1.1.2　采空区赋存环境

（1）采空区赋存深度。采空区赋存深度是影响采空区稳定性的重要因素之一。一方面，埋深的增加使地应力增大，造成了采空区形成过程中应力集中程度和释放程度增强，对围岩稳定性造成较大影响；另一方面，埋深的增加使赋存环境复杂，岩石在高地应力作用下性质会发生较大变化，进而影响采空区稳定性。

（2）周围采动影响。工程实例表明，两个相距很近的采空区地压显现强烈；当两个小采空区合并成一个大跨度空区后，地压显现反而降低，变得相对稳定，主要是因为两个小采空区相距太近，之间的岩体受支撑压力叠加影响而失稳。因此，为保持相邻采空区稳定，需根据次生应力场情况及岩性强度考虑空间间距。另外，相邻矿体开采产生频繁的爆破震动，加剧岩体内节理裂隙的扩展，使采空区稳固程度大大降低。

（3）地下水及温度作用。地下水和温度通过影响采空区赋存环境的应力场来影响采空区的稳定性，形成两场或多场的耦合作用，这种耦合作用往往对采空区的稳定性产生重要影响。另外，地下水和温度还会对围岩质量产生影响，进而影响采空区稳定。

3.1.1.3　采空区稳定性敏感分析

由上述分析可知，影响采空区稳定性的因素复杂多样，但对于同一矿山区域的采空区，采空区围岩结构、地下水及温度等因素往往是相同或相似的，此时采空区的稳定性主要决定于采空区形态、采空区埋深及其侧压系数。

对于单一采空区，主要结构参数包括跨度、高度及倾角，三者共同决定了采空区围岩受力状态及稳定特征。相关参数以玲珑金矿西山矿区为工程背景，某单一采场应力分布如图 3-1 所示。因地下矿体往往是连续的，故在有限范围内存在两个甚至多个采空区。这些采空区相互作用，形成一种耦合效应。最常见的多空区耦合结构为三个空区在同一方向上连续存在，即三联跨形式（图 3-2）。

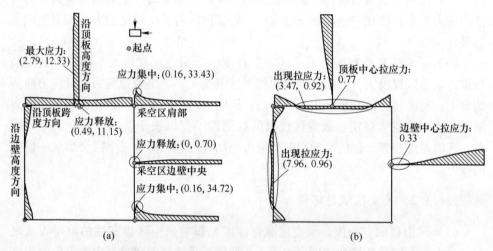

图 3-1　高度 10m、跨度 10m、倾角 90°时采空区围岩应力分布图

(a) 最大主应力；(b) 最小主应力

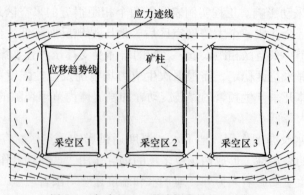

图 3-2　多采空区三联跨耦合结构示意图

3.1.2 采空区稳定性分析

3.1.2.1 空区稳定性分析方法

采空区稳定性分析实质上是分析在特殊环境中，采空区结构及其围岩稳定状态。目前，国内外学者在采空区稳定性方面进行了大量研究，得到了许多有效的分析方法，其中主要包括基于岩体质量分级的分析方法、理论分析方法、数值模拟分析方法以及基于不确定理论的分析方法。

A　基于岩体质量分级的稳定性分析方法

基于岩体质量分级的采空区稳定性分析方法，主要包括按岩石质量指标（RQD）分类、按岩体结构类型分类和岩体质量分级。

a　按岩石质量指标（RQD）分类

岩石质量指标 RQD 值，是指钻取岩芯中长度超过 100mm 的岩芯累计长度与岩芯总长度之比的百分率，是用来评价岩石质量好坏的一种简易方法，它能够较准确地反映出岩体中裂隙发育程度以及风化使岩石强度降低的结果。在施工中要求钻进时每一回次不超过 0.5m，钻进中用水量控制在最小范围，岩芯管中取芯时不得用力打击。

按岩石质量指标（RQD）分类的计算方法：

$$RQD = \frac{\sum L}{L} \times 100\%　\qquad (3-1)$$

式中　$\sum L$——各岩层中岩芯超过 100mm 的岩芯长度之和，m；

$\quad\quad\ L$——钻孔穿过各岩层总进尺，m。

当无法取到岩芯时，RQD 值可以通过估算单位体积节理数来确定，此时已知每立方米岩体中每组的节理数。对于无黏土岩体，其换算关系为：

$$RQD = 115 - 3.3J_v　\qquad (3-2)$$

式中　J_v——每立方米岩体中总节理数。

b　按岩体结构类型分类

中国科学院地质研究所谷德振等人根据岩体结构划分岩体类别，将岩体结构分为四类，即整体块状结构、层状结构、碎裂结构和散体结构，其特点是考虑了各类岩体结构的地质成因，突出了岩体的工程地质特征。其中，整体块状结构包含两个亚类，即整体结构和块状结构；层状结构包含两个亚类，即层状结构和薄层状结构；碎裂结构包含三个亚类，即镶嵌结构、层状碎裂结构和碎裂结构。

c　按岩体质量分级

《工程岩体分级标准》（GB 50218—94）提出两步分级法：第一步，按岩体的基本质量指标进行初步分级；第二步，针对各类工程岩体的特点，考虑天然应力、地下水和结构面方位等影响因素对初步分级结论进行修正，然后根据修正后的指标进行详细分级。若岩体基本质量好，则其稳定性也好；若岩体基本质量差，则其稳定性也差。根据不同岩石的坚硬程度，可将岩石划分为坚硬岩、较坚硬岩、较软岩、软岩和极软岩。

基于岩体质量分级的分析方法，是从构成采空区结构的岩体出发，通过岩体质量评价和分级，对采空区的稳定性进行判断。但该方法未考虑采空区的结构特点，实际上岩体在不同的采空区结构中会表现出不同的稳定性，并且该类分析方法较为烦琐，不易掌握。

B　基于理论分析的稳定性分析方法

在理论分析方面，国内外学者对采空区稳定性研究主要集中于分析地下煤矿开采引起的地表沉陷，建立了各种理论及计算方法。但因金属矿床在地质成因、开采方法、回采顺序、岩层受力结构及破坏形式等方面与煤矿有本质区别，故煤矿开采得到的采空区岩层移动理论、地表沉降规律及变形范围预测等难以用于金属矿山开采设计和安全评价。在金属矿山采空区稳定性理论分析方面，国内外学者根据采空区的结构特点，对采空区进行简化。在采空区（群）环境下，采空区中顶板和间柱结构的力学稳定性直接决定整个采空区（群）的整体稳定性。运用结构力学、弹塑性力学及损伤力学等理论，将顶板及矿柱等效为梁、板、柱等结构，通过理论计算，对采空区稳定性进行分析并确定采空区的安全参数。

地下金属矿山采空区稳定性的理论分析方法主要包括固定梁理论、简支梁理论、载荷传递交汇线理论和突变理论等。

a　固定梁理论

根据固定梁理论，对于采空区长度远大于其宽度的采空区顶板，可假设顶板为结构力学中两端固定的梁结构，计算时将其简化为平面弹性力学问题，取单位宽度进行计算。顶板岩梁计算简图和弯矩图如图 3-3 和图 3-4 所示。

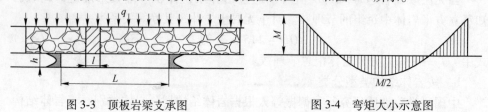

图 3-3　顶板岩梁支承图　　　　　　　图 3-4　弯矩大小示意图

$$M = \frac{1}{12}qL^2 \tag{3-3}$$

式中　M——顶板岩梁弯矩，$10^6\mathrm{N \cdot m}$；

　　　q——顶板岩梁自重及外界均布载荷，MPa；

　　　L——顶板岩梁长度，m。

将顶板视为两端固定的厚梁，按照该力学模型，可得到顶板厚梁内的弯矩 M 和应力阻力矩 ω：

$$M = \frac{(9.8\rho h + q_1)L^2}{12} \tag{3-4}$$

$$\omega = \frac{1}{6}bh^2 \tag{3-5}$$

式中　ω——阻力矩，N·m；

　　　q_1——外界均布载荷，MPa；

　　　b——顶板岩梁单位宽度，取 1m；

　　　h——顶板岩梁厚度，m。

计算可知，在采空区顶板中央位置出现最大弯矩。顶板允许的拉应力 $\sigma_{许}$ 为：

$$\sigma_{许} = \frac{M}{\omega} = \frac{(9.8\rho h + q_1)L^2}{2bh^2} \tag{3-6}$$

$$\sigma_{许} \leqslant \frac{\sigma_{极}}{nK_c} \tag{3-7}$$

式中　$\sigma_{许}$——顶板允许的拉应力，MPa；

　　　n——安全系数，可取 $n = 2 \sim 3$；

　　　$\sigma_{极}$——顶板岩体极限抗拉强度，MPa；

　　　ρ——顶板岩石密度，kg/m³；

　　　K_c——结构削弱系数。

根据相关文献，K_c 的取值取决于岩石的坚固性、岩石裂隙特点、夹层弱面等因素，一般可取 1~3；当采用爆破落矿时，结构削弱系数 K_c 不应小于 7~10。由于矿体已经开采完毕，不必考虑爆破振动的影响，故 K_c 可取 1~3。

当顶板上部外界均布载荷 $q_1 = 0$ 时，根据上式可推导出顶板安全厚度计算公式为：

$$\frac{9.8\rho h L^2}{2bh^2} \leqslant \frac{\sigma_{极}}{nK_c} \Rightarrow h \geqslant \frac{9.8nK_c\rho L^2}{2b\sigma_{极}} \tag{3-8}$$

由式（3-8）可以计算出各个采空区在不同结构削弱系数下顶板的理论安全厚度，将求出的安全厚度与顶板实际厚度做比较，即可判定采空区顶板的稳定性状况。

b　简支梁理论

当矿体分为多层开采时，上层采完后，可认为作用在下层矿体顶板（上下层矿体之间的夹层）上的载荷为夹层的自重。回采期间，若采空区长度偏大，则顶板中部岩层容易在拉应力的作用下产生离层或者破裂冒落。根据材料力学，可将采空区顶板假设为两端简支梁受力模型。利用简支梁受力模型，可以推导出顶板的最大允许跨度（图 3-5）。顶板岩梁中性轴上下表面任意一点的应力 $\sigma(x)$ 为：

$$\sigma(x) = \frac{\gamma\sin\alpha(2x - L)}{2} \pm \frac{3\gamma x(x - L)\cos\alpha}{h} \tag{3-9}$$

式中　α——采空区倾角，（°）；

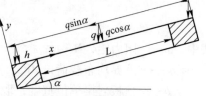

图 3-5　两端简支岩梁受力分析

L——岩梁长度，m；

h——岩梁厚度，m；

γ——顶板岩体容重，10^6N/m^3。

充分开采时，将采场顶板假设成一组简支梁，其受力分析如图 3-6 所示。最大拉应力发生在 $x = L/2 + h\tan\alpha/6$ 处顶板岩梁中性轴下表面，最大拉应力 $\sigma_{\text{T,max}}$ 为：

$$\sigma_{\text{T, max}} = \frac{3\gamma L^2\cos\alpha}{4h} - \frac{h\gamma\tan^2\alpha\cos\alpha}{12} \tag{3-10}$$

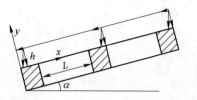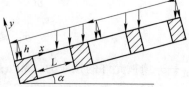

图 3-6　简支岩梁受力分析简图

当采空区沿矿体走向布置（$\alpha = 0°$）时，顶板岩梁中性轴下表面最大拉应力 $\sigma_{\text{T, max}(\alpha=0°)}$ 为：

$$\sigma_{\text{T, max}(\alpha=0°)} = \frac{3\gamma L^2}{4h} \tag{3-11}$$

c　载荷传递交汇线理论

该理论建立了采空区顶板厚度和顶板跨越采空区宽度之间的关系。该理论假定顶板载荷从顶板上表面中心与顶板竖直线成 30°～35°的扩散角向下传递，当传递线位于顶板和采空区侧壁交线以外时，就认为采空区侧壁直接支撑顶板上覆岩体载荷及顶板自重，此时顶板处于安全状态。其计算原理如图 3-7 所示，设 β 为载荷传递线与顶板中心竖直线的夹角，则推出顶板理论跨度 B 的计算公式为：

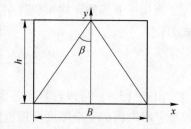

图 3-7　顶板载荷传递受力分析

$$B = 2h\tan\beta \tag{3-12}$$

式中　B——采空区顶板理论跨度，m；

h——采空区顶板厚度，m；

β——载荷传递线与顶板中心线夹角，（°）。

根据载荷传递交汇线理论，可以计算出采空区顶板的理论跨度，通过比较顶板理论跨度与实际跨度的大小，可以评判采空区顶板的稳定性。

d　突变理论

突变理论是 1972 年由法国数学家 Thom 提出，近年来逐渐发展成为一种科学理论，用于研究自然界中的不连续变化现象。突变理论认为，某个系统的状态稳定与否，能够采用一些参数对其进行描述。当该系统处于稳定状态时，标志该状态的某一函数就只有一个解；当这些参数在某一范围变化时，该函数就会存在多个极值，系统将会处于不稳定状态。若参数继续发生变化，系统便会从不稳定状态进入到另一个稳定状态，此时系统就会发生突变。突变理论作为一种科学的研究方法，近年来在地下采空区的稳定性分析和预测中得到了一些应用，但由于突变理论的计算过程非常复杂，实际应用时的难度较大。

e　厚跨比法

对于采空区顶板的厚度 H 与其跨越采空区的宽度 W 之比满足 $H/W \geq 0.5$ 时，则认为顶板是安全的，取一安全系数 K，则有：

$$\frac{H}{KW} \geq 0.5 \tag{3-13}$$

式中　H——采空区顶板安全隔离层厚度，m；

　　　　W——采空区跨度，m；

　　　　K——安全系数。

C　基于数值计算的稳定性分析方法

目前，在分析岩体工程问题时常用的数值计算方法包括有限元法、有限差分法、离散元法、边界元法、不连续变形法以及各种数值方法相互耦合等多种方法。其中，在采矿工程中应用较多的是 FLAC^{3D}（Fast Lagrangian Analysis of Continua，快速拉格朗日差分分析法），该方法适用于连续介质、大变形条件。FLAC^{3D} 包含多种本构模型和边界条件，不仅自身具有强大的建模和计算功能，而且还可连接前期 ANSYS 软件建立的模型，后期通过 Tecplot 软件进一步处理。

数值计算分析以其成熟的理论、准确高效的计算速率而得到快速发展，但是数值计算解决问题的能力往往受制于建模技术的发展，数值模型能否准确地反映采空区的实际形态决定了最终的分析能否准确。近年来发展的采空区精密探测技术（如三维激光扫描技术）可精准获得采空区的几何边界，可以更加准确地建立计算模型，提高了采空区稳定性分析的准确性。

D　基于不确定性分析的稳定性分析方法

目前，不确定性分析方法主要包括模糊综合评判、概率论与可靠度分析、灰色系统理论、人工智能与专家系统、神经网络等。采空区稳定性状况是多种因素综合作用下的宏观结构表现，每种因素都会影响采空区的稳定性，采空区的失稳往往也是多种因素综合作用下的结果。每个因素在采空区失稳事故中占有不同的权重，但是每种因素的影响程度难以用定量的数值表示，具有典型的"模糊"特征，且在不同赋存条件下，权重也不确定。因此，越来越多的学者将模糊理论引入采空区稳定性评价中，通过建立多因素评价模糊集，进行权重的分析和确定，从而得到影响采空区的关键因素，进一步判断采空区的稳定性，最终形成了基于模糊理论的不确定性分析方法。

3.1.2.2　遗留空区（群）数值计算

矿产资源开采导致金属矿山留存大量未处理的采空区，这些采空区集中连片形成采空区群是影响矿山安全的重大隐患，对此亟须确定采空区群的真实三维边界和围岩稳定程度。定期对空区群进行三维激光扫描探测，获取精确的空间信息，并在此基础上进行空区群的失稳模式和灾害控制研究，是当前研究的热点课题，也是矿山安全生产的重要保障。三维激光探测是获取地下矿山采空区空间形态的重要手段，冬瓜山铜矿、凡口铅锌矿等大型金属矿山普遍使用激光探测设备对采空区及其他工程设施进行探测，为后续的工程设计、安全管理等提供精准的基础性数据。

玲珑矿区历经数十年的地下开采，采空区分布范围广且空间关系复杂。对于有条件进行探测的采空区，可采用 CMS（Cavity Monitor System，空区三维激光扫描系统）对现有空区位置、形貌、尺度等进行精细探测和扫描，获得已有空区的实际形态与分布模型；对于难以探测的采空区，可借助物探手段，结合采矿设计图纸与实际开采资料，复合得到采空区的形态及其位置关系。由于采空区分布零散且范围广泛，难以针对整个矿区建立独立的数值计算模型，但可根据各个矿脉的实际开采状况及空区群的分布关系，将邻近的采空区划分为一个采空区群，如此可以划分多组采空区群。通过运用 FLAC^{3D} 数值计算软件建立采空区分布模型，对各个采空区群组的稳定性展开研究，若计算合理（模型计算所得的应力分布基本符合该矿区实测地应力分布），则可获得采空区应力、塑性区分布状态以及顶板位移情况，若计算不合理（模型计算所得的应力分布不符合该矿区实测地应力分布），则需要重新建模计算，最后根据计算结果对采空区的稳定性进行评价与分级。采空区稳定性分析流程如图 3-8 所示。

3.1.3　采空区规模等级划分

采空区的规模主要指采空区体积、高度和顶板暴露面积，采空区规模影响围岩应力分布状况，从而直接影响空区稳定性和岩移活动范围。大面积连续空区较易发生垮落，岩移范围大。采空区体积相近时，若被强度足够的矿柱或无矿带分割隔离，则其稳定性提高，岩移幅度减小。在同一水平面积下，长宽值接近，跨度大的空区较长宽相差大、跨度小者更易于发生垮落。在急倾斜厚大矿体和缓倾斜矿体的采空区中，大多数的冒顶和岩移活动都发生在连续的大采空区。

2007 年，原国家安全生产监督管理总局在调查全国 457 家矿山企业约 43217.26×$10^4 m^3$ 采空区的基础上，曾将独立采空区规模按体积大小划分为一般采空区（$0.5×10^4$ ~ $1.0×10^4 m^3$）、大型采空区（$1.0×10^4$ ~ $3.0×10^4 m^3$）、特大型采空区（$3.0×10^4$ ~ $10.0×10^4 m^3$）三种。采空区分布非常复杂，采空区的分布特征主要与矿体的赋存状态（形状、大小、倾角）、所采用的采矿方法、采场结构参数等有关。因此，采空区的规模类

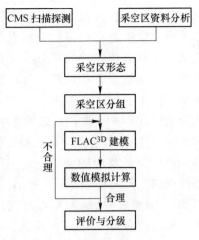

图 3-8 基于 FLAC³D 的采空区建模及
稳定性分析流程图

别是标示采空区固有风险能量的基本判别指标。根据采空区（群）的顶板暴露面积或空区体积，可将其划分为五个等级（表 3-1）。

表 3-1 采空区的规模等级

类别		单个采空区		矿山采空区	
		暴露面积 S/m^2	体积 $V/10^4 m^3$	总暴露面积 $\Sigma_暴/10^4 m^2$	总体积 $\Sigma_体/10^4 m^3$
一	超大型	$S>2000$	$V>10$	$\Sigma_暴>10$	$\Sigma_体>1000$
二	特大型	$1200<S\leqslant2000$	$5.0<V\leqslant10$	$5.0<\Sigma_暴\leqslant10$	$500<\Sigma_体\leqslant1000$
三	大型	$800<S\leqslant1200$	$1.0<V\leqslant5.0$	$2.0<\Sigma_暴\leqslant5.0$	$100<\Sigma_体\leqslant500$
四	中型	$500<S\leqslant800$	$0.5<V\leqslant1.0$	$1.0<\Sigma_暴\leqslant2.0$	$50<\Sigma_体\leqslant100$
五	小型	$S\leqslant500$	$V\leqslant0.5$	$\Sigma_暴\leqslant1.0$	$\Sigma_体\leqslant50$

3.2 遗留空区（群）空间分布

3.2.1 矿脉及空区分布

通过开采资料分析及采空区探测，确定了矿区采空区的数量、形态、体积及空间关系。

3.2.1.1 矿脉分布关系

前期调研表明，玲珑矿区未及时充填治理的采空区约 $184.62×10^4 m^3$，这些

采空区分布比较分散，难以将全部采空区作为一个整体进行稳定性分析及治理，故选取其中具有代表性的部分采空区进行稳定性分析及治理工业试验，为玲珑矿区的采空区整体治理提供参考。本节主要分析大开头矿区 84~96 勘探线之间 50#脉、47$_{支}$脉、47$_{支1}$脉及 48#脉采空区的稳定性。根据开采设计资料及现场调研，这 4 条矿脉在平面内的位置关系如图 3-9 所示。由图 3-9 可知，50#脉、47$_{支}$脉和 47$_{支1}$脉之间距离较近，平均约为 15~30m，采空区分布较为集中，故此 3 条矿脉的采动影响较为严重，48#脉与其他 3 条矿脉距离相对较远，平均约为 200m，矿体开采造成的采动影响相对较小。

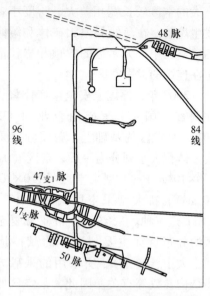

图 3-9　大开头矿区 84~96 线局部
矿脉位置关系图

3.2.1.2　空区分布关系

根据玲珑采空区探测与统计结果，大开头矿区 84~96 勘探线之间 50#脉、47$_{支}$脉、47$_{支1}$脉及 48#脉目前共存在 26 个采空区，倾角约 75°~85°，总体积合计约 12.97×10^{4}m^3，分布于 -420m 中段~-800m 中段。其中，50#脉存在 10 个采空区，47$_{支}$脉存在 9 个采空区，47$_{支1}$脉存在 3 个采空区，48#脉存在 4 个采空区。各矿脉的采空区纵投影如图 3-10 所示。

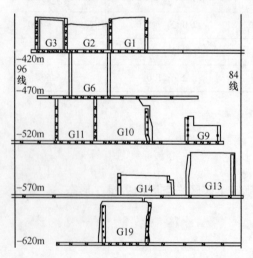

(a)

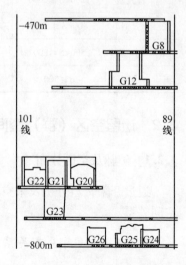

(b)

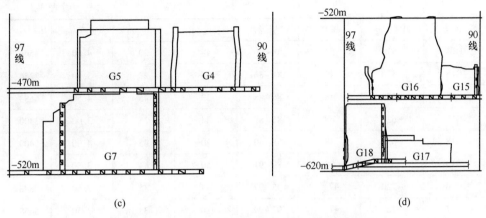

图 3-10 大开头矿区 84~96 线局部采空区纵投影图
(a) 50#脉；(b) 47$_{支}$脉；(c) 47$_{支1}$脉；(d) 48#脉

3.2.2 采空区结构参数

通过现场调研，结合玲珑矿区 26 个采空区的开采技术资料，对各个采空区的结构参数进行详细统计，为后期采空区稳定性分析及充填治理提供依据。大开头矿区 84~96 勘探线之间 50#脉、47$_{支}$脉、47$_{支1}$脉及 48#脉 26 个采空区的结构参数信息统计结果见表 3-2。

表 3-2 大开头矿区 84~96 线局部采空区结构参数

编号	中段/m	矿脉	勘探线	长度/m	高度/m	宽度/m	体积/m³
G1	−420	50	89~91	37	35	2.50	3238
G2	−420	50	91~93	44	28	3.00	3696
G3	−420	50	93~95	29	34	3.50	3451
G4	−470	47$_{支1}$	91~93	35	31	3.80	4123
G5	−470	47$_{支1}$	93~95	31	37	4.60	5276
G6	−470	50	91~93	38	47	4.30	7680
G7	−520	47$_{支1}$	93~96	53	45	4.00	9540
G8	−520	47$_{支}$	89~91	35	46	4.70	7567
G9	−520	50	85~87	32	18	3.50	2016
G10	−520	50	89~92	56	46	4.70	12107
G11	−520	50	92~94	39	46	3.50	6279
G12	−570	47$_{支}$	91~94	37	47	4.00	6956
G13	−570	50	84~87	47	43	3.50	7074

编号	中段/m	矿脉	勘探线	长度/m	高度/m	宽度/m	体积/m³
G14	-570	50	88~90	49	20	4.60	4508
G15	-570	48	84~86	28	23	3.50	2254
G16	-570	48	86~88	33	45	4.50	6683
G17	-620	48	85~87	44	25	3.00	3300
G18	-620	48	88~89	30	45	4.00	5400
G19	-620	50	89~91	50	44	3.50	7700
G20	-720	47支	95~97	33	35	2.50	2888
G21	-720	47支	97~99	26	38	3.50	3458
G22	-720	47支	99~101	32	28	4.00	3584
G23	-760	47支	97~99	30	35	4.00	4200
G24	-800	47支	90~91	22	24	3.50	1848
G25	-800	47支	91~93	30	31	3.50	3255
G26	-800	47支	95~96	24	27	2.50	1620

3.2.3　采空区破坏现状

前述分析表明，玲珑矿区地层主要为新太古代胶东岩群郭各庄组（Ar3jG）和新生代第四系（Q）；构造主要为玲珑断裂和破头青断裂；矿脉围岩以花岗岩为主、局部存在夹石；矿区地应力较大，不利于采空区的稳定性。结合现场调研，玲珑矿区大开头矿段 84~96 勘探线之间采空区呈现如下状况：

（1）50#脉采空区上下盘围岩节理裂隙发育，岩体较为破碎，多产生不规则的岩石冒落；

（2）47支脉采空区上下盘围岩不稳固，局部已经发生岩石冒落；

（3）47支1脉-470m 中段的采空区上下盘围岩不稳固，产生小范围的岩石冒落，-520m 中段采空区上下盘围岩则较稳固；

（4）48#脉-570m 中段采空区上盘围岩为花岗岩，下盘围岩为较破碎的蚀变带，上下盘围岩节理裂隙发育，围岩稳定性较差，2 个采空区之间留有矿柱，围岩发生局部冒落；-620m 中段采空区上盘为花岗岩，下盘为破碎蚀变带，上下盘节理裂隙发育，2 个采空区之间留有矿柱，尚未发生围岩冒落现象。

综合分析认为，研究区域内采空区较为集中，采空区之间留有间柱，部分围岩存在弱结构面，相互之间受开采扰动较为明显，围岩破坏范围较大。48#脉采空区上下盘较为破碎，围岩产生局部破坏。因此，为防止采空区发生大面积破坏失稳，需要对各个采空区稳定性进行详细分析，并提出相应的有效治理措施。

3.3 空区稳定性理论分析

3.3.1 顶板破坏失稳形式及力学机理

3.3.1.1 顶板破坏失稳形式

采空区顶板失稳是金属矿山主要灾害之一。顶板失稳是指矿体开采形成空区后，暴露顶板在次生应力和自重作用下发生剪切或拉伸破坏，是采空区失稳的主要形式。由于采空区赋存环境和开采方法不同，顶板破坏失稳形式也有差异。通过相关文献查阅并结合矿区采空区破坏形式的现场调研，玲珑矿区采空区顶板破坏失稳主要包括三种形式（图3-11）：

（1）顶板离层。采空区顶板离层一般发生在顶板为层状岩层的情况下，当采空区顶板岩层层间结合较差、厚度较小、岩层较软弱时，极易产生顶板离层破坏。

（2）顶板不规则冒落。当采空区顶板局部岩体质量较差、导致存在小范围的破碎带时，顶板易产生不规则冒落，表现为冒落时间的不规则和冒落范围的不规则，该种顶板破坏形式冒落的岩石体积一般较小。

（3）顶板拱形冒落。当采空区顶板为块状岩体、岩体强度较低或者存在断层破碎带，顶板若发生破坏时，顶板岩体在其自重的作用下，逐渐向上崩塌导致产生拱形冒落。

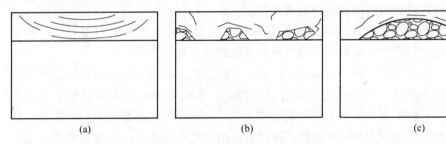

(a)　　　　　　　　(b)　　　　　　　　(c)

图 3-11　采空区顶板破坏失稳形式

(a) 顶板离层破坏；(b) 顶板不规则冒落；(c) 顶板拱形冒落

通过对玲珑矿区 $47_支$ 脉、$47_{支1}$ 脉、50#脉和48#脉采空区顶板稳定性调研，采空区内未发生大面积的冒落失稳现象，部分采空区顶板发生不规则冒落。顶板破坏可能是因矿体开挖引起应力重新分布，在顶板中部产生一定的拉应力导致拉伸破坏，两端则因压应力集中而造成剪切破坏。

3.3.1.2 顶板失稳力学机理

顶板作为采空区相对薄弱的支撑结构，可将其视为梁结构。矿体开采后，由于开采扰动造成应力重新分布，导致顶板各个部位的应力分布发生变化。根据矿体开采后采空区顶板不同部位的受力情况，可将顶板应力分布划分为拉应力区、

压应力集中区、卸载区和压缩区等四个
区域（图 3-12）：

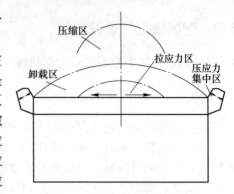

（1）拉应力区。拉应力分布于采空
区顶板岩体的下表面，顶板中心位置是
拉应力集中区，也是容易发生失稳的区
域。当拉应力区有裂隙存在时，在裂隙
端部产生应力集中，则顶板岩层中的拉
应力集中系数会增大。由于岩石的抗拉
强度最低，故当拉应力超过岩石的抗拉
强度时，顶板就会发生拉伸破坏，破坏
范围与拉应力区影响范围相关。

图 3-12　采空区顶板应力分区图

（2）压应力集中区。矿体开采后，采空区侧壁岩体承受顶板传递的上覆岩
层的压力，在侧壁与顶板相接的隅角处形成压应力集中。该区域岩体承受的压应
力大于原岩应力，当压应力集中系数过大时，可能造成隅角发生破坏冒落，进而
导致采空区失稳。

（3）卸载区。该区域岩体承受的水平应力和垂直应力均较矿体开采前降低，
处于卸载区的岩体因弹性恢复及自重作用而向顶板的自由面方向移动，顶板岩层
出现弯曲下沉变形。若顶板为层状或破碎状岩体，则层间可能发生离层现象，破
碎岩块极易沿弱结构面发生滑动或冒落。

（4）压缩区。该区域岩体所承受的垂直应力降低、水平应力增加，在采空
区结构之中起着引导原岩垂直应力向采空区侧壁传递的作用。

由于岩石的抗拉强度远低于抗压强度，防止顶板岩体发生拉伸破坏是控制顶
板稳定性的关键。顶板应力分布有以下特点：顶板的最大拉应力点位于顶板中
部，其承受的拉应力随采空区跨度的增大而增加；当顶板有节理裂隙存在时，顶
板岩体的实际拉应力将明显增高；拉应力区的高度与采空区的跨度也有关，采空
区跨度增加，拉应力区的高度也随之增加。在实际工程中，采空区跨度过大或过
小都可能发生片帮、冒顶现象，主要是因为顶板中部的拉应力或隅角处的压应力
增高，超过了岩体的抗拉强度或抗压强度所致。

3.3.2　矿柱破坏失稳形式及力学机理

3.3.2.1　矿柱破坏失稳形式

矿体开采后，因应力重新分布导致矿柱承受的载荷增加，若矿柱承受的应力
低于岩体强度，则矿柱能够保持完整；若应力高于岩体强度，则容易导致矿柱破
坏失稳。当矿柱承受的应力达到其极限强度时，虽然出现破坏现象，但不是立即
丧失全部承载能力，一般有两种发展趋势：一种是矿柱出现部分破裂，但随着顶

板下沉变形，外载荷下降，矿柱仍然可以维持稳定；另一种是矿柱破后的强度不足以维持外载荷的压力，矿柱破坏程度加大，直至完全垮塌失稳。根据资料查阅及采空区现场调研，玲珑矿区采空区矿柱破坏失稳主要包括以下三种形式（图3-13）：

（1）矿柱片帮。矿柱局部存在破碎带时，采空区形成后，由于矿柱侧壁失去原有矿体支撑，破碎岩块容易沿着侧壁产生局部片帮，冒落的岩块大小不一，冒落的时间较难掌握。矿柱片帮破坏发生后，若不加以控制，则有可能导致破坏范围从破碎带逐渐向周围岩体扩展，加剧矿柱的破坏失稳。

（2）矿柱鼓胀。矿柱外部岩体质量较好但内部存在软弱夹层时，在上覆岩层载荷作用下，软弱夹层容易产生水平方向的拉应力，促使其向矿柱周围扩展，而此时矿柱外表面尚未破坏，因此矿柱在内部软弱夹层水平扩展的作用下产生横向鼓胀。

（3）矿柱滑移。矿柱高宽比较大，被较多节理、层理等弱结构面切割时，矿柱在上覆岩层载荷作用下，可能出现沿着弱结构面剪切滑移的破坏现象，矿柱产生纵向错动，这种破坏失稳较为严重，应及时治理。

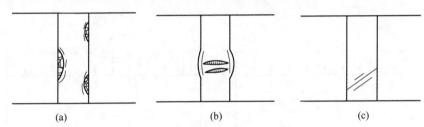

（a）　　　　　　　　　　（b）　　　　　　　　　　（c）

图3-13　矿柱破坏失稳形式

（a）矿柱片帮；（b）矿柱鼓胀；（c）矿柱滑移

通过对玲珑矿区47$_支$脉、47$_{支1}$脉、50#脉和48#脉采空区矿柱调查分析，矿柱尚未发生完全失稳现象，以片帮破坏为主。片帮破坏可能是由于矿柱局部含有破碎岩体，在矿体开采后，失去侧壁支撑，导致岩块发生片帮冒落。因此，应及时采取空区治理措施，防止这些矿柱的片帮范围进一步扩展而导致矿柱完全失稳。

3.3.2.2　矿柱失稳力学机理

矿柱失稳是一个渐进破坏的过程，矿柱自身形状及高宽比对于应力分布有着重要影响。因矿柱表层存在一个拉应力破裂区，故高应力承压区分布面积在矿柱全断面上所占的比例随着矿柱断面形状和尺寸不同而异。方形及不规则矿柱高应力承压区分布面积比例较小，带状矿柱则较高。宽度大、高度小的矿柱中部多处于三轴应力状态，具有较高的抗压强度；而宽度小、高度大的矿柱中部可能出现横向拉应力，极易导致矿柱纵向劈裂。从破坏机理和工程实践分析，矿柱破坏一般包括压剪破坏、压张破坏和沿弱面剪切破坏。

矿柱的稳定性主要取决于两个基本方面：一是上下盘围岩施加在矿柱上的总载荷，以及在该载荷作用下矿柱内部的应力分布状况；二是矿柱具有的极限承载能力。从压力成拱效应分析，可以将矿房-矿柱组合而成的空间结构体视为一种复合应力拱结构形式，复合应力拱随着时间推移而变化，最终在拉应力和压应力的共同作用下拱角部位最先开裂，之后逐渐发展至周边岩体，导致破坏加剧，最不利的情况则是导致矿柱破坏的连锁失稳。

根据量变积累到质变破坏，矿柱破坏失稳过程可划分为四个阶段（图 3-14）。

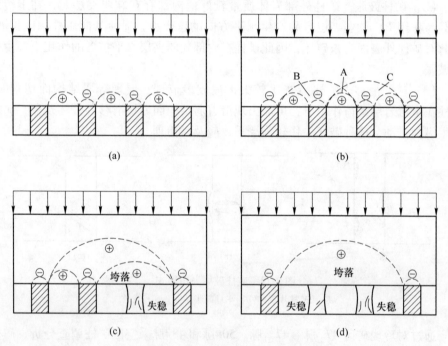

图 3-14　矿柱失稳演化过程示意图

（a）初采卸压区未叠加；（b）卸压区叠加；（c）单个矿柱失稳；（d）矿柱连锁失稳

图 3-14 中，正号表示卸压区，负号表示承压区，A 表示整体叠加区，B 和 C 表示卸压叠加区。失稳过程具体可表述为：矿体开采后，采空区顶部形成压力拱，拱内岩体受拉而将其自重传递给相邻矿柱，导致矿柱顶部应力集中形成承压区，此时卸压区未叠加而处于稳定状态；随着时间推移，矿柱变形增加，矿柱顶部压力拱范围扩大而使相邻压力拱叠加产生复合压力拱；当某一矿柱由于载荷增加而产生局部破坏，使卸压区贯通进而导致压力拱范围增大，矿柱可能发生片帮或者剪切滑移等，此时顶部形成的垮落带稳定性更差；当部分破坏失稳后，其承受的载荷转移至相邻矿柱而使得相邻矿柱的载荷增加，此时单个矿柱的失稳可能

导致矿柱发生连锁失稳；矿柱连锁失稳后，顶板垮落带将叠加扩大直至形成新的平衡压力拱。

3.3.3　采空区顶板稳定性分析

3.3.3.1　基于固定梁理论

根据玲珑矿区岩石力学资料知，顶板岩石密度 $\rho = 2740\text{kg/m}^3$，极限抗拉强度 $\sigma_{极} = 8.60\text{MPa}$。顶板单位宽度 $b = 1\text{m}$，安全系数取 $n = 2$。

以 G8 采空区为例，顶板削弱系数分别取 $K_c = 1$、$K_c = 3$，可求出在结构削弱系数 $K_c = 1$ 和 $K_c = 3$ 时的采空区顶板安全厚度分别为 $h_1 = 3.82\text{m}$、$h_3 = 11.47\text{m}$，而 G8 采空区顶板实际厚度为 $H = 4.0\text{m}$，介于 $h_1 = 3.82\text{m}$ 和 $h_3 = 11.47\text{m}$ 之间，则认为顶板处于较稳定状态。同理，可以计算出其他采空区顶板在不同削弱系数下的安全厚度，计算结果如图 3-15 所示。

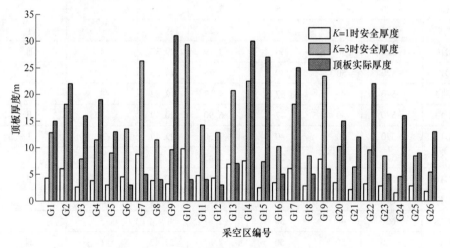

图 3-15　采空区顶板安全厚度计算结果

图 3-15 中，横坐标表示采空区编号，纵坐标表示顶板实际厚度及不同削弱系数下的安全厚度。由图可知：对于同一个采空区，顶板安全厚度随削弱系数增加而增大。根据顶板实际厚度和理论计算的安全厚度大小，将顶板稳定性分为三个等级：若顶板实际厚度大于削弱系数为 $K_c = 3$ 时计算出的顶板安全厚度，则划分为稳定顶板（Ⅰ），表示顶板稳定性良好，不易发生破坏失稳；若顶板实际厚度介于削弱系数为 $K_c = 1$ 和 $K_c = 3$ 时计算出的顶板安全厚度之间，则划分为较稳定顶板（Ⅱ），表示顶板存在较多节理裂隙，容易发生破坏失稳；若顶板实际厚度小于削弱系数为 $K_c = 1$ 时计算出的顶板安全厚度，则划分为不稳定顶板（Ⅲ），表示顶板实际厚度小于理论计算出的最小安全厚度，故顶板稳定性较差，极易发

生破坏失稳。根据固定梁理论分析，计算得到各个采空区顶板的理论安全厚度及稳定性分级情况（表3-3）。

表 3-3 玲珑采空区顶板安全厚度及稳定性

编号	中段/m	矿脉	顶板长度/m	顶板安全厚度/m		顶板厚度/m	顶板稳定性
				$K_c = 1$	$K_c = 3$		
G1	−420	50	37	4.27	12.82	15	I
G2	−420	50	44	6.04	18.13	22	I
G3	−420	50	29	2.63	7.88	16	I
G4	−470	$47_{支1}$	35	3.82	11.47	19	I
G5	−470	$47_{支1}$	31	3.00	9.00	13	I
G6	−470	50	38	4.51	13.53	3	III
G7	−520	$47_{支1}$	53	8.77	26.31	5	III
G8	−520	$47_支$	35	3.82	11.47	4	II
G9	−520	50	32	3.20	9.59	31	I
G10	−520	50	56	9.79	29.37	4	III
G11	−520	50	39	4.75	14.25	4	III
G12	−570	$47_支$	37	4.27	12.82	3	III
G13	−570	50	47	6.90	20.69	7	II
G14	−570	50	49	7.50	22.49	30	I
G15	−570	48	28	2.45	7.34	27	I
G16	−570	48	33	3.40	10.20	5	II
G17	−620	48	44	6.04	18.13	25	I
G18	−620	48	30	2.81	8.43	5	II
G19	−620	50	50	7.81	23.42	6	III
G20	−720	$47_支$	33	3.40	10.20	15	I
G21	−720	$47_支$	26	2.11	6.33	12	I
G22	−720	$47_支$	32	3.20	9.59	22	I
G23	−760	$47_支$	30	2.81	8.43	5	II
G24	−800	$47_支$	22	1.51	4.53	16	I
G25	−800	$47_支$	30	2.81	8.43	9	I
G26	−800	$47_支$	24	1.80	5.40	13	I

3.3.3.2 基于简支梁理论

玲珑矿区矿脉厚度极薄~薄，大多采用空场法（多为浅孔留矿法）开采，采空区均为沿走向布置。根据各个采空区的结构参数，将其代入式（3-11）中，可计算出采空区顶板岩梁中性轴下表面的最大拉应力，将计算出的最大拉应力和岩体抗拉强度对比，即可判定顶板岩体的稳定性情况。

以 G7 采空区顶板拉应力分析为例。根据采空区形态现场探测及采场素描图纸资料复合，确定采空区顶板长度为 $L = 53m$、厚度 $h = 5m$。根据岩石力学资料可知，顶板岩石密度为 $2740kg/m^3$，故容重 $\gamma = 9.8 \times 0.00274 \times 10^6 N/m^3$，顶板岩石的抗压强度为 $\sigma_t = 8.60MPa$。考虑到顶板岩体中可能存在一些节理裂隙，故若将抗拉强度按安全系数 $k = 1.5$ 折减，则可得到折减后的抗拉强度为 $\sigma'_t = 5.73MPa$。将以上数据代入式（3-11）计算可得：顶板岩梁下表面最大拉应力 $\sigma_T = 11.31MPa > \sigma_t = 8.60MPa$，即顶板岩梁下表面最大拉应力大于顶板抗拉强度，故认为 G7 采空区顶板不稳定。同理，通过计算其他采空区顶板的拉应力，可分析空区顶板的稳定性，计算结果如图 3-16 所示。

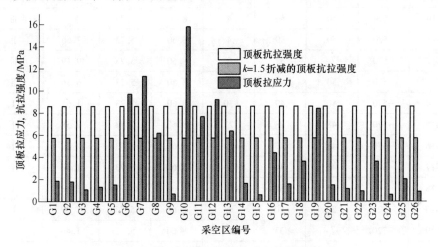

图 3-16 采空区顶板拉应力与抗拉强度

在图 3-16 中，纵坐标表示顶板承受的拉应力以及顶板抗拉强度，横坐标表示采空区编号。根据顶板拉应力与顶板抗拉强度的大小，将采空区顶板稳定性划分为三个等级：若顶板拉应力 $\sigma_T < \sigma'_t = 5.73MPa$，则划分为稳定顶板（Ⅰ），表示采空区顶板的拉应力未超过顶板折减后的抗拉强度，能够维持良好的稳定性；若顶板拉应力 $\sigma'_t = 5.73MPa \leqslant \sigma_T < \sigma_t = 8.60MPa$，则划分为较稳定顶板（Ⅱ），表示岩体较完整的顶板，能维持稳定，但顶板若存在节理裂隙时，在拉应力作用下容易发生局部拉伸破坏；若顶板拉应力 $\sigma_T \geqslant 8.60MPa$，则划分为不稳定顶板（Ⅲ），表示顶板承受的拉应力已经超过其抗拉强度，在拉应力作用下极易发生拉伸破坏，顶板的稳定性较差。根据简支梁理论分析，计算得到各个采空区顶板的拉应力大小及稳定性分级情况（表 3-4）。

表3-4　玲珑采空区顶板拉应力及其稳定性

编号	中段/m	矿脉	顶板长度/m	顶板厚度/m	抗拉强度/MPa		拉应力/MPa	顶板稳定性
					$k=1.0$	$k=1.5$		
G1	-420	50	37	15	8.60	5.73	1.84	Ⅰ
G2	-420	50	44	22	8.60	5.73	1.77	Ⅰ
G3	-420	50	29	16	8.60	5.73	1.06	Ⅰ
G4	-470	$47_{支1}$	35	19	8.60	5.73	1.30	Ⅰ
G5	-470	$47_{支1}$	31	13	8.60	5.73	1.49	Ⅰ
G6	-470	50	38	3	8.60	5.73	9.69	Ⅲ
G7	-520	$47_{支1}$	53	5	8.60	5.73	11.31	Ⅲ
G8	-520	$47_{支}$	35	4	8.60	5.73	6.17	Ⅱ
G9	-520	50	32	31	8.60	5.73	0.67	Ⅰ
G10	-520	50	56	4	8.60	5.73	15.79	Ⅲ
G11	-520	50	39	4	8.60	5.73	7.66	Ⅱ
G12	-570	$47_{支}$	37	3	8.60	5.73	9.19	Ⅲ
G13	-570	50	47	7	8.60	5.73	6.36	Ⅱ
G14	-570	50	49	30	8.60	5.73	1.61	Ⅰ
G15	-570	48	28	27	8.60	5.73	0.58	Ⅰ
G16	-570	48	33	5	8.60	5.73	4.39	Ⅰ
G17	-620	48	44	25	8.60	5.73	1.56	Ⅰ
G18	-620	48	30	5	8.60	5.73	3.63	Ⅰ
G19	-620	50	50	6	8.60	5.73	8.39	Ⅱ
G20	-720	$47_{支}$	33	15	8.60	5.73	1.46	Ⅰ
G21	-720	$47_{支}$	26	12	8.60	5.73	1.13	Ⅰ
G22	-720	$47_{支}$	32	22	8.60	5.73	0.94	Ⅰ
G23	-760	$47_{支}$	30	5	8.60	5.73	3.63	Ⅰ
G24	-800	$47_{支}$	22	16	8.60	5.73	0.61	Ⅰ
G25	-800	$47_{支}$	30	9	8.60	5.73	2.01	Ⅰ
G26	-800	$47_{支}$	24	13	8.60	5.73	0.89	Ⅰ

3.3.3.3　基于载荷传递交汇线理论

以 G6 采空区为例，根据现场探测和资料分析，采空区顶板厚度 $h=3m$，由式（3-12）可得：$\beta=30°$时，$B_1=3.46m$；$\beta=35°$时，$B_2=4.20m$，故认为 G6 采空区顶板理论跨度为 $3.46\sim4.20m$。而 G6 采空区顶板实际跨度为 $B=4.30m \geqslant$

$B_2 = 4.20\text{m}$，故可认为 G6 采空区顶板处于不稳定状态。同理，可以计算出其他采空区顶板的理论跨度，计算结果如图 3-17 所示。

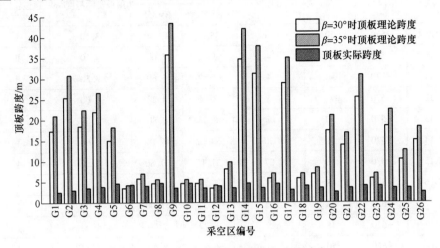

图 3-17　采空区顶板理论跨度与实际跨度

图 3-17 中，纵坐标表示顶板理论跨度和实际跨度，横坐标表示采空区编号。根据顶板理论跨度与顶板实际跨度的大小，将采空区顶板稳定性划分为三个等级：若 $B < B_1(\beta = 30°)$，则划分为稳定顶板（Ⅰ），表示顶板实际跨度小于理论跨度，能维持空区的稳定；若 $B_1 \leqslant B < B_2(\beta = 35°)$，则划分为较稳定顶板（Ⅱ），表示顶板实际跨度在理论跨度范围之内，无外力作用下能维持稳定；若 $B \geqslant B_2$，则划分为不稳定顶板（Ⅲ），表示顶板跨度超过理论跨度，空区顶板稳定性较差。根据载荷传递交汇线理论，可计算得到各个采空区顶板的理论跨度及稳定性分级情况（表 3-5）。

表 3-5　玲珑采空区顶板跨度及其稳定性

编号	中段/m	矿脉	顶板厚度/m	顶板理论跨度/m		顶板实际跨度/m	顶板稳定性
				$\beta = 30°$	$\beta = 35°$		
G1	−420	50	15	17.31	21.00	2.50	Ⅰ
G2	−420	50	22	25.39	30.80	3.00	Ⅰ
G3	−420	50	16	18.46	22.40	3.50	Ⅰ
G4	−470	47支1	19	21.93	26.60	3.80	Ⅰ
G5	−470	47支1	13	15.00	18.20	4.60	Ⅰ
G6	−470	50	3	3.46	4.20	4.30	Ⅲ
G7	−520	47支1	5	5.77	7.00	4.00	Ⅰ
G8	−520	47支	4	4.62	5.60	4.70	Ⅱ

编号	中段/m	矿脉	顶板厚度/m	顶板理论跨度/m		顶板实际跨度/m	顶板稳定性
				$\beta = 30°$	$\beta = 35°$		
G9	-520	50	31	35.77	43.40	3.50	I
G10	-520	50	4	4.62	5.60	4.70	II
G11	-520	50	4	4.62	5.60	3.50	II
G12	-570	47支	3	3.46	4.20	4.00	II
G13	-570	50	7	8.08	9.80	3.50	I
G14	-570	50	30	34.62	42.00	4.60	I
G15	-570	48	27	31.16	37.80	3.50	I
G16	-570	48	5	5.77	7.00	4.50	I
G17	-620	48	25	28.85	35.00	3.00	I
G18	-620	48	5	5.77	7.00	4.00	I
G19	-620	50	6	6.92	8.40	3.50	I
G20	-720	47支	15	17.31	21.00	2.50	I
G21	-720	47支	12	13.85	16.80	3.50	I
G22	-720	47支	22	25.39	30.80	4.00	I
G23	-760	47支	5	5.77	7.00	4.00	I
G24	-800	47支	16	18.46	22.40	3.50	I
G25	-800	47支	9	10.39	12.60	3.50	I
G26	-800	47支	13	15.00	18.20	2.50	I

3.3.4 采空区矿柱稳定性分析

3.3.4.1 矿柱载荷分析

国内外学者针对采空区形成后矿柱的载荷分析提出了许多假设和理论，包括压力拱理论、有效区域理论、Wilson 理论及面积承载理论等。其中，面积承载理论因其计算方法简单易行，得到了较为广泛的应用。矿柱面积载荷理论认为：矿柱承受的载荷是其所支撑的开采空间范围内直达地表的上覆岩柱的重力，该矿柱支撑的面积为分摊的开采面积与矿柱自身面积之和；利用该假设可以计算矿柱的平均应力。

根据面积承载理论，矿柱承受的载荷 σ_P 计算公式为：

$$\sigma_P = \gamma H \left(1 + \frac{W_0}{W_p} \right)^2 \tag{3-14}$$

式中　γ——上覆岩层容重，$10^6 \mathrm{N/m^3}$；

H——采空区埋藏深度，m；

W_0——采空区宽度，m；

W_p——矿柱宽度，m。

根据开采资料及现场调研，矿柱宽度多为4m，部分采空区为独立采空区，无矿柱；采空区宽度取相邻采空区的平均宽度。根据面积承载理论，各采空区之间矿柱载荷计算结果见表3-6，用"-"连接的采空区表示采空区之间存在矿柱。

表 3-6 玲珑采空区矿柱稳定性分析结果

编号	W_p/m	矿柱载荷 σ_p		矿柱强度 P_s		安全系数	矿柱稳定性
		W_0/m	矿柱载荷/MPa	h_0/m	矿柱强度/MPa		
G1-G2	4.00	2.75	61.17	28	97.17	1.59	I
G2-G3	4.00	3.25	70.57	28	97.17	1.38	I
G4-G5	4.00	4.20	90.28	31	96.80	1.07	II
G10-G11	4.00	4.10	88.09	46	95.68	1.09	II
G13-G14	4.00	4.05	87.00	20	98.69	1.13	II
G15-G16	4.00	4.00	85.93	23	97.99	1.14	II
G17-G18	4.00	3.50	75.52	25	97.62	1.29	I
G20-G21	4.00	3.00	65.79	35	96.40	1.47	I
G21-G22	4.00	3.75	80.64	28	97.17	1.20	II
G24-G25	4.00	3.50	75.52	25	97.62	1.29	I

3.3.4.2 矿柱强度分析

矿柱的稳定性不仅与其承受的载荷有关，还与矿柱自身的强度有关。影响矿柱强度的因素较为复杂，其中包括矿柱大小、几何形状、地质构造和围岩对矿柱的表面约束等。对于矿柱强度的估算，国内外学者针对不同情况提出了许多计算公式，其中应用较为广泛的矿柱强度公式为：

$$P_s = \sigma_c\left(0.778 + 0.222\frac{W_p}{h_0}\right) \tag{3-15}$$

式中 P_s——矿柱强度，MPa；

σ_c——宽高比等于1时的矿柱强度，MPa；

W_p——矿柱宽度，m；

h_0——矿柱高度，m。

矿柱强度计算时，σ_c 取岩石的单轴抗压强度（$\sigma_c=120MPa$）。根据矿柱强度公式（式（3-15）），各采空区之间的矿柱强度计算结果见表3-6。

3.3.4.3　安全系数

根据矿柱载荷与矿柱强度计算结果，可以基于安全系数分析采空区矿柱的稳定性。安全系数 F_s 的计算公式为：

$$F_s = \frac{P_s}{\sigma_p} = \frac{\sigma_c\left(0.778 + 0.222\frac{W_p}{h_0}\right)}{\gamma H\left(1 + \frac{W_0}{W_p}\right)^2} \tag{3-16}$$

根据式（3-16），可以计算出各采空区矿柱的安全系数（表 3-6）。根据矿柱安全系数大小，可将矿柱稳定性分为三个等级：若安全系数大于 1.2，则划分为稳定矿柱（Ⅰ），表示矿柱的稳定性良好；若安全系数介于 1.0~1.2 之间，则划分为较稳定矿柱（Ⅱ），表示矿柱较为稳定，但在采动等外力作用下可能发生破坏失稳；若安全系数小于 1.0，则划分为不稳定矿柱（Ⅲ），表示矿柱稳定性较差，极易发生破坏失稳。

3.3.5　采空区稳定性分级

根据采空区顶板和矿柱稳定性理论分析结果，将采空区稳定性分为三个等级：Ⅰ级为稳定采空区；Ⅱ级为较稳定采空区；Ⅲ级为不稳定采空区。采空区稳定性等级划分时取顶板和矿柱稳定性分级较低的等级。例如，G10 采空区顶板采用固定梁、简支梁和载荷传递交汇线理论计算结果分别为Ⅲ级、Ⅲ级、Ⅱ级，G10-G11 矿柱稳定性计算结果为Ⅱ级，则将 G10 采空区稳定性划分为Ⅲ级。根据各采空区稳定性理论分析评价结果（表 3-7）可知：在统计范围内（大开头矿区84 勘探线~96 勘探线之间 50#脉、47支脉、47支1脉及 48#脉），共有稳定采空区 9个，较稳定采空区 11 个，不稳定采空区 6 个。

表 3-7　采空区稳定性评价表

采空区编号	关键岩体稳定性分级情况	采空区稳定性
G1	顶板稳定性Ⅰ级，矿柱稳定性Ⅰ级	Ⅰ
G2	顶板稳定性Ⅰ级，矿柱稳定性Ⅰ级	Ⅰ
G3	顶板稳定性Ⅰ级，矿柱稳定性Ⅰ级	Ⅰ
G4	顶板稳定性Ⅰ级，矿柱稳定性Ⅱ级	Ⅱ
G5	顶板稳定性Ⅰ级，矿柱稳定性Ⅱ级	Ⅱ
G6	顶板稳定性Ⅲ级，无矿柱	Ⅲ
G7	顶板稳定性Ⅲ级，无矿柱	Ⅲ
G8	顶板稳定性Ⅱ级，无矿柱	Ⅱ

采空区编号	关键岩体稳定性分级情况	采空区稳定性
G9	顶板稳定性 I 级，无矿柱	I
G10	顶板稳定性 III 级，矿柱稳定性 II 级	III
G11	顶板稳定性 III 级，矿柱稳定性 II 级	III
G12	顶板稳定性 III 级，无矿柱	III
G13	顶板和矿柱稳定性均为 II 级	II
G14	顶板稳定性 I 级，矿柱稳定性 II 级	II
G15	顶板稳定性 I 级，矿柱稳定性 II 级	II
G16	顶板和矿柱稳定性均为 II 级	II
G17	顶板和矿柱稳定性均为 I 级	I
G18	顶板稳定性 II 级，矿柱稳定性 I 级	II
G19	顶板稳定性 III 级，无矿柱	III
G20	顶板和矿柱稳定性均为 I 级	I
G21	顶板稳定性 I 级，矿柱稳定性 II 级	II
G22	顶板稳定性 I 级，矿柱稳定性 II 级	II
G23	顶板稳定性 II 级，无矿柱	II
G24	顶板和矿柱稳定性均为 I 级	I
G25	顶板和矿柱稳定性均为 I 级	I
G26	顶板稳定性 I 级，无矿柱	I

3.4 空区稳定性数值计算

3.4.1 模型建立

3.4.1.1 建模软件

随着计算机技术在岩石力学中的应用及发展，数值模拟分析方法越来越广泛地应用于地下工程的研究和设计过程中。岩石力学中应用的数值分析方法主要包括有限差分法、有限元法、边界元法、离散元法、拉格朗日元法、不连续变形分析法、无单元法等，这些数值分析方法的应用为分析矿体开采后空区岩体的稳定性奠定了基础。

FLAC[3D]软件是一种有限差分法分析软件，采用显式方法进行求解，对于已知的应变增量，可以很方便地求出应力增量并得到平衡力，同实际中的物理过程一样，可跟踪系统的演化过程。FLAC[3D]包括多种边界条件，可以是速度边界、应力边界，单元内部可以给定初始应力，节点可以给定初始位移、速度等。此外，

FLAC³ᴰ利用动态的运动方程进行求解，使其能够模拟振动、失稳、大变形等动态问题，而且没有必要存储刚度矩阵，意味着采用中等容量的内存可以求解多单元结构模拟大变形问题，几乎不比小变形问题消耗更多的时间，因为没有任何刚度需要修改。但是，FLAC³ᴰ也有其不足之处，与ANSYS相比，它的网格划分能力较弱，一般均为八节点六面体单元，单元体连接方式较为单一。

ANSYS软件是一种有限元法分析软件，对于复杂的几何模型具有良好的适应性，不仅可以适用于三维空间模型中，而且每一种单元可以有不同的形状和不同的连接方式。因此，工程中实际遇到的非常复杂的结构一般均可以离散为由单元组合体表示的有限元模型。ANSYS软件不仅可以与AutoCAD和FLAC³ᴰ软件结合使用，实现数据交换和快速建模功能，而且ANSYS的网格划分功能较为强大，使得数值模拟分析结果更为精确。

3.4.1.2　建模过程

模型建立是数值模拟分析中重要的一个步骤，模型建立是否可靠对计算结果有很大的影响。为使数值模拟结果接近实际开采情况，分别发挥各种软件的特长进行数值计算和分析。首先采用AutoCAD和ANSYS相结合建立三维地质模型并划分网格，其次将三维地质模型导入FLAC³ᴰ实现数值模拟计算，最后对数值计算结果进行分析。建模过程主要包括以下几个步骤：

（1）现场探测并收集相关矿脉及采空区的工程地质和开采资料。通过现场探测和资料收集，分析并确定各矿脉及采空区的空间三维信息。

（2）在AutoCAD中建立三维模型。首先根据采空区信息在AutoCAD中使用多段线命令描绘出各个采空区的平面轮廓线，然后根据各采空区高度，利用拉伸命令将平面轮廓线处理为三维形态，最后采用相同方法建立围岩和模型边界，完成复杂三维空间模型建立。

（3）利用ANSYS划分网格。在AutoCAD中通过输出命令将建立的三维模型输出为".sat"文件，然后利用ANSYS软件导入三维模型文件。在AYSYS中利用网格划分功能将采空区、围岩和模型边界划分为不同疏密的网格单元。由于主要是分析采空区围岩的稳定性，为了能够在确保计算精度的条件下减少计算时间，故将模型边界划分为较疏的网格单元，将围岩和采空区划分为较密的网格单元。

（4）导入FLAC³ᴰ中进行计算。在ANSYS中将划分后的模型输出为".f3sav"文件，然后利用FLAC³ᴰ软件导入文件，给模型定义参数、应力和边界条件等，最后进行采空区围岩稳定性数值模拟计算和分析。

3.4.1.3　模型参数

根据统计范围内采空区赋存特点，在模型 x 方向，采空区分布于84勘探线～

101 勘探线之间，勘探线间距为 20m，共计 340m，考虑两边各取 230m 的边界，故模型 x 方向的长度为 800m；在模型 y 方向，四条矿脉间距最大为 250m，考虑两边各取 75m 的边界，故模型 y 方向的长度为 400m；在模型 z 方向，采空区分布于 $-370m \sim -800m$，共计 430m，考虑采空区顶部和底部各取 50m 边界，故模型 z 方向的高度为 530m。因此，建立的计算模型大小为 $x \times y \times z = 800m \times 400m \times 530m$，模型共计 458020 个单元、116675 个节点（图 3-18）。

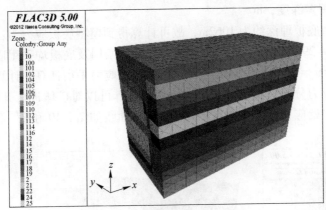

图 3-18　数值计算模型

矿区已有地质资料表明，矿脉及围岩岩性较为简单，故将计算模型分为围岩、矿体和充填体三种岩性。根据矿方已有岩石力学资料选取围岩和矿体的物理力学参数（表 3-8），充填体为质量浓度 $65\% \sim 68\%$，灰砂比 1：10，标准条件下养护 28d 的全尾砂胶结充填体，其物理力学参数通过实验室单轴抗压试验和变角剪切试验测得。

表 3-8　矿岩物理力学参数

岩体种类	体积模量/GPa	剪切模量/GPa	内聚力/MPa	内摩擦角/(°)	抗拉强度/MPa	密度/kg·m⁻³
围岩	16.70	10	6	35	8.6	2740
矿体	15.20	8.3	5	30	8.3	2780
充填体	0.10	0.03	0.5	24	0.16	2100

3.4.1.4　原岩应力及边界条件

矿体开挖前，需要给模型施加原岩应力，并使模型达到初始应力平衡。根据玲珑矿区已有的原岩应力测试结果，矿区最大水平主应力、最小水平主应力和垂直主应力均随着深度呈近似线性增加，其回归方程为：

$$\sigma_{h,\,max} = 0.4612 + 0.0588H \tag{3-17}$$

$$\sigma_{h,\,min} = -0.4346 + 0.0286H \tag{3-18}$$

$$\sigma_{v} = -0.4683 + 0.0316H \tag{3-19}$$

式中　$\sigma_{h,max}$——最大水平主应力，MPa；

　　　$\sigma_{h,min}$——最小水平主应力，MPa；

　　　σ_{v}——垂直主应力，MPa；

　　　H——埋藏深度，m。

数值计算模型底板埋深约为 1062m，故可计算得到模型底板应力为：$\sigma_{h,max}$ = 62.91MPa，$\sigma_{h,min}$ = 29.94MPa，σ_{v} = 33.09MPa。模型四周及底板均采用固定位移边界条件，即 $u_x = u_y = u_z = 0$。模型赋参后，进行初始应力平衡计算，计算结果基本符合矿区原岩应力分布，说明计算模型建立合理，可以对矿体进行开挖计算。模型垂直方向的初始应力平衡状态和最大不平衡力曲线如图 3-19 和图 3-20 所示。

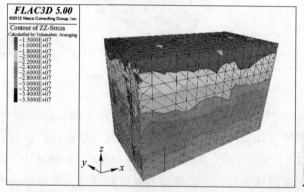

图 3-19　初始应力平衡状态

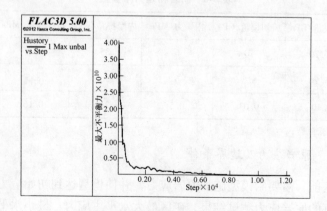

图 3-20　最大不平衡力曲线

3.4.2 结果分析

3.4.2.1 50#脉采空区稳定性分析

A 采空区应力分析

50#脉共有 10 个采空区，分布于-420m 中段至-620m 中段，图 3-21 为 50#脉各中段采空区垂直应力分布图。由图 3-21（a）可知，G1、G2 和 G3 采空区顶板最大垂直应力分别为 20.70MPa、26.50MPa、12.50MPa，应力集中系数分别为 1.13、1.45、0.69；G6 采空区顶板产生拉应力，最大拉应力为 1.95MPa，顶板隅角最大垂直应力为 24.35MPa，应力集中系数为 1.25；G1-G2 矿柱最大垂直应力为 45.65MPa，应力集中系数为 2.50，G2-G3 矿柱最大垂直应力为 38.45MPa，应力集中系数为 2.11。由图 3-21（b）可知，G10 采空区顶板最大垂直应力为 43.25MPa，应力集中系数 2.05；G11 采空区顶板最大垂直应力为 22.35MPa，应力集中系数为 1.06；G10-G11 矿柱最大垂直应力为 63.85MPa，应力集中系数为 3.03。由图 3-21（c）可知，G9 采空区顶板最大垂直应力为 23.25MPa，应力集中系数为 1.06；G13 和 G14 采空区顶板最大垂直应力分别为 39.50MPa、29.30MPa，应力集中系数分别为 1.74、1.24；G13-G14 矿柱最大垂直应力为 82.45MPa，应力集中系数为 3.40。由图 3-21（d）可知，G19 采空区顶板最大垂直应力为 38.57MPa，应力集中系数为 1.59。

根据上述分析可知：50#脉矿体开采后，G6 采空区顶板中部产生较大的拉应力，顶板隅角压力集中系数为 1.25，初步判断 G6 采空区顶板在拉应力作用下可能发生破坏失稳；其余采空区顶板未产生明显的拉应力，仅在顶板隅角处产生压应力集中，应力集中系数介于 1.13~2.05，初步判断顶板不易发生大面积破坏失稳；G1-G2 和 G2-G3 矿柱承受的应力集中系数分别为 2.50、2.11，初步判断矿柱能够维持较好的稳定性；G10-G11 和 G13-G14 矿柱承受的应力集中系数分别为 3.03、3.40，初步判断矿柱可能发生局部破坏。

B 采空区塑性区分析

矿体开采后，因应力重新分布，采空区围岩产生一定范围的塑性变形，图 3-22 为50#脉各中段采空区塑性区分布图。由图 3-22（a）可知，G1 采空区顶板产生剪切破坏，塑性区高度约为 3m；G2 采空区仅在顶板隅角处产生局部塑性区，塑性区高度约为 2m；G3 采空区顶板产生剪切破坏，塑性区范围高度约为 3m；G6 采空区顶板剪切和拉伸复合破坏，顶板塑性区与 G2 采空区底板贯通；G1-G2 和 G2-G3 矿柱仅在局部产生剪切破坏，塑性区范围较小，矿柱两侧塑性区尚未贯通。由图 3-22（b）可知，G10 采空区顶板隅角处产生剪切破坏，塑性区与 G6 采空区底板贯通，G11 采空区顶板产生剪切和拉伸复合破坏，塑性区与 G6 采空区底板贯通；G10-G11 矿柱产生剪切和拉伸复合破坏，塑性区分布于整个矿

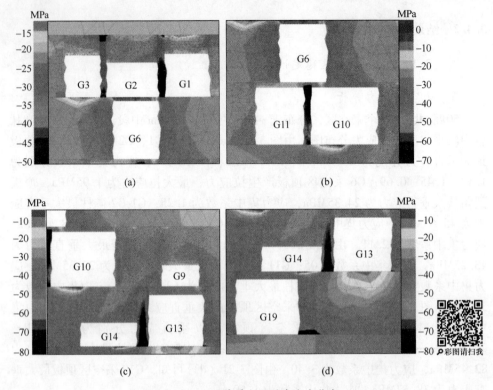

图 3-21　50#脉采空区垂直应力分布

（a）−420m~−470m 垂直应力；（b）−470m~−520m 垂直应力；
（c）−520m~−570m 垂直应力；（d）−570m~−620m 垂直应力

柱，但矿柱两侧塑性区未贯通。由图 3-22（c）可知，G9 采空区顶板产生剪切破坏，塑性区高度约为 2m，G13 采空区顶板隅角处产生剪切破坏，塑性区与 G9 采空区底板为贯通，G14 采空区顶板隅角处产生剪切破坏，塑性区范围较小；G13-G14 矿柱两侧均发生剪切和拉伸复合破坏，塑性区分布于整个矿柱，但矿柱两侧塑性区未贯通。由图 3-22（d）可知，G19 采空区顶板隅角处产生剪切破坏，塑性区与 G14 采空区底板接近贯通。

　　根据上述分析可知：50#脉矿体开采后，G1、G3、G9 和 G13 采空区顶板塑性区范围较小且未与相邻采空区贯通，总体能够维持较好的稳定性；G19 采空区顶板塑性区与 G14 采空区底板接近贯通，G19 采空区顶板可能产生局部岩体垮落导致 G14 和 G19 采空区局部失稳；G6 采空区顶板塑性区与 G2 采空区贯通，G10 和 G11 采空区顶板塑性区与 G6 采空区贯通，相邻采空区之间岩体破坏较为严重，稳定性较差；G1-G2 和 G2-G3 矿柱塑性区范围较小，矿柱稳定性较好；G10-G11 和 G13-G14 矿柱塑性区范围较大，矿柱两侧塑性区未贯通，矿柱可能发生局部岩体片帮，矿柱稳定性较差。

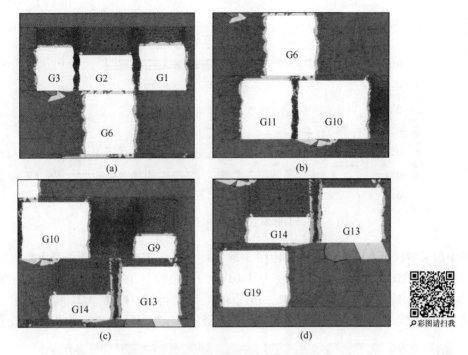

图 3-22　50#脉采空区塑性区分布

(a) -420m~-470m 塑性区；(b) -470m~-520m 塑性区；
(c) -520m~-570m 塑性区；(d) -570m~-620m 塑性区

C　采空区顶板中点位移分析

模型计算过程中，对 50#脉采空区顶板中点的竖向位移进行监测，每个采空区得到 20 个记录点，10 个采空区共得到 200 个记录点。将采空区顶板中点位移值导入 Origin 中，可得到采空区顶板中点竖向位移曲线（图 3-23）。图中，横坐标为计算时步，纵坐标为各采空区顶板中点竖向位移。由图 3-23 可知，矿体开采后，各采空区均产生竖向位移，初期位移不稳定，之后逐渐趋于稳定状态，最终竖向位移介于 0.01~0.30cm。其中，G2、G10、G13、G14 和 G19 采空区顶板中点竖向位移均在 0.05cm 之内，说明矿体开采后顶板几乎不产生变形，下沉量可忽略不计；G1、G3、G6、G9 和 G11 采空区顶板中点位移介于 0.22~0.30cm，说明矿体开采后顶板产生一定变形，但下沉量较小。综合分析认为：50#脉矿体开采后，采空区顶板总体下沉量较小，不易发生大面积变形失稳。

3.4.2.2　47$_{支}$脉采空区稳定性分析

A　采空区应力分析

47$_{支}$脉共有 9 个采空区，分布于-520m 中段~-800m 中段，图 3-24 为 47$_{支}$脉

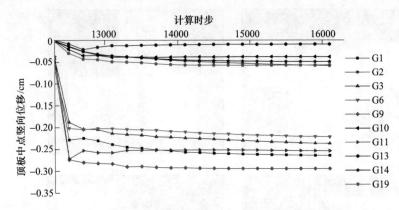

图 3-23　50#脉采空区顶板中点竖向位移曲线

各中段采空区垂直应力分布图。由图 3-24（a）可知，G8 采空区顶板最大垂直应力为 21.35MPa，应力集中系数为 1.01；G12 采空区顶板最大垂直应力为 32.80MPa，应力集中系数为 1.45。由图 3-24（b）可知，G20、G21 和 G22 采空区顶板最大垂直应力分别为 29.05MPa、28.75MPa、28.95MPa，应力集中系数分

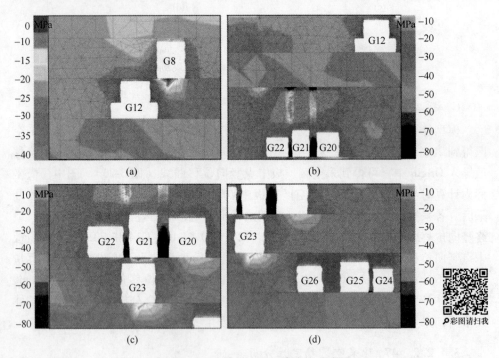

图 3-24　47支脉采空区垂直应力分布图
（a）−520m~−570m 垂直应力；（b）−570m~−720m 垂直应力；
（c）−720m~−760m 垂直应力；（d）−760m~−800m 垂直应力

别为1.06、1.05、1.06；G20-G21矿柱最大垂直应力为82.35MPa，应力集中系数为2.75；G21-G22矿柱最大垂直应力为78.25MPa，应力集中系数为2.70。由图3-24（c）可知，G23采空区顶板最大垂直应力为38.35MPa，应力集中系数为1.32。由图3-24（d）可知，G24、G25和G26采空区顶板最大垂直应力分别为32.25MPa、31.50MPa、35.50MPa，应力集中系数分别为1.07、1.04、1.16；G24-G25矿柱最大垂直应力为81.65MPa，应力集中系数为2.59。

根据上述分析结果可知：$47_\text{支}$脉矿体开采后，各采空区顶板均未产生明显的拉应力，仅在顶板隅角处产生压应力集中，应力集中系数介于1.01~1.45，初步判断$47_\text{支}$脉采空区顶板不易发生大面积破坏失稳；G20-G21、G21-G22和G24-G25矿柱承受的应力集中系数介于2.59~2.75，初步判断矿柱局部可能发生片帮，但不易发生矿柱滑移失稳，整体能够维持较好的稳定性。

B 采空区塑性区分析

图3-25为$47_\text{支}$脉各中段采空区塑性区分布云图。由图3-25（a）可知，G8采空区顶板产生剪切破坏，塑性区高度约为3m；G12采空区顶板产生剪切和拉伸复合破坏，塑性区高度约为5m，顶板塑性区与G8采空区底板接近贯通。由图3-25（b）可知，G20、G21和G22采空区顶板产生剪切破坏，塑性区高度2~

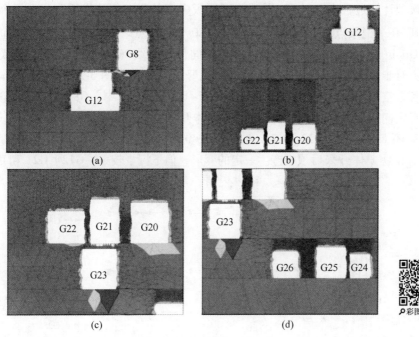

图3-25 $47_\text{支}$脉采空区塑性区分布图

（a）-520m~-570m塑性区；（b）-570m~-720m塑性区；
（c）-720m~-760m塑性区；（d）-760m~-800m塑性区

3m，与上部 G8 采空区底板相距约 98m；G20-G21 矿柱产生剪切和拉伸复合破坏，塑性区主要分布于矿柱下部，矿柱两侧塑性区未贯通；G21-G22 采空区产生剪切破坏，塑性区分布于矿柱下部，矿柱两侧塑性区未贯通。由图 3-25（c）可知，G23 采空区顶板产生剪切和拉伸复合破坏，塑性区高度 3~5m，塑性区与 G21 采空区底板局部贯通。由图 3-25（d）可知，G24、G25 和 G26 采空区顶板产生剪切破坏，塑性区高度 2~3m；G24-G25 矿柱局部产生剪切和拉伸复合破坏，矿柱两侧塑性区未贯通。

　　综合上述分析可知：$47_\text{支}$脉矿体开采后，G12 采空区顶板塑性区与 G8 采空区底板局部贯通，顶板可能发生局部垮落，导致 G8 和 G12 采空区失稳；G20、G21 和 G22 采空区与上部 G12 采空区距离较远，顶板稳定性良好；G23 采空区顶板塑性区与 G12 采空区底板局部贯通，顶板可能发生局部垮落，导致 G12 和 G23 采空区失稳；G24、G25 和 G26 采空区顶板塑性区范围较小，与上部 G23 采空区之间的影响较小，顶板稳定性较好；G20-G21 和 G21-G22 矿柱两侧塑性区范围较小，矿柱稳定性较好；G24-G25 矿柱局部产生复合破坏，矿柱可能发生局部岩体片帮。

　　C　采空区顶板中点位移分析

　　在模型计算过程中，对 $47_\text{支}$ 脉采空区顶板中点的竖向位移进行监测，每个采空区得到 20 个记录点，9 个采空区共得到 180 个记录点。将采空区顶板中点位移值导入 Origin 中，可得到采空区顶板中点竖向位移曲线（图 3-26）。图中，横坐标为计算时步，纵坐标为各采空区顶板中点竖向位移。由图 3-26 可知，矿体开采后，各采空区顶板最终竖向位移介于 0.05~0.57cm。其中，G8 和 G23 采空区顶板中点竖向位移在 0.05cm 之内，说明矿体开采后顶板几乎不产生变形，下沉量可忽略不计；G20、G22、G24 和 G25 采空区群顶板中点位移介于 0.25~0.30cm，说明矿体开采后顶板产生一定的变形，但下沉量较小；G12、G21 和 G26

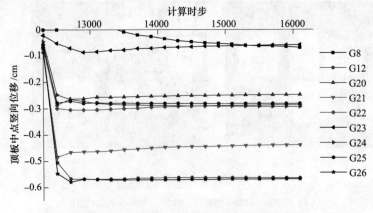

图 3-26　$47_\text{支}$脉采空区顶板中点竖向位移曲线

采空区顶板中点位移介于 0.45~0.57cm，说明矿体开采后顶板产生较大变形，其中 G21 和 G26 采空区距离上部采空区较远，不易发生变形失稳，而 G12 采空区与上部 G8 采空区距离较近，可能发生变形失稳。

3.4.2.3 47$_{支1}$ 脉采空区稳定性分析

A 采空区应力分析

47$_{支1}$ 脉共有 3 个采空区，分布于 −470m 中段和 −520m 中段，图 3-27 为 47$_{支1}$ 脉采空区垂直应力分布图。由图 3-27 可知，G4 采空区顶板最大垂直应力为 28.45MPa，应力集中系数为 1.46；G5 采空区顶板最大垂直应力为 25.35MPa，应力集中系数为 1.25；G7 采空区顶板局部产生拉应力，最大拉应力为 1.75MPa，顶板隅角最大垂直应力为 54.35MPa，应力集中系数为 2.56；G4-G5 矿柱最大垂直应力为 81.25MPa，应力集中系数为 3.85。

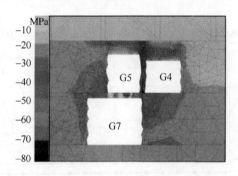

图 3-27 47$_{支1}$ 脉采空区垂直应力分布图

综合上述分析可知：47$_{支1}$ 脉开采后，G4 和 G5 采空区顶板未产生明显拉应力，仅在顶板隅角处产生压应力集中，应力集中系数为 1.25 和 1.46，初步判断 G4 和 G5 采空区顶板稳定性良好；G7 采空区顶板局部承受拉应力，在拉应力作用下可能导致顶板垮落失稳，初步判断 G7 采空区顶板稳定性较差；G4-G5 矿柱承受的应力集中系数为 3.85，初步判断矿柱可能发生局部片帮失稳。

B 采空区塑性区分析

根据 47$_{支1}$ 脉各中段采空区塑性区分布云图（图 3-28）可知，G4 和 G5 采空区顶板产生剪切破坏，塑性区高度约为 2~3m；G7 采空区顶板产生剪切和拉伸复合破坏，顶板塑性区与 G5 采空区底板贯通；G4-G5

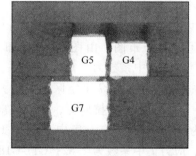

图 3-28 47$_{支1}$ 脉采空区塑性区分布图

矿柱产生剪切破坏，矿柱底部两侧塑性区产生贯通。综合上述分析可知：$47_{支1}$脉矿体开采后，G4 和 G5 采空区顶板塑性区范围较小，顶板能够维持较好的稳定性；G7 采空区顶板塑性区与 G5 采空区底板贯通，G7 采空区顶板可能产生岩体垮落导致 G7 和 G5 采空区失稳；G4-G5 矿柱两侧塑性区贯通，可能发生局部失稳。

C   采空区顶板中点位移分析

模型计算过程中，对 $47_{支1}$脉采空区顶板中点的竖向位移进行监测，每个采空区得到 20 个记录点，3 个采空区共得到 60 个记录点。将采空区顶板中点位移值导入 Origin 中，可得到采空区顶板中点竖向位移曲线（图 3-29）。图中，横坐标为计算时步，纵坐标为各采空区顶板中点竖向位移。由图 3-29 可知，矿体开采后，G4、G5 和 G7 采空区顶板中点最终竖向位移介于 0.20～0.28cm，说明矿体开采后采空区顶板产生一定的变形，但下沉量较小，顶板不易发生变形失稳。

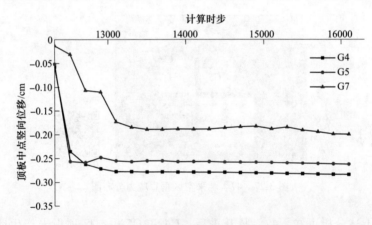

图 3-29 $47_{支1}$脉采空区顶板中点竖向位移曲线

3.4.2.4   48#脉采空区稳定性分析

A   采空区应力分析

48#脉共有 4 个采空区，分布于-570m 中段和-620m 中段，图 3-30 为 48#脉采空区垂直应力分布图。由图 3-30 可知，G15 采空区顶板最大垂直应力为 24.32MPa，应力集中系数为 1.07；G16 采空区顶板最大垂直应力为 26.15MPa，应力集中系数为 1.15；G17 采空区顶板最大垂直应力为 37.25MPa，应力集中系数为 1.54，顶板局部产生拉应力，最大拉应力为 0.6MPa；G18 采空区顶板最大垂直应力为 31.40MPa，应力集中系数为 1.30；G15-G16 矿柱最大垂直应力为 68.75MPa，应力集中系数为 2.82；G17-G18 矿柱最大垂直应力为 88.45MPa，应力集中系数为 3.48。

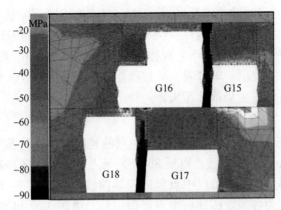

图 3-30　48#脉采空区垂直应力分布图

根据上述分析可知：48#脉矿体开采后，G18 采空区顶板产生较小的拉应力，其余采空区仅在顶板隅角处产生压应力集中，应力集中系数介于 1.07~1.54，初步判断各采空区顶板能够维持稳定；G15-G16 矿柱承受的应力集中系数为 2.82，初步判断矿柱稳定性较好；G17-G18 矿柱承受的应力集中系数为 3.48，初步判断矿柱可能产生局部片帮破坏。

B　采空区塑性区分析

图 3-31 为 48#脉采空区塑性区分布图。由图 3-31 可知，G15 和 G16 采空区顶板产生剪切破坏，塑性区高度为 2~3m；G17 采空区顶板隅角产生剪切破坏；G18 采空区顶板产生剪切和拉伸复合破坏，顶板塑性区与 G6 采空区底板局部贯通；G15-G16 矿柱产生剪切和拉伸复合破坏，塑性区主要分布于矿柱中部，矿柱两侧塑性区未贯通；G17-G18 矿柱产生剪切和拉伸复合破坏，塑性区主要分布于矿柱下部且局部贯通。

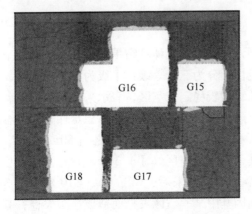

图 3-31　48#脉采空区塑性区分布图

根据上述分析可知：48#脉矿体开采后，G15、G16 和 G17 采空区顶板塑性区范围较小，顶板能够维持较好的稳定性；G18 采空区顶板塑性区与 G16 采空区底板局部贯通，G18 采空区顶板可能产生岩体垮落导致 G18 和 G16 采空区失稳；G15-G16 矿柱塑性区范围较小，未贯通，矿柱稳定性较好；G17-G18 矿柱底部塑性区产生贯通，矿柱可能发生局部片帮失稳。

C　采空区顶板中点位移分析

在模型计算过程中，对 48#脉采空区顶板中点的竖向位移进行监测，每个采空区得到 20 个记录点，4 个采空区共得到 80 个记录点。将采空区顶板中点位移值导入 Origin 中，可得到采空区顶板中点竖向位移曲线（图 3-32）。图中，横坐标为计算时步，纵坐标为各采空区顶板中点竖向位移。由图 3-32 可知，48#脉矿体开采后，G15、G16、G17 和 G18 采空区顶板中点最终竖向位移介于 0.07 ~ 0.22cm，说明矿体开采后顶板产生一定的变形，但下沉量较小，顶板不易发生变形失稳。

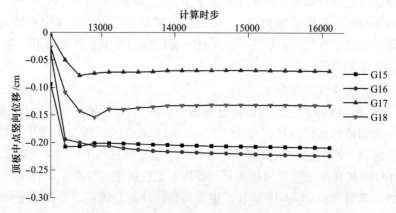

图 3-32　48#脉采空区顶板中点竖向位移曲线

3.4.3　综合评价

根据采空区稳定性理论分析与数值计算结果，对玲珑矿区采空区稳定性进行综合评价，将采空区稳定性划分为三个等级：Ⅰ级为稳定采空区，表示采空区顶板及矿柱稳定性较好；Ⅱ级为较稳定采空区，表示采空区顶板或者矿柱可能发生局部失稳；Ⅲ级为不稳定采空区，表示采空区整体稳定性较差，容易发生破坏失稳。研究结果表明，大开头矿区 84 ~ 101 勘探线之间 50#脉、47支脉、47支1脉及48#脉采空区共 26 个，其中稳定采空区（Ⅰ）3 个、较稳定采空区（Ⅱ）17 个、不稳定采空区（Ⅲ）6 个；矿体开采后，G2、G6、G10 和 G11 空区稳定性差，相互之间影响严重，可能因其中某一空区失稳而造成连锁失稳；其余空区稳定性较好，仅在局部发生围岩破坏，不易产生大面积失稳。

玲珑大开头矿区 84~101 线间 26 个采空区稳定性分级结果如图 3-33 所示。图中，绿色表示稳定采空区（Ⅰ），蓝色表示较稳定采空区（Ⅱ），红色表示不稳定采空区（Ⅲ）。采空区稳定性综合评价结果及稳定性描述见表 3-9。

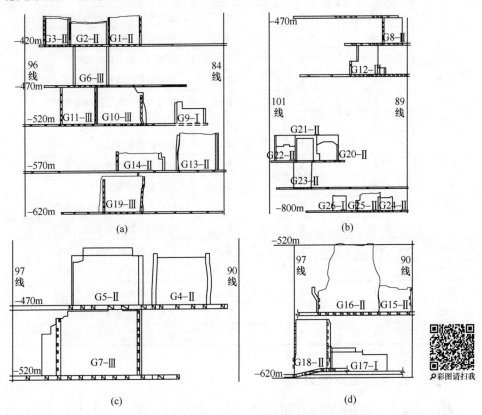

图 3-33 大开头矿区采空区稳定性分级图

（a）50#脉；（b）47$_支$脉；（c）47$_{支1}$脉；（d）48#脉

表 3-9 大开头矿区采空区稳定性综合评价表

采空区编号	理论分析	数值模拟	综合评价	采空区稳定性描述
G1	Ⅰ	Ⅱ	Ⅱ	顶板可能局部破坏
G2	Ⅰ	Ⅱ	Ⅱ	可能因 G6 顶板失稳导致失稳
G3	Ⅰ	Ⅱ	Ⅱ	顶板可能局部破坏
G4	Ⅱ	Ⅱ	Ⅱ	矿柱片帮可能导致局部失稳
G5	Ⅱ	Ⅱ	Ⅱ	矿柱片帮可能导致局部失稳
G6	Ⅲ	Ⅱ	Ⅲ	可能与上下中段采空区连锁失稳
G7	Ⅲ	Ⅱ	Ⅲ	顶板稳定性较差
G8	Ⅱ	Ⅱ	Ⅱ	可能因 G12 失稳导致失稳
G9	Ⅰ	Ⅰ	Ⅰ	采空区独立，稳定性良好

采空区编号	理论分析	数值模拟	综合评价	采空区稳定性描述
G10	Ⅲ	Ⅲ	Ⅲ	稳定性较差，可能与 G6 连锁失稳
G11	Ⅲ	Ⅲ	Ⅲ	稳定性较差，可能与 G6 连锁失稳
G12	Ⅲ	Ⅱ	Ⅲ	顶板破坏可能导致 G8 失稳
G13	Ⅱ	Ⅰ	Ⅱ	顶板和矿柱可能局部破坏
G14	Ⅱ	Ⅱ	Ⅱ	顶板和矿柱可能局部破坏
G15	Ⅱ	Ⅰ	Ⅱ	矿柱片帮可能导致局部失稳
G16	Ⅱ	Ⅱ	Ⅱ	可能因 G18 失稳导致失稳
G17	Ⅰ	Ⅰ	Ⅰ	采空区稳定性良好
G18	Ⅱ	Ⅱ	Ⅱ	顶板破坏可能导致 G16 失稳
G19	Ⅲ	Ⅱ	Ⅲ	顶板稳定性较差
G20	Ⅰ	Ⅱ	Ⅱ	矿柱片帮可能导致局部失稳
G21	Ⅱ	Ⅱ	Ⅱ	可能因 G23 失稳导致失稳
G22	Ⅱ	Ⅰ	Ⅱ	矿柱片帮可能导致局部失稳
G23	Ⅱ	Ⅱ	Ⅱ	顶板破坏可能导致 G21 失稳
G24	Ⅰ	Ⅱ	Ⅱ	矿柱片帮可能导致局部失稳
G25	Ⅰ	Ⅱ	Ⅱ	矿柱片帮可能导致局部失稳
G26	Ⅰ	Ⅰ	Ⅰ	采空区独立，稳定性良好

3.5　空区充填治理效果分析

　　根据充填体与围岩的相互作用机理可知，采空区充填后，减少了围岩的自由面，充填体的存在使得围岩处于三轴受压状态，可以增强围岩的承压能力；充填体的变形能力比围岩大，能够缓减围岩的变形，起到限制采空区破坏失稳的作用。为了分析全尾砂充填对采空区治理的效果，以 48#脉采空区全尾砂充填为例，分析全尾砂充填体对采空区围岩应力的影响。

　　图 3-34 为采空区充填前后应力分布图。由图 3-34（a）、（b）可知，采空区充填前，矿柱的应力集中较为明显，G15-G16 矿柱垂直应力集中系数为 2.82，G17-G18 矿柱垂直应力集中系数为 3.48；采空区充填后，矿柱的应力集中明显减弱，G15-G16 矿柱垂直应力集中系数减小为 2.15，G17-G18 矿柱垂直应力集中系数减小为 2.70；说明采空区充填后，充填体能够对围岩起到支撑作用，降低矿柱承受的应力，从而防止矿柱破坏失稳。由图 3-34（c）、（d）可知，采空区充填后，围岩的垂直应力和水平应力分布更加均匀，说明充填体能够吸收围岩应力，起到应力转移作用。

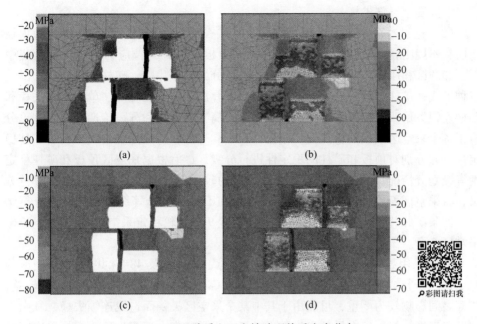

图 3-34　48#脉采空区充填治理前后应力分布

（a）充填前垂直应力；（b）充填后垂直应力；（c）充填前 x 方向应力；（d）充填后 x 方向应力

　　综上所述，全尾砂充填体能够改善围岩受力状态，起到转移应力和缓减围岩变形的作用，从而使得围岩应力分布更加均匀，最终起到限制空区破坏失稳的作用。

3.6　本章小结

　　以玲珑矿区 50#脉、47$_{支}$脉、47$_{支1}$脉和 48#脉采空区稳定性为研究对象，对各矿脉采空区的稳定性进行评价和分级。首先，通过总结前人关于采空区岩体受力分析及破坏机理研究的理论，结合玲珑矿区地质条件及采空区分布情况，对研究区域内 26 个采空区顶板和矿柱的稳定性进行理论分析，对各个采空区的稳定性进行了分级。其次，利用 ANSYS 和 FLAC^{3D}建立了三维地质模型，采用数值模拟方法研究了矿体开采后各个采空区围岩应力、塑性区及位移的变化情况。最后，结合理论分析结果，对各个采空区的稳定性进行综合评价，并分析了全尾砂充填体对围岩分布应力的改善效果。主要研究结论包括：

　　（1）通过对玲珑金矿构造、围岩及地应力分布分析可知，矿区地应力较大，不利于采空区的稳定性。根据矿区开采资料分析及空区探测结果，确定矿区需充填治理的采空区约 184.62×10^{4}m^3，其中 84～101 线之间 50#脉、47$_{支}$脉、47$_{支1}$脉和 48#脉采空区约 12.97×10^{4}m^3。通过对四条矿脉采空区破坏现状的调研分析，认为 50#脉、47$_{支}$脉和 47$_{支1}$脉的采空区采动影响较严重，围岩破坏范围较大，48#

脉采空区发生局部破坏。

（2）通过对采空区破坏形式调研及文献查阅，将采空区顶板破坏分为顶板离层、不规则冒落、拱形冒落三种形式，顶板应力分为拉应力区、压应力集中区、卸载区和压缩区四个区域；将矿柱破坏分为矿柱片帮、矿柱鼓胀、矿柱滑移三种形式，矿柱破坏失稳分为初采卸压未叠加、卸压区叠加、单个矿柱失稳和矿柱连锁失稳四个阶段。采用固定梁理论、简支梁理论和载荷传递交汇线理论分析了各个采空区顶板的稳定性，根据面积承载理论和矿柱强度公式分析了矿柱稳定性，并分别对顶板和矿柱的稳定性进行分级，最后根据采空区顶板和矿柱稳定性等级划分情况，取各种理论分析计算出的较低等级对采空区的稳定性进行分级，将采空区稳定性划分为稳定、较稳定和不稳定三个等级。根据理论分析结果，四条矿脉共 26 个采空区中，稳定采空区 9 个，较稳定采空区 11 个，不稳定采空区 6 个。

（3）采用数值模拟研究了 50#脉、47$_支$脉、47$_{支1}$脉及 48#脉共 26 个采空区的稳定性。研究结果表明：矿体开采后，G2、G6、G10 和 G11 采空区稳定性较差，相互之间影响较为严重，可能由于其中某个采空区失稳而造成连锁失稳，其余采空区稳定性较好，仅在局部发生围岩破坏，不易产生大面积失稳。根据采空区稳定性理论分析和数值计算结果，对 26 个采空区的稳定性进行综合评价。综合评价结果为：稳定采空区 3 个，较稳定采空区 17 个，不稳定采空区 6 个。以 48#脉采空区充填为例，采用数值模拟分析了充填前后围岩应力的变化，数值模拟表明，充填体能够改善围岩受力状态，起到转移应力和缓减围岩变形的作用，从而使得围岩应力分布更加均匀，最终起到限制采空区破坏失稳的作用。

通过对玲珑矿区采空区稳定性及全尾砂充填治理效果的研究，加强了对采空区稳定性分析及治理的认识，但仍存在不足之处，需要进一步进行研究：

（1）将顶板和矿柱的结构进行了简化，可能会造成理论分析与实际情况存在差异。

（2）采空区全尾砂充填治理时，未考虑充填料浆中水对围岩的弱化作用。

4 全尾砂充填材料基本特性研究

通过对玲珑全尾砂充填材料基本特性的研究，了解选矿尾砂及其尾砂浆的基本特性，掌握全尾砂胶结充填料浆以及全尾砂胶结充填体基本性能，为现场应用提供试验依据。

4.1 全尾砂基本性能

4.1.1 粒级组成

充填材料粒级组成影响充填料浆渗透性能和压缩沉降性能，同时也是料浆输送、设备选型的重要依据。研究表明，尾砂粒级组成对强度有明显影响，适量的细粒级尾砂被水化产物包裹填充于大颗粒之间的空隙，促进颗粒间胶结，有助于增加充填体强度；但细粒级尾砂过多，胶结外膜含水增多，阻碍颗粒间胶结，导致充填体强度降低。因此，尾砂粒级组成会影响胶结充填体微观结构，从而影响充填体宏观力学性能。

4.1.1.1 粒度筛分分析

筛析法是一种最传统的粒度测试方法，其基本操作是让粉体试样通过一系列不同孔径的标准筛，将其分离成若干个粒级，分别称重，求得以质量百分数表示的粒度分布。筛析法适用于粒径约 $20\sim100\mu m$ 的土颗粒粒度分布测量。

筛析法有干法与湿法两种，测定粒度分布时，一般选用干法筛分；湿法可避免极细的颗粒附着在筛孔上面堵塞筛孔。如果试样含水较多，特别是颗粒较细的物料，若允许与水混合，颗粒凝聚性较强时最好使用湿法筛析。此外，湿法不受物料温度和大气湿度的影响，还可以改善操作条件，精度较干法筛分高。

现场采用湿法筛分，由矿方提供的选厂浮选尾砂的粒级组成见表 4-1。由表 4-1 可知，玲珑选厂全尾砂中 -200 目（$74\mu m$）约占 48.18%，经旋流器组分级后的沉砂（分级尾砂）中 -200 目约占 29.54%，溢流尾砂中 -200 目约占 57.53%。此外，沉砂的最终沉降质量浓度为 70.23%，全尾砂为 43.79%，溢流尾砂为 29.64%；尾砂品位约 $0.06\sim0.12g/t$。这表明：（1）玲珑选矿尾砂颗粒较细，属不良充填骨料；（2）尾砂经分级处理后，颗粒变粗，最终沉降质量浓度达到 70% 以上，有助于改善充填效果；（3）尾砂品位低，已无再回收的价值，可作为充填骨料回填采空区。

表 4-1 玲珑选厂浮选尾砂粒级组成（筛析法）

充填系统	粒级/目	全尾矿			沉砂			溢流		
		产率/%	筛上累积产率/%	筛下累积产率/%	产率/%	筛上累积产率/%	筛下累积产率/%	产率/%	筛上累积产率/%	筛下累积产率/%
玲珑	+60	12.58	12.58	100.00	20.86	20.86	100.00	11.22	11.22	100.00
	-60	21.33	33.91	87.42	25.58	46.44	79.14	17.19	28.41	88.78
	-100	17.91	51.82	66.09	24.02	70.46	53.56	14.06	42.47	71.59
	-200	7.98	59.80	48.18	8.53	78.99	29.54	7.89	50.36	57.53
	-300	5.99	65.79	40.20	7.07	86.06	21.01	4.75	55.11	49.64
	-400	34.21	100.00	34.21	13.94	100.00	13.94	44.89	100.00	44.89

4.1.1.2 激光粒度分析

按照《水泥颗粒级配测定方法——激光法》（JC/T 721—2006）测定全尾砂的粒度分布。激光法测定物料颗粒级配的原理是利用激光照射颗粒，颗粒会使激光产生衍射或散射的现象来测定粒度分布。激光发生器产生的激光经扩束后成为一束平行光，在无颗粒时该平行光通过富氏透镜后汇聚到后焦平面上（图 4-1）。通过一定方式将一定量的颗粒均匀地分散在平行光束中时，平行光将呈现发散现象，部分光将与光轴成一定角度向外传播（图 4-2）。颗粒的大小可直接通过散射角的大小表现出来，小颗粒对激光的散射角大，大颗粒对激光的散射角小。通过对颗粒角向散射光强的测量（不同颗粒散射的叠加），再运用矩阵反演分解角向散射光强即可获得样品的粒度分布。

图 4-1 无颗粒时激光粒度分析（LPSA）示意图

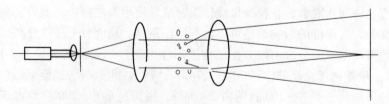

图 4-2 有颗粒时激光粒度分析（LPSA）示意图

中国矿业大学（北京）充填采矿实验室采用珠海欧美克科技有限公司生产的 LS-C（ⅡA）型激光粒度分析仪对玲珑选矿厂浮选全尾砂进行粒度分析（表4-2、表 4-3 及图 4-3）。

表4-2 玲珑选厂浮选尾砂粒级组成（激光法）

粒径/μm	微分/%	累积/%	粒径/μm	微分/%	累积/%	粒径/μm	微分/%	累积/%
0~1.00	0.02	0.02	7.51~8.00	0.67	9.38	61.28~65.00	1.11	39.00
1.00~1.35	0.38	0.40	8.00~11.00	3.63	13.01	65.00~80.00	4.50	43.50
1.35~1.63	0.34	0.74	11.00~13.31	2.29	15.30	80.00~108.63	8.56	52.06
1.63~1.97	0.13	0.87	13.31~16.00	1.73	17.03	108.63~131.47	6.88	58.94
1.97~2.00	0	0.88	16.00~19.50	2.04	19.07	131.47~159.11	8.97	67.90
2.00~2.89	1.43	2.31	19.50~23.60	2.93	22.00	159.11~192.57	7.92	75.82
2.89~3.00	0.27	2.58	23.60~28.56	3.31	25.31	192.57~233.06	10.10	85.93
3.00~4.00	1.73	4.31	28.56~32.00	1.83	27.14	233.06~282.06	10.21	96.14
4.00~5.13	1.28	5.59	32.00~41.84	4.84	31.98	282.06~341.36	1.65	97.78
5.13~6.21	1.33	6.92	41.84~50.64	2.99	34.96	341.36~413.14	1.99	99.78
6.21~7.51	1.79	8.71	50.64~61.28	2.92	37.88	413.14~500.00	0.22	100.00

表4-3 玲珑浮选全尾砂颗粒组成特征值

d_{10}/μm	d_{30}/μm	d_{50}/μm	d_{60}/μm	d_{90}/μm	不均匀系数 C_u	曲率系数 C_c
8.51	37.81	101.74	134.73	252.59	15.83	1.25

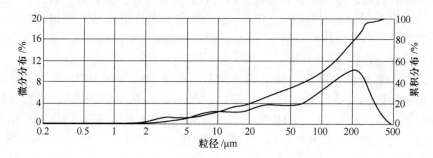

图4-3 玲珑浮选全尾砂粒度分布曲线

根据测试结果可知，玲珑浮选全尾砂中-200目（74μm）约占41.7%，与筛析法测定结果基本吻合；全尾砂颗粒粒径主要集中在50~200μm，全尾砂不均匀系数 C_u=15.83>10、曲率系数 C_c=1.25，可视为颗粒不均匀土，属于级配良好材料。总体而言，玲珑浮选全尾砂细粒级含量较高但级配良好，对其浓缩、脱水、固结和稳定均产生较大影响。对于级配良好的尾砂，较粗颗粒间的孔隙被较细的颗粒所填充，因而尾砂的密实度较好，相应的固结强度和稳定性较好，透水性和压缩性较小，脱水相对困难。

4.1.2　化学成分

尾砂化学成分及其矿物组成关系到充填料浆流动性能和胶结性能的优劣，尾砂中对充填体强度影响作用较大的化学成分主要有 CaO、MgO、Al_2O_3、SiO_2、S。如果尾砂中含有较多的 CaO、MgO、Al_2O_3，对固结体的胶结和凝聚有利，可适当降低灰砂比以节约成本，但对充填料浆的流动性不利；若尾砂中的 SiO_2 含量高，则会降低固结体的固结性能，应适当增大灰砂比以保证固结体的固结强度。

本试验委托北京大学造山地带与地壳演化教育部重点实验室对玲珑浮选全尾砂样品进行化学成分分析（表 4-4）。根据测试结果，玲珑浮选全尾砂的主要成分为 SiO_2、Al_2O_3，而 MgO、CaO 的含量较低，对充填体强度影响较小；SiO_2 的含量高达 66.9%，可考虑选矿尾砂的综合利用以回收其中的石英砂；尾砂矿物化学成分稳定，不含有毒有害物质，可再回收金属含量较低，故玲珑选矿尾砂可作为良好的惰性骨料制备井下胶结充填料浆。

表 4-4　玲珑浮选全尾砂主要化学成分

主要化学成分	SiO_2	Al_2O_3	K_2O	Na_2O	CaO	Fe_2O_3	MgO
含量/%	66.90	18.06	4.70	2.85	2.27	1.51	0.88

4.1.3　矿物组成

不同尾砂材料来源不同，其化学成分也不同，矿物组成比较复杂，种类很多，主要有石英、绿泥石、方解石和透辉石，另外还有少量石膏、黄铁矿和绢云母。拟采用 X 射线衍射分析（XRD）方法测定不同分组样品的物相组成。将全尾砂置于玛瑙研钵里进行研磨，将研磨物料全部通过 80μm 筛，取筛下部分粉末作为试验样品进行 XRD 分析。

XRD 分析试验采用荷兰帕纳科公司制造的 X′ Pert Pro MPD 型 X-射线衍射仪，阳极为铜靶，最大工作管电压 45kV，最大工作管电流 50mA，扫描速度为 6°/min，工作步长 0.01°，扫描角度为 5°~90°。玲珑浮选尾砂 XRD 测试结果由中国科学院过程工程研究所提供。根据 XRD 图谱（图 4-4），全尾砂 XRD 图像呈现"针峰"的形态，这是样品内部晶体结构经过 X 射线衍射出来的峰。结合全尾砂化学成分分析可知，玲珑浮选尾砂中主要成分为 SiO_2，SiO_2 呈晶体状态，故 XRD 图谱中 2θ 角在 26° 左右出现的最高峰为 SiO_2 的衍射峰，其他峰则为 Na、Al、Ca、Fe 等元素的化合物。

4.1.4　相对密度

4.1.4.1　测试方法

采用李氏瓶测试玲珑浮选全尾砂密度。将一定质量的全尾砂倒入盛一定量液体介质的李氏瓶内，并使液体充分浸透尾砂颗粒。根据阿基米德定律，尾砂的体

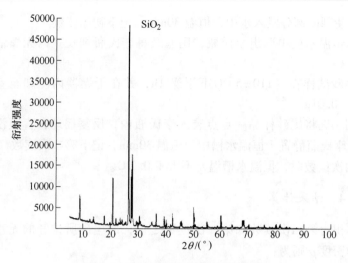

图 4-4　玲珑浮选全尾砂 XRD 图谱

积等于其所排开的液体体积，从而推算出全尾砂单位体积的质量即为密度。为使测定的尾砂不发生任何化学反应，液体介质采用无水煤油。

4.1.4.2　使用仪器

主要测试仪器为李氏瓶（图 4-5）。该容器横截形状为圆形，所用材料是优质玻璃，透明无条纹，具有抗化学侵蚀性且热滞后性小，有一定的耐裂性。

彩图请扫我

　　李氏瓶　　　　　　　　　　　　试验过程

图 4-5　实验室测试全尾砂相对密度

4.1.4.3　试验步骤

（1）将无水煤油注入李氏瓶中到 0~1mL 刻度线范围内，盖上瓶塞后放入恒温水槽内，使刻度部分浸入水中，恒温 30min，记下初始读数。

（2）从恒温水槽中取出李氏瓶，用滤纸将李氏瓶细长颈内无煤油的部分仔细擦拭干净。

（3）尾砂试样在（110±5）℃下干燥 1h，并在干燥器内冷却至室温。称取 60g，称准至 0.01g。

（4）用小匙将尾砂样品一点点装入李氏瓶内，反复摇动，直至没有气泡排出，再次将李氏瓶静置于恒温水槽中，恒温 30min，记下第二次读数（图 4-5）。

（5）两次读数时，恒温水槽温差不大于 0.2℃。

4.1.4.4　结果计算

尾砂体积为第二次读数和第一次读数之差，即尾砂所排开的无水煤油的体积。尾砂的密度 ρ 则为：

$$尾砂密度 \rho = \frac{尾砂质量(g)}{排开的体积(cm^3)} \tag{4-1}$$

计算结果精确至小数点后第三位，取整到 0.01g/cm³。取两次测定结果的算术平均值，两次测定结果之差不超过 0.02g/cm³。试验测得玲珑浮选全尾砂平均密度 ρ = 2.62g/cm³。

4.1.5　物化指标

根据玲珑金矿前期科研成果，汇总玲珑全尾砂的基本物理化学指标见表 4-5。

表 4-5　玲珑选厂全尾砂的比重、渗透系数、松散干密度

相对密度	比重/g·cm⁻³	容重/g·cm⁻³	孔隙率/%	含水率/%	渗透系数/cm·s⁻¹
2.62	2.32	1.24	46.5	8.44	6.23×10⁻³

4.2　全尾砂浆基本性能

4.2.1　室内全尾砂沉降试验

4.2.1.1　试验方法

采用量筒沉降试验，直接观测沉降界面。其测试方法为：取容量为 1L 的透明玻璃量筒，清洗干净并晾干，将长度与量筒高度相当的坐标纸贴在量筒外壁。为便于测定和计算沉降试验的料浆浓度，使坐标纸的整刻度与量筒标称满容积的刻度线对齐，该刻度线为沉降的起始点，即沉降零点，向下依次标注沉降高度，直至量筒底部（图 4-6）。

将不同质量浓度的矿浆分别倒入贴有坐标纸的量筒内，进行沉降试验。量筒

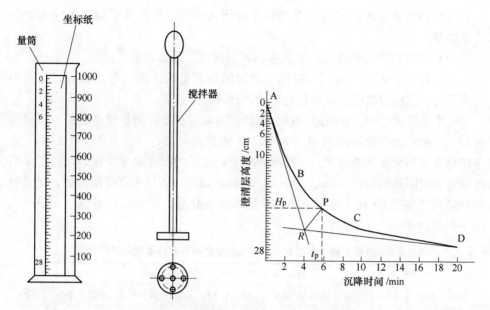

图 4-6 全尾砂沉降试验仪器与沉降分析曲线

内矿浆用搅拌器充分搅拌均匀，取出搅拌器静置 5~10s 后开始计时，观测量筒内物料群的沉降高度或清水层高度，记录不同沉降时间点的物料群沉降高度。开始沉降时，量筒内的矿浆处于均质状态，浓度较低，物料的沉降速度较快，记录的时间间隔应较短，一般以 5s、10s 或 30s 为沉降时间段；沉降到中后期，沉降区的浓度逐渐增大，干涉沉降严重，物料的沉降速度变慢，此时记录的沉降时间间隔可延长至数分钟到数十分钟不等；物料处于压缩沉降后，记录时间间隔可以小时计。以沉降时间为横坐标，上层清液高度（澄清层高度）为纵坐标，将试验所得的沉降数据填入坐标系中，得到沉降曲线图（图 4-6）。

根据沉降曲线，可以计算出尾砂浆的沉降速度。将搅拌均匀后的料浆注入量筒中进行自重沉降，观察、记录料浆的下沉量，并计算料浆的沉降速率：

$$v = \frac{s_{i+1} - s_i}{t_{i+1} - t_i} \tag{4-2}$$

式中，s_i、s_{i+1} 分别为 t_i 和 t_{i+1} 时刻的泥面沉降量（$i=1,2,\cdots$），cm。

4.2.1.2 试验设计

为确保实验室试验数据与现场吻合，从玲珑选矿厂浮选工艺流程末端提取全尾砂干砂运至实验室试验。每隔一定时间观测一次记录数据，具体步骤如下：

（1）取容量为 1L 的量筒一只，清洗干净后放在实验台上并称取适量全尾砂干砂；

（2）将玲珑选矿厂提取的全尾砂干砂倒入烧杯，根据需要制备不同浓度的全尾砂浆；

（3）将搅拌均匀的全尾砂浆迅速倒入量筒内，开始测量；

（4）用数显表记录时间，每隔一定时间观测量筒内澄清层的高度，记录不同沉降时间点的澄清层高度并拍照记录，计算沉降速度。

整个沉降试验中，在沉降初期，尾砂浆呈均值状态，质量浓度较低，沉降速度较快，故观测间隔时间较短，为1min。随着试验进行，进入沉降中后期，由于尾砂浆底部浓度逐渐增大，干涉沉降严重，砂浆的沉降速度变慢，此时记录的沉降时间间隔可延长至5min、10min、30min；试验进入压缩沉降阶段后，记录时间间隔可增加到1~3h，直至澄清层高度不再变化后，记录最终数据（表4-6及图4-7~图4-9）。

表4-6　质量浓度30%、40%、50%的全尾砂料浆自由沉降试验结果

时间 /min	料浆容积/mL			清水量/mL			澄清层高度/cm			料浆浓度/%		
	30%	40%	50%	30%	40%	50%	30%	40%	50%	30%	40%	50%
0	720	620	810	0	0	0	0	0	0	30.00	40.00	50.00
1	704	617	805	16	3	5	0.464	0.087	0.145	30.49	40.14	50.21
2	692	615	801	28	5	9	0.812	0.145	0.261	30.86	40.23	50.38
3	682	610	800	38	10	10	1.102	0.290	0.290	31.19	40.46	50.42
5	660	603	794	60	17	16	1.740	0.493	0.464	31.91	40.79	50.68
8	627	589	790	93	31	20	2.697	0.899	0.580	33.08	41.47	50.85
10	611	579	785	109	41	25	3.161	1.189	0.725	33.67	41.97	51.06
15	569	518	772	151	102	38	4.350	2.958	1.102	35.34	45.27	51.64
30	443	499	749	277	121	61	8.033	3.509	1.769	41.49	46.42	52.68
60	310	371	664	410	249	146	11.89	7.221	4.234	50.85	55.91	56.93
90	291	347	570	429	273	240	12.441	7.917	6.960	52.54	58.14	62.50
120	279	338	550	441	282	260	12.789	8.187	7.540	53.67	59.12	63.83
150	268	326	537	452	294	273	13.108	8.526	7.917	54.74	60.24	64.72
180	261	319	526	459	301	284	13.311	8.729	8.236	55.45	60.98	65.50
最终	249	299	480	471	321	330	13.659	9.309	9.570	56.71	63.18	68.97

4.2.1.3　结果分析

A　全尾砂料浆澄清层高度-时间变化规律

根据质量浓度为30%、40%、50%的全尾砂料浆沉降数据，以沉降时间为横坐标，澄清层高度为纵坐标，绘制并拟合函数曲线（图4-10）。由拟合的函数关系曲线可知，料浆沉降呈近似对数曲线分布，开始时沉降速度较快，静置60~90min后，沉降速度逐渐降低并最终趋于稳定。根据泥面的变化，将颗粒下沉区

沉降开始　　　　　　静置3min　　　　　　静置15min　　　　　　最终液面

图 4-7　质量浓度 30%的全尾砂浆沉降记录

沉降开始　　　　　　静置3min　　　　　　静置15min　　　　　　最终液面

图 4-8　质量浓度 40%的全尾砂浆沉降记录

沉降开始　　　　　　静置3min　　　　　　静置15min　　　　　　最终液面

图 4-9　质量浓度 50%的全尾砂浆沉降记录

分为自重沉降阶段和自重固结阶段。自重沉降阶段的沉降速度明显较快，沉降速率随时间增长而降低，这是因为上层颗粒的沉降受到下层水向上运动的干扰；随着试验进行，尾砂颗粒之间逐渐接近，开始发生接触和重排，尾砂沉降速率突然减小，尾砂沉降进入固结阶段。

B　全尾砂料浆质量浓度-时间变化规律

根据质量浓度为 30%、40%、50%的全尾砂料浆沉降数据，以沉降时间为横坐标，料浆质量浓度为纵坐标，绘制并拟合函数曲线（图 4-11）。由图 4-11 可知，不同质量浓度的全尾砂料浆质量浓度-时间曲线中，料浆质量浓度曲线亦呈近似对数曲线分布，料浆质量浓度越高，其质量浓度变化速度越低，料浆质量浓度达到最终稳定的时间越长；随着时间推移，沉降趋于稳定，不同质量浓度的全尾砂料浆最终自由沉降浓度分别达到 56.71%、63.18%、68.97%。在料浆沉降过程中，料浆质量浓度达到稳定所需时间与浓度呈正相关，质量浓度越高，其料浆浓度达到稳定所需时间越长，质量浓度为 30%、40%、50% 的料浆分别在 60min、65min、90min 后，质量浓度变化明显减缓，料浆质量浓度趋于稳定。

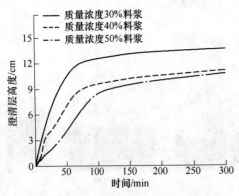

图 4-10　全尾砂料浆澄清层高度-时间曲线　　　图 4-11　全尾砂料浆质量浓度-时间曲线

4.2.2　选厂全尾砂沉降试验

试验所用全尾砂浆取自玲珑金矿选矿厂浮选工艺末端，通过瓶装取样并运送至中国矿业大学（北京）充填采矿实验室进行测试。每隔一定时间间隔观测一次，并记录试验数据，获得全尾砂浆自由沉降规律。具体操作步骤如下：

（1）取一只容积 1L 的量筒，清洗干净后置于实验台上；

（2）将瓶中的全尾砂浆迅速倒入量筒内，充分搅拌均匀；

（3）用数显表记录时间，每隔一定时间间隔观测量筒内澄清层高度，记录不同沉降时间点的澄清层高度并拍照，计算砂浆沉降速度。

整个试验历时 24h，起初尾砂浆浓度低，沉降速度快，因而观察间隔短，每 30s 到 1min 记录一次；后期因料浆的质量浓度变大，沉降速度降低，沉降高度变化不明显，观测时间间隔可相应增加。

根据沉降试验数据绘制全尾砂浆沉降高度-时间曲线（图 4-12）。由图 4-12 可知，全尾砂浆初期沉降速度较快，但 300min 后沉降速度变缓。在静态沉降试验中，根据泥面的变化将颗粒下沉区分为自重沉降阶段和自重固结阶段，但图 4-12 很难判断此时沉降和固结的分界点。利用式（4-2）对泥面的变化进行计算，可以得到泥面的沉降速率随时间的变化规律。300min 后泥面沉降速率低至 0.01mm/min，尾砂自然沉降和固结的转折点出现在试验开始后 300min 时。在自重沉降阶段，沉降速率随时间增加而降低，这可能是因为上层颗粒的沉降受到了下层水向上运动的干扰，这一过程持续时间约 300min；300min 之后，尾砂沉降速率突然减小，这是由于尾砂颗粒之间逐渐接近，开始发生接触和重排，标志着全尾砂浆沉降进入了固结阶段。

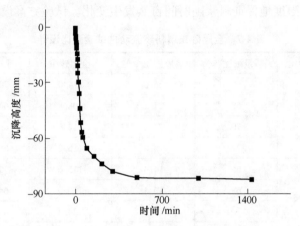

图 4-12　玲珑选厂实际全尾砂沉降曲线

沉降试验后测定全尾砂浆质量浓度，测量步骤如下：

（1）将沉降试验后的全尾砂浆连同量筒一起称重，记做 M_1；

（2）将量筒中全尾砂浆倒入烧杯，烘干烧杯中水分，得到干尾砂并称重，干尾砂和烧杯质量记做 M_2；

（3）用天平称出空烧杯和空量筒的质量，分别记做 M_3 和 M_4。

测得的全尾砂浆质量浓度 C_M：

$$C_m = \frac{M_2 - M_3}{M_1 - M_4} \times 100\% = \frac{745.5 - 299}{1131 - 221} \times 100\% = 49.1\%$$

现场取样实测全尾砂浆浓度 49.1%，较玲珑选厂提供的全尾砂浆浓度 44%~45%略高。

4.3　全尾砂胶结充填料浆流动性能

4.3.1　流变性能

4.3.1.1　试验设计

试验温度为室温，设计不同质量浓度和灰砂比梯度的充填料浆，研究不同时间梯度下全尾砂胶结充填料浆流变性能。流变性试验设计料浆质量浓度与灰砂比的选择与充填体强度试验保持一致，并尽量考虑矿山充填所用灰砂比，同时也能反映出灰砂比梯度对充填料浆流变特性的影响。以胶固粉（又称 C 料）、全尾砂和水混合在一起的时刻作为计时起点，选择 20min 作为等差时间梯度，一方面是保证试验操作时间足够充裕，另一方面则考虑到料浆在管路中的实际输送情况，不可能在管道中一直受到剪切作用，频繁扰动会使料浆内固相、液相因人为扰动发生变化，进而影响流变参数的准确性。搅拌待测料浆 6min，剪切试验时间间隔 20min，最大限度地保证料浆随时间自然发生变化。试验方案设计见表 4-7。

表 4-7　全尾砂充填料浆流动性试验配比设计

试验分组	灰砂比	质量浓度/%	胶固粉/g	全尾砂/g	水/g	总计/g
B04-65		65	26.0	114.0	70	
B04-68		68	27.2	108.8	64	
B04-70	1:4	70	28.0	112.0	60	
B04-72		72	28.8	115.2	56	
B08-65		65	14.4	115.6	70	
B08-68		68	15.1	120.9	64	
B08-70	1:8	70	15.6	124.4	60	
B08-72		72	16.0	128.0	56	
B10-65		65	11.8	118.2	70	200
B10-68		68	12.4	123.6	64	
B10-70	1:10	70	12.7	127.3	60	
B10-72		72	13.1	130.9	56	
B20-65		65	6.2	123.8	70	
B20-68		68	6.5	129.5	64	
B20-70	1:20	70	6.7	133.3	60	
B20-72		72	5.4	108.6	56	

4.3.1.2　试验仪器

主要试验仪器包括旋转流变仪、天平、胶砂搅拌机、捣棒、秒表等。

采用奥地利安东帕（Anton Paar）的 Rheolab QC 型旋转流变仪（图 4-13），机械轴承，扭矩 0.25~75mN·m，剪切应力 0.5~30000Pa，剪切速率 10^{-2}~$4000s^{-1}$。该仪器可用于测试各种含有固体颗粒的浆体包括充填料浆的流变性能。

4.3.1.3　试验准备

高浓度全尾砂充填料浆流动时变性试验过程中，每一时间梯度的测试结束

图 4-13 Rheolab QC 型旋转流变仪

后，在流变仪料浆槽中取出料浆筒，用湿布覆盖料浆筒，防止水分流失。受料浆筒容积所限，每次料浆仅取 200g，任何微小的差别都可能会导致整个结果产生巨大变化，故对同一配比多次称料进行重复试验，找出位于多次试验所得曲线中间、波动最小的曲线，作为研究、分析全尾砂胶结充填料浆流变规律的最终试验结果。

干尾砂在运送、存放过程中，会因搬运、离析、受潮等原因，造成袋中干尾砂均质性变差，呈现结块等现象。为保证试验所用尾砂尽可能均一化，避免尾砂粒度不均对试验结果产生影响，故在试验前需对干尾砂进行混合均化处理。

4.3.1.4 结果分析

根据不同灰砂比、不同质量浓度的全尾砂胶结充填料浆的流变曲线（附图1）可知，流变特征曲线分为三个阶段：第一个阶段为匀速搅动阶段，第二个阶段为线性增加阶段，第三个阶段为剪切速率线性减少阶段。

刚刚开始测量的全尾砂胶结充填料浆，内部存在较多的胶凝材料水化产物，包裹尾砂颗粒和水形成絮团，并相互搭接形成絮网。这些絮网具有一定的刚性，其大小、成分均不相同，故其强度也不相同。转子转动时，这些刚性絮网结构对转子的转动产生了较大的阻力。第一阶段剪切应力较为稳定，是因为料浆内絮团的破坏和修复达到动态的平衡。第二阶段开始后，虽然剪切速率低，但由于料浆中絮网遭到破坏，能够阻碍转子转动的力越来越小，剪切应力开始降低；当剪切速率增加到一定程度后，颗粒间的相互作用使絮网结构又搭接、修复，剪切应力开始增加；该阶段最后可以达到短暂的稳定状态。第三阶段为剪切速率线性减少阶段，与第二阶段基本类似。

使用 Rheolab QC 型旋转流变仪测定料浆流变性的同时，还可测出料浆的动态黏度，为后期管路阻力计算提供参数。表 4-8 为各组试验所测得的料浆动态黏度。根据表 4-8 中数据绘制的全尾砂胶结充填料浆黏度-时间关系曲线（图 4-14）可知，在恒定的剪切速率下，料浆的动态黏度逐渐增大，这是由于胶凝材料（胶固料）与水发生水化反应，随着水化反应程度的不断加深，生成更多的水化产物，这些水化产物将尾砂颗粒聚合在一起形成更大的颗粒和絮网结构，增大料浆的黏聚力和内摩擦角，从而使得胶结充填料浆的黏度增大。

表 4-8　玲珑全尾砂胶结充填料浆动态黏度　　　　　　　　（Pa·s）

组别	0min	20min	40min	60min	80min	100min	120min	140min	160min	180min
B10-65	0.30	0.40	0.52	0.66	0.84	1.04	1.22	1.42	1.63	1.86
B10-68	0.42	0.48	0.63	0.85	1.08	1.33	1.56	1.81	2.08	2.37
B10-70	0.65	0.75	0.89	1.04	1.28	1.51	1.71	1.92	2.08	2.27
B10-72	1.42	1.28	1.44	1.63	1.83	2.10	2.36	2.57	2.75	2.97
B20-65	0.32	0.41	0.52	0.63	0.77	0.95	1.16	1.37	1.55	1.80
B20-68	0.49	0.58	0.73	0.91	1.12	1.34	1.56	1.80	2.03	2.25
B20-70	1.21	1.56	1.88	2.13	2.40	2.57	2.73	2.90	3.12	3.42
B20-72	1.42	1.29	1.45	1.79	2.18	2.31	2.56	2.84	3.13	3.38

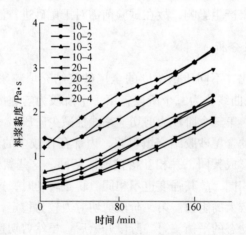

图 4-14　全尾砂胶结充填料浆黏度-时间关系曲线

4.3.2　坍落度

参照《普通混凝土拌合物性能试验方法标准》（GB/T 50080—2002）所规定的"坍落度与坍落扩展度法"进行全尾砂胶结充填料浆的稠度试验。

将搅拌均匀的充填料浆分多层（一般是三层）用小铲均匀地装入坍落度筒内（筒体顶部 ϕ10cm、底部 ϕ20cm、高度 30cm），每层用捣棒插捣 20~25 次；待顶层插捣完毕后，刮去多余的料浆并用抹刀刮平，双手均匀用力将坍落度筒垂直平稳地提起。从开始装料到提起坍落度筒的整个过程应不间断进行，并应在150s内完成（图4-15）。充填料浆因自重将会产生塌落现象，测量坍落度筒筒高与坍落后料浆顶部最高点之间的高度差，即为该胶结充填料浆的坍落度。坍落度值越大，表示胶结充填料浆的流动性越大。

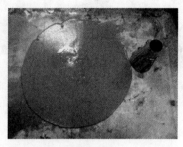

图4-15 玲珑全尾砂胶结充填料浆坍落度测定

用于坍落度测试的全尾砂胶结充填料浆的制备与用于单轴抗压强度测试的全尾砂胶结充填料浆相同。根据试验结果（附表8）可知，不同灰砂比条件下，质量浓度为70%~72%的全尾砂胶结充填料浆的坍落度值在26.9~28.0cm，满足高浓度胶结充填料浆管道输送的要求；若质量浓度达到75%，全尾砂胶结充填料浆的坍落度仅为14.8cm，实现管道自流输送难度大，但可考虑通过掺加适量外加剂或改变料浆中骨料的颗粒级配等方式予以解决。

4.3.3 流动度

参照《混凝土外加剂应用技术规范》（GB 50119—03）附录A"混凝土外加剂对水泥的适应性检测方法"进行全尾砂胶结充填料浆流动度测定。试验所用仪器设备包括NJ-160型水泥净浆搅拌机、截锥圆模（图4-16（a））、玻璃板、钢直尺、刮刀等，具体试验步骤如下：

（1）将玻璃板放置在水平桌面上，用湿布均匀擦拭玻璃板、截锥圆模、搅拌器及搅拌锅，润湿其表面；并用湿布覆盖截锥圆模，放置于玻璃板中央待用。

（2）按表4-7中充填料浆的配比方案设计，称取尾砂、胶凝材料（胶固粉）、水等材料，倒入搅拌锅内，注水开始搅拌制浆。

（3）在截锥圆模内迅速倒入搅拌好的料浆，并用抹刀刮平，沿垂直方向将截锥圆模提起，让料浆在玻璃板上流动至少30s至稳定，然后用直尺量取流淌料浆互相垂直的两个方向的最大直径，取两者的平均值作为料浆流动度（图4-16（b））。

测试共分两个阶段进行，第一阶段为刚搅拌完成后立即进行测试，第二阶段为初次加水搅拌后静置30min再搅拌并测试。根据试验结果（表4-9和图4-17）可知，随着全尾砂胶结充填料浆灰砂比减小，料浆的流动度总体上呈增大趋势，

(a)

(b)

彩图请扫我

图 4-16　全尾砂胶结充填料浆流动度测定

(a) 截锥圆模；(b) 流动度测定

这是因为胶凝材料与水发生水化反应，使料浆内固相、液相组成发生变化；胶凝材料水化反应生成的一些胶状物质，导致料浆黏性增大，致使料浆流动度减小；当料浆的灰砂比一定时，其流动度与质量浓度成反比，即质量浓度越大，胶凝材料用量越多，水分则相应减少，加之水化反应消耗一部分水量，使得料浆中总含水量下降，水的润滑、悬浮作用削弱，浆体内固相颗粒之间起润滑作用的自由水不足，内摩擦力增大，因而导致流动度减小。

表 4-9　全尾砂胶结充填料浆流动度

试验分组		横向/cm	纵向/cm	平均/cm	试验分组		横向/cm	纵向/cm	平均/cm
B04-65	0min	23.20	22.80	23.00	B10-65	0min	22.50	22.90	22.70
	30min	22.70	22.30	22.50		30min	22.00	22.50	22.25
B04-68	0min	18.00	18.00	18.00	B10-68	0min	20.60	20.30	20.45
	30min	17.30	17.70	17.50		30min	19.60	20.50	20.05
B04-70	0min	15.20	15.50	15.35	B10-70	0min	17.10	17.60	17.35
	30min	15.50	15.70	15.60		30min	17.10	17.40	17.25
B04-72	0min	13.30	13.20	13.25	B10-72	0min	13.80	13.90	13.85
	30min	12.30	11.80	12.05		30min	13.60	13.60	13.60
B08-65	0min	22.85	23.25	23.05	B20-65	0min	23.80	24.80	24.30
	30min	21.90	22.60	22.25		30min	23.50	22.50	23.00
B08-68	0min	19.80	19.85	19.83	B20-68	0min	21.00	21.10	21.05
	30min	19.70	19.80	19.75		30min	20.00	20.20	20.10
B08-70	0min	16.60	16.40	16.50	B20-70	0min	18.40	18.60	18.50
	30min	16.60	16.20	16.40		30min	17.20	17.20	17.20
B08-72	0min	12.85	13.10	12.97	B20-72	0min	14.40	14.70	14.55
	30min	12.80	13.00	12.90		30min	14.20	14.30	14.25

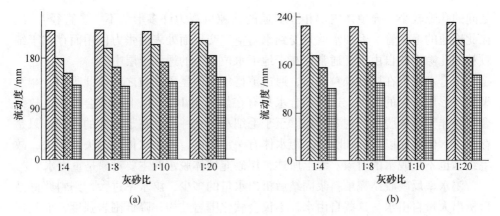

图 4-17　全尾砂胶结充填料浆流动度对比分析

（a）刚搅拌好；（b）30min 后

▨ 质量浓度 65%；▧ 质量浓度 68%；▨ 质量浓度 70%；▥ 质量浓度 72%

4.3.4　泌水率

　　与土颗粒类似，尾砂颗粒自身也含有电荷，在水介质中表现出带电特性，在其四周形成电场，尾砂颗粒电场范围内的水分子被吸引在颗粒的四周。最靠近颗粒表面的水分子所受电场的作用力很大，使极性水分子和尾砂颗粒表面牢固地黏结在一起。这些受颗粒表面电场作用力吸引而包围在尾砂颗粒四周，不传递静水压力，不能任意流动的水，称为结合水。结合水距离尾砂颗粒表面远近不同，所受电场作用力的大小也不一样。随着远离颗粒表面，作用力很快衰减，直至电场以外不受电场力所作用。因此，按所受电场作用力的大小，结合水可分为强结合水和弱结合水两类。强结合水紧靠尾砂颗粒表面的水分子，所受电场的作用力很大，丧失液体的特性而接近于固体，没有溶解盐类的能力，不能传递静水压力，100℃不蒸发，具有极大的黏滞度、弹性、抗剪强度。弱结合水，又称薄膜水，则是位于强结合水外侧，因受颗粒表面电荷所吸引而定向排列于颗粒四周，其性质并非接近于固态而是呈黏滞态水膜，但仍不能传递静水压力，受力时能由水膜较厚处缓慢转移到邻近水膜较薄处，也可因电场引力而从一个颗粒的周围转移到另一颗粒的周围，但不因重力作用而流动。弱结合水离土粒表面越远，其受到的电分子吸引力越小，并逐渐过渡到自由水。

　　自由水是存在于尾砂颗粒表面电场影响范围以外，不受颗粒电场引力作用的水，其性质和普通水一样，能传递静水压力，具有溶解能力，不能抗剪。按其移动所受作用力的不同，自由水又可分为重力水和毛细水。重力水是存在于尾砂颗粒周围电荷引力范围之外的水，这部分水主要存在于充填体固体颗粒中较大的孔隙内，具有水的一般特性，能够传递静水压力，对固体颗粒具有浮力作用，在重力或压力差作用下能在固体颗粒间自由流动。在细颗粒尾砂充填体中，固体颗粒之间的孔隙较小，充填体内部相互贯通的孔隙可视为许多形状不一、直径互异、彼此连通的毛细管。毛细水就是受到水与空气交界面处表面张力作用而存在于细颗粒的孔隙中的自由水，通常存在于地下水位以上的透水土层中。

结合水吸附在尾砂颗粒表面，通过范德华力使尾砂颗粒之间彼此吸引、相互聚集并形成一定的强度。这种结合水只有在烘干至 105℃ 以上时才会脱出，故结合水并非充填体脱水的主要对象。至于毛细水，它并非存在于水体的内部，只是存在于水体表面以上的孔隙中，距水体有一定距离，随着水体的消失而消失，故毛细水也不是脱水的对象。综上所述，尾砂充填体脱水的主要对象是重力水。

泌水率反映胶结充填料浆固结后析出水量的多少，泌水率过大，则料浆固结后析出大量自由水。这些自由水，不仅会软化围岩结构，降低围岩强度，而且还将污染井下环境。按表 4-7 中充填料浆配比方案设计，配制不同质量浓度的全尾砂胶结充填料浆。将制备的充填料浆倒入圆筒（高约 10cm）中，测量料浆高度后立即将圆筒上部密封，静置 24h 后测量圆筒中上清液高度（图 4-18 和表 4-10），通过计算得出不同质量浓度料浆的泌水率：

$$泌水率 = \frac{上清液面高度}{最初料浆高度} \times 100\% \tag{4-3}$$

相同灰砂比、不同质量浓度

相同质量浓度、不同灰砂比

彩图请扫我

图 4-18　全尾砂胶结充填料浆泌水率试验

表 4-10　全尾砂胶结充填料浆泌水率试验结果

试验分组	料浆高度/cm	上清液高度/cm	泌水率/%	静置 24h 后料浆饱水浓度/%
B10-68	9.1	1.0	10.99	76
B10-70	9.2	0.8	8.70	76
B10-72	9.1	0.6	6.59	77
B20-68	9.2	1.1	11.96	77
B20-70	9.0	0.8	8.89	77
B20-72	9.1	0.6	6.59	77

试验分组	料浆高度/cm	上清液高度/cm	泌水率/%	静置24h后料浆饱水浓度/%
B30-68	9.1	1.1	12.09	77
B30-70	9.0	0.9	10.00	77
B30-72	9.0	0.6	6.67	77

根据泌水率试验结果可知，随着灰砂比降低，尾砂充填料浆中胶凝材料的含量相对下降，使得料浆中参与水化反应的水含量减少，而可析出的自由水量增多，充填料浆的泌水率逐渐增大；玲珑全尾砂充填料浆的饱水质量浓度约为76%~77%。

4.3.5 尾砂级配对料浆流变性影响

尾砂级配，又称尾砂粒度分布，是指粒状尾砂中不同粒径颗粒所占的百分含量。尾砂的粒度分布决定着充填工艺的全过程，对制浆、输送和充填体质量均产生很大影响。若充填料浆中尾砂颗粒粒度分布不合理，料浆在管道内易发生离析，造成管道磨损、堵塞等一系列严重后果。不同的尾砂颗粒粒度分布也会导致充填料浆的流动性能发生变化，本节拟通过试验控制充填料浆中细、中、粗三种不同粒组尾砂的含量，研究尾砂粒度分布对高浓度尾砂胶结充填料浆流动性能的影响。

4.3.5.1 试验材料

本试验以玲珑选厂浮选全尾砂为充填骨料，以唐山诚信水泥厂生产的 P.O.42.5 作为尾砂固结胶凝材料。玲珑浮选全尾砂的基本性能如前所述。

4.3.5.2 试验仪器

选用奥地利 Anton Paar 公司生产的 MCR102 高级流变仪（图4-19）进行相关试验研究，配套料筒型号为 CC39-XL-SS（图4-20）、转子型号为 ST34-2D/2V/2V-30/156。转子桨叶（图4-21）与料筒筒壁间距很小，即转子桨叶的旋转直径与料筒直径相差不大，确保所测料浆在短时间内能够完全充分地旋转起来。

图 4-19 MCR102 型流变仪

图 4-20 料筒

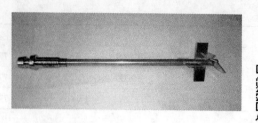

彩图请扫我

图 4-21 转子

Anton Paar 公司的 MCR 系列流变仪属于模块化智能型高级流变仪，具有强大的扩展功能和方便简单的操作性能。MCR102 流变仪采用 EC-马达（该马达属于电子换向的无刷电机，拥有良好的扭矩特性，功率高、调速范围宽，使用寿命长，不会有交流电的涡流发热信号漂移，具有很高的瞬时响应能力）和空气轴承（该轴承是利用空气作为润滑剂，空气比油黏滞性小，耐高温，无污染，无机械接触，故磨损程度降到最低，保证了转动的平稳，提高了测试精度），配有空气压缩机，将空气送入流变仪内部，把流变仪机头内的轴承托起，实现轴承在空气中的转动。仪器能够提供的最大扭矩为 200mN·m，最小旋转扭矩 5nN·m，最小角速度 10~8r/s，最大角速度 314r/s，最大剪切速率为 3000min⁻¹，高质量的性能可实现应力控制（CSS）和应变控制（CSR）两种测量模式下的旋转测试。

MCR102 高级流变仪系统配备了同轴圆柱形、锥板形和桨式三种测量系统。本试验所测浆体为全尾砂高浓度充填料浆，选用桨式测量系统，主要原因是：锥板系统一般用来测量膏体的流变参数，高浓度料浆达不到膏体所具有的性质；同轴圆柱形测量系统可用于测量高浓度料浆，但在测量过程中易产生滑移效应，导致测量结果不够精确。

4.3.5.3　工作原理

桨式流变仪测试方法及受力分析如图 4-22 所示。转子克服浆体的内摩擦力，达到浆体的屈服应力后，才能发生转动。转子转动过程中，带动周围的浆体一起转动，发生剪切作用。转子旋转产生的圆柱体侧面扭矩（T_s）与上下端面产生的扭矩（T_e）之和为转子的最大扭矩（T_z），即：

$$T_z = T_s + 2T_e \tag{4-4}$$

将扭矩与剪切应力的数量关系代入式（4-4），得

$$T_z = \left(\frac{1}{2}\pi D^2 H\right)\tau_s + 2\left(2\pi \int_0^{D/2} \tau_e r^2 \mathrm{d}r\right) \tag{4-5}$$

式中　D——旋转圆柱体直径，m；

　　　H——旋转圆柱体高度，m；

　　　r——旋转圆柱体半径，m；

τ_e——旋转圆柱体上、下端面剪切应力，Pa；

τ_s——旋转圆柱体侧面剪切应力，Pa。

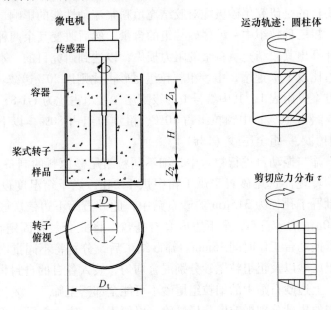

图 4-22　桨式流变仪测试方法与受力分析

由于高浓度全尾砂充填料浆属于均质流，在旋转圆柱体高度很小的情况下，可以认为旋转圆柱体上下端面浓度相同，且 $\tau_e = \tau_s$，均匀分布在圆柱体上。随着转子的剪切应力逐渐增大到浆体的屈服应力，浆体开始流动，转子剪切应力的最大值即为屈服应力，取屈服应力 τ_0 代替 τ_e 和 τ_s，代入式（4-5），得到简化式：

$$T_z = \left(\frac{1}{2}\pi D^2 H + \frac{1}{6}\pi D^3 \right) \tau_0 \tag{4-6}$$

根据式（4-6），桨叶所受到的扭矩和浆体应力具有函数关系，当桨叶转动时，流变仪可以控制和获取桨叶所受到的扭矩，进而根据函数关系，得到浆体的剪切应力。当转子夹入 MCR102 流变仪的夹具时，MCR102 流变仪 ToolMaster 功能会自动读取转子后尾端的芯片，使流变仪获取转子的型号和相关参数（D，H），从而在计算机中输出所得剪切应力数值。

4.3.5.4　试验设计

试验以玲珑选厂浮选尾砂为充填骨料，研究尾砂粒级组成对高浓度尾砂胶结充填料浆流动性能的影响。假设玲珑全尾砂中细颗粒组：中颗粒组：粗颗粒组大致为 1：1：1，结合激光粒度分析结果，尾砂粒级分布中累计含量分别达到 33%、66% 和 99% 所对应的粒径大致为 40μm、160μm 和 320μm。因此，将粒径小于 40μm 的颗粒定为细颗粒组，粒径在 40~160μm 之间的颗粒定为中颗粒组，粒径在 160~315μm 之间的颗粒定为粗颗粒组。

　　试验主要目的是研究尾砂级配对胶结充填料浆流动性能的影响，设计思路为确定细、中、粗三种粒组中一种尾砂粒组的含量，然后改变其余两种粒组尾砂含量，测量并计算出其胶结充填料浆的阻力损失，以达到研究目的。本试验中，细颗粒组尾砂占比以 10% 递增，中、粗颗粒组尾砂占比则以 20% 递减。尾砂粒级组成理论配比方案见附表 1，其中编号 1 的级配尾砂粒组占比为 1-1-8，代表 1# 级配尾砂中细颗粒组占 10%、中颗粒组占 10%、粗颗粒组占 80%，以下同理。为便于对比，表中引入一组全尾砂（18#）。

　　利用砂石筛与振动台进行粗、中、细不同粒组尾砂原料的制备。筛砂之前，先取足够量的玲珑浮选尾砂置于烘干箱中烘干 24h，烘干箱温度设置为 105℃。将干尾砂分批置于孔径为 315μm 的砂石筛中，此砂石筛下边依次嵌有孔径分别为 160μm、40μm 的砂石筛，最下边嵌套有托盘。将此套装置固定在振动台上，每组尾砂设置振动台工作时间 15min。筛砂结束后，分别将不同批次筛的细粒组尾砂、中粒组尾砂以及粗组粒尾砂分别混合均匀，装入各自的自封袋。由于砂石筛孔径较小，上边砂石筛中的细粒组尾砂不可能全部落至筛下，故仍需对此三种不同粒径范围的尾砂分别做粒度分析试验，以便于细、中、粗颗粒组三种尾砂称料配比。三种颗粒组的尾砂粒度分析结果分别见附表 3~附表 5。

　　由附表 3~附表 5 可知，中颗粒组尾砂中含细颗粒约 20%，粗颗粒组中含中颗粒约 11%。在配比计算中发现配比 1-5-4 和 1-7-2 两组尾砂配料时细颗粒组尾砂出现负值，故将其舍去不计。根据计算结果，可得出 18 组级配尾砂实际称取时配比（附表 2）。

　　为确保试验结论可靠，对所有已配制的用于试验研究的级配尾砂再进行粒度分析，所有实现数据详见中国矿业大学（北京）柴岳鹏硕士学位论文《温度和尾砂级配对充填料浆流变性能影响的研究》（2018 年）附录。颗粒粒度分析结果表明，所配制的级配尾砂中细、中、粗粒组尾砂所占比与试验设计所希望得到的尾砂组成具有高度相似性。

　　本试验设计控制温度为 20℃，所有料浆控制质量浓度为 68%、灰砂比为 1∶8，设计不同时间梯度测量料浆流动参数。以水泥、尾砂和水混合的时刻作为计时起点，时间梯度选择 5min、30min、60min、90min、120min、150min、180min。试验前，先检查仪器电源是否接通，打开空压机，使之输出 5Bar（0.5MPa）恒定压力。打开恒温水浴，待设定的水浴温度与当前水浴温度相同并稳定一段时间后，打开流变仪及试验所用电脑，确认连接无误后从自封袋内取出试验材料，按照附表 2 设计配比称取完毕；分别将水、水泥及尾砂先后倒入试验料筒，用玻璃棒搅拌约 1min，使筒内料浆充分均匀混合后将浆叶置入料筒中，准备开始测量。

以水、水泥及尾砂混合时刻作为计时起点，第5min开始测量第一组数据，然后升起转子，在料浆筒上口覆盖潮湿的毛巾，以防料桶内水分蒸发，清洗转子，此时第一组数据测量完毕；等待至第30min，在原料浆基础上测量第二组数据，第60min时测量第三组数据，以此类推，直至第180min时完成第六组数据测试。在生成剪切速率与剪切应力图谱后，保存文件，处理筒内料浆，准备开始下一组试验。

4.3.5.5　试验结果初步处理

依照上述试验设计，本试验共得到15120个原始数据。因篇幅所限，所有原始数据未附上。通过Origin软件对15120个试验数据进行处理，得到18组高浓度级配尾砂胶结充填料浆的流变特性曲线（附图1）。由附图1可知，在曲线的中后段，126条流变特性曲线都可视为一条直线，将其延长则在纵坐标轴上有一个截距，此流变特性曲线符合宾汉流模型。其中，直线斜率的物理意义是料浆的黏度系数，截距的物理意义是料浆的屈服应力。运用MCR102高级流变仪自带分析系统，取位于流变曲线中间的点进行拟合运算，共得到126条直线，拟合结果见附表6。

上述126个拟合方程的斜率均大于0，并与剪切应力τ轴有交点，且拟合的相关系数比较接近1，故可认为该种条件下的流体符合宾汉模型。因此，表格中斜率即为流体的表观黏度，截距即为流体的屈服应力。

4.3.5.6　尾砂级配对料浆流变参数的影响

本节旨在分析所有曲线的流变参数与尾砂配比的关系，选择所测级配尾砂胶结充填料浆的黏度和屈服应力值作为分析数据。

A　尾砂级配对料浆黏度系数的影响

从附表6中提取相关数据，得到料浆黏度系数-尾砂配比关系图（图4-23）。由图可知：

（1）横坐标尾砂编号自左向右，级配尾砂中细粒组含量随之逐渐增加；

（2）就级配尾砂而言，各个测量时间点黏度系数最大的分别为1#、2#尾砂，与其他级配尾砂相比，这两种级配尾砂静置相同时间其黏度系数增量最大，即标准差最大，其配比构成分别为1-1-8、1-3-6；

（3）对比各编号级配尾砂配比构成可知，细颗粒组尾砂占比为10%的级配尾砂其黏度系数最大，且其标准差也最大；

（4）随着细颗粒组尾砂含量增加，各个测量时间点黏度系数及其标准差不断变小，直至编号为10#尾砂为止，10#级配尾砂的配比构成为4-1-5，此时其细尾砂含量占比为40%；

（5）相较于10#尾砂，11#、12#尾砂黏度系数有所增大，其级配尾砂的配比构成分别为4-3-4、4-5-1，虽然10#、11#、12#尾砂中细颗粒组含量相同，但由于中、粗颗粒组尾砂占比的不同导致其黏度系数存在不同；

（6）细尾砂含量继续增加，则发现料浆黏度系数及其标准差转而变大，这说明级配尾砂中细粒组尾砂过多或过少都会使料浆的黏度系数增大，只有细颗粒组尾砂保持在40%且中、粗颗粒组尾砂配比合理时，充填料浆的黏度系数及其标准差才能达到最小。

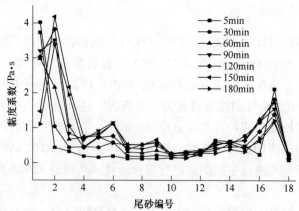

图4-23　尾砂胶结充填料浆黏度系数-尾砂配比关系图

B　尾砂级配对料浆屈服应力的影响

从附表6中提取相关数据，得到料浆屈服应力-尾砂配比关系图（图4-24）。由图可知：

（1）横坐标尾砂编号自左向右，级配尾砂中细粒组含量随之逐渐增加；

（2）就级配尾砂而言，各个测量时间点屈服应力最大的为1#尾砂，与其他级配尾砂相比，1#尾砂静置相同时间其屈服应力增量最大，即标准差最大，其配比构成为1-1-8；

（3）2#尾砂的屈服应力及标准差均小于1#尾砂的，其配比构成为1-3-6，对比这两种级配尾砂发现，虽细颗粒组尾砂占比均为10%，但不难发现1#尾砂屈服应力在各种级配尾砂料浆中是最大的，1#、2#尾砂的标准差也最大；

（4）随着细粒组尾砂含量增加，各个测量时间点的屈服应力及其标准差也不断变小，直至编号为10#尾砂为止，10#级配尾砂的配比构成为4-1-5，即其细尾砂含量占比为40%；

（5）相较于10#尾砂，11#、12#尾砂屈服应力有所增大，其配比构成分别为4-3-4、4-5-1，虽然10#、11#、12#尾砂中细粒级含量相同，但因中、粗颗粒组尾砂占比的不同而导致其屈服应力也不同；

（6）细粒组尾砂含量继续增加，充填料浆屈服应力转而增大，这说明级配尾砂中细尾砂过多或过少都会导致充填料浆的屈服应力增大，仅当细颗粒组尾砂保持在40%左右且中、粗颗粒组尾砂配比合理时，尾砂胶结充填料浆的屈服应力才能达到最小。

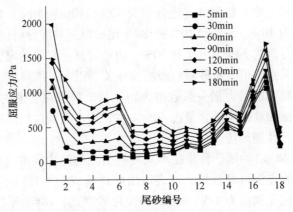

图4-24　尾砂胶结充填料浆屈服应力-尾砂配比关系图

4.3.5.7　尾砂级配对料浆阻力损失的影响

研究料浆流变参数的最终目的是计算料浆的阻力损失系数，从而衡量料浆在管道内输送性能的优劣。宾汉流模型在不同流量下的管道阻力损失 i 的计算公式：

$$i = \frac{16\tau_0}{3D} + \frac{32\eta v}{D^2} \tag{4-7}$$

式中　i——管道阻力损失，Pa/m；

　　　　τ_0——料浆的屈服剪切应力，Pa；

　　　　η——料浆的黏度系数，Pa·s；

　　　　v——料浆在管道中的流速，m/s；

　　　　D——料浆输送管道的内径，m。

根据现场实际情况，取流速 v 值为1m/s，取管道内径 D 值为0.1m。则阻力损失 i 的计算公式可简化为：

$$i = 53.33\tau_0 + 3200\eta \tag{4-8}$$

根据料浆的流变曲线拟合方程，可计算出不同级配尾砂充填料浆在管道内输送的阻力损失 i，其计算结果见附表7。从附表7中提取相关数据，得到胶结充填料浆不同尾砂配比与料浆阻力损失系数之间的关系（图4-25），该图与料浆屈服应力-尾砂配比关系图（图4-24）极为相似。这是因为阻力损失的计算公式 $i =$

53.33τ_0 + 3200η，　屈服应力 τ_0 较黏度系数 η 高约 3~4 个量级，阻力损失也就更大程度地受屈服应力 τ_0 的影响，故尾砂胶结充填料浆阻力损失 i-尾砂配比关系图与料浆屈服应力 τ_0-尾砂配比关系图走势大致相同。

由图 4-25 还可看出，阻力损失最小的尾砂编号为 10#、12#及 18#尾砂（全尾砂），10#尾砂细、中、粗尾砂占比分别为 40%、10% 和 50%；12#尾砂细、中、粗尾砂占比分别为 40%、50% 和 10%；18#全尾砂根据粒度分析试验可得细、中、粗尾砂占比大致分别为 34%、36% 和 30%。由此可见，料浆的阻力损失与尾砂颗粒大小无绝对的关系，但与尾砂颗粒级配构成关系很大，细颗粒组尾砂含量过多或过少均会导致料浆的阻力损失系数增大，不利于料浆在管道内的输送。因此，玲珑浮选尾砂以细颗粒组尾砂含量占 40% 左右，中、粗颗粒组尾砂合理搭配后的级配尾砂料浆流动性能最佳。

根据 10#、12#和 18#尾砂料浆在不同时间节点的阻力损失（图 4-26）可知，无论是在任一时间点测得的数据，均表现出配比构成为 4-1-5 的 10#级配尾砂的流动性能最佳，配比构成为 4-5-1 的 12#级配尾砂次之，18#全尾砂的流动性在上述三个尾砂配比中是最差的；10#级配尾砂制成料浆后静置 1h 后的流动性能甚至还要比 18#全尾砂刚制备好的料浆更优。结合图 4-25 与图 4-26 可以得出，在包括全尾砂在内的所有级配尾砂中，配比构成为 4-1-5，即细、中、粗尾砂占比分别为 40%、10% 和 50% 的 10#级配尾砂的流动性能最佳。也即，适当添加溢流尾砂有助于改善和提高玲珑矿区全尾砂充填料浆的流动性能。

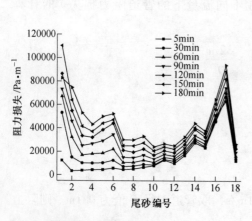

图 4-25　料浆阻力损失 i-尾砂
配比关系图

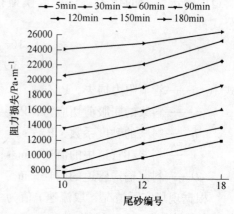

图 4-26　料浆（10#、12#、18#）阻力损失
i-尾砂配比关系图

4.3.6　本节小结

（1）根据玲珑金矿全尾砂粒度分析结果，分别将粒径 40μm、160μm 作为细-中、中-粗尾砂的分界点，通过砂石筛将全尾砂筛分为细、中、粗三种粒组尾

砂，制备细、中、粗三种粒组占比不同的级配尾砂，研究尾砂级配对料浆流动性能的影响。

（2）研究表明，随着细颗粒尾砂含量增加，各个测量时间点黏度系数及屈服应力不断变小，直至配比构成为 4-1-5 的 10#级配尾砂为止，该级配尾砂中细粒组尾砂含量占比为 40%；细颗粒尾砂含量继续增加，则料浆黏度系数及屈服力转而增大，说明级配尾砂中细粒组尾砂过多或过少都会使料浆黏度系数及屈服应力增大，只有细颗粒组尾砂含量保持在 40% 且中、粗颗粒组尾砂配比合理时，料浆黏度系数及屈服应力才能达到最小。

（3）充填料浆阻力损失-尾砂配比关系图与料浆屈服应力-尾砂配比关系图极为相似，这是由料浆阻力损失的计算公式决定的；料浆的阻力损失与尾砂颗粒的大小无绝对的关系，但与尾砂颗粒配比的构成关系很大，细颗粒组尾砂含量过多或过少均会导致料浆的阻力损失增大，不利于充填料浆在管道内的输送。玲珑浮选尾砂以细颗粒组尾砂含量占 40%，中、粗颗粒组尾砂合理搭配后的级配尾砂流动性能最佳。

（4）无论是在任一时间点测得的料浆流变数据，均得出料浆流动性能最优的三种尾砂编号依次是 10#级配尾砂（配比 4-1-5）、12#级配尾砂（配比 4-5-1）、18#全尾砂。10#级配尾砂制成料浆后静置 1h 的流动性能甚至还要比 18#全尾砂刚制备好的料浆更优。在所有级配尾砂中，由 10#级配尾砂制备的充填料浆的流动性能最佳。

（5）10#级配尾砂充填料浆流动性最佳的原因是其细粒组尾砂占比为 40% 且中、粗粒组尾砂搭配合理；当细粒组尾砂过少时，其对料浆的润滑和裹水作用下降，当细粒组尾砂过多时，料浆中的黏稠状物质增加，这两种情况都会增大料浆的阻力损失，故只有当尾砂中细粒组尾砂占比 40% 且中、粗粒组尾砂搭配合理时，充填料浆的流动性能才能达到最佳。

4.4　全尾砂胶结充填料浆输送特性

管道水力输送要解决的根本问题是在固体物料输送量、输送距离和高差一定时，依照浆体流动理论和输送特性，选择适当的管径、流速、浓度和输送量，实现系统运行可靠、经济合理的目的。因此，本节主要是根据料浆流动输送理论，分析玲珑矿区充填料浆的管道输送特性对临界流速的影响，得到合适的管道输送参数，包括输送浓度、管径、流速等。

玲珑矿区充填管网路线复杂且输送距离长，根据井下空区位置分布，若东山充填站制备的充填料浆输送至九曲矿区，充填管道最长将达到 8km。因未曾进行玲珑矿区充填料浆输送试验，为保证管道输送技术参数的准确性，合理选择充填管径，在理论计算的基础上，参照有关单位类似试验结果，综合选择合理的管道阻力大小。

4.4.1　管道输送参数

4.4.1.1　临界流速

流体中所有固体颗粒完全处于悬浮状态而压头损失又最小的流速称为临界流速，其表征安全运行的下限，对浆体管道的稳定输送十分重要。当流速低于临界流速时将导致管底形成固体颗粒沉积床面，摩擦阻力也随之相应增大；若流速进一步减慢，将导致管道阻塞。临界流速随着颗粒粒度、颗粒密度和固体含量的增加而增大，也随着管径的增加而增大。有研究表明，临界流速的初始阶段是随浓度的增加而增大的，但当浓度增加到一个限值时，临界流速反而随着浓度的增加而减小，这是由于浓度高时细粒颗粒始终在水中悬浮，也使得粗颗粒在流体中更易于悬浮，使其临界流速降低。通常，料浆的最低工作流速要比临界流速高出10%~20%。充填料浆临界流速的经验公式如下。

A　金川有色金属公司经验公式

金川有色金属公司经验公式是金川有色金属公司在对其矿山充填过程中，经过试验研究应用总结出来的。该公式考虑了管道直径、料浆密度和沉降等诸多因素，对矿山充填具有很大的实用性：

$$v_c = (gD)^{\frac{1}{2}} \left(\frac{\rho_p - \rho_w}{K\varphi\rho_p\rho_w\lambda} \right)^{\frac{1}{3}} \tag{4-9}$$

式中　v_c——临界流速，m/s；

　　　g——重力加速度，9.8m/s^2；

　　　D——管道直径，m；

　　　ρ_p——料浆密度，t/m^3；

　　　ρ_w——清水密度，t/m^3；

　　　K——系数，$K = 1.0 \sim 3.0$，平均取2.0；

　　　φ——固体颗粒沉降阻力系数；

　　　λ——清水的阻力系数。

B　费祥俊临界流速

为探讨料浆管道不淤流速较为普遍的表达式，费祥俊等人从管道非均质流运动机理出发，研究料浆中固体颗粒受紊动支持而不沉降的条件，并利用20世纪80年代以来清华大学泥沙实验室大量试验观测资料，求得料浆不淤流速与各种参数的定量关系并在实践中予以修正，最终得到临界不淤流速公式：

$$v_c = \frac{2.26}{\sqrt{f}} \sqrt{gD\left(\frac{\gamma_s}{\gamma_m} - 1\right)} \left(\frac{d_{90}}{D}\right)^{\frac{1}{3}} S_V^{\frac{1}{4}} \tag{4-10}$$

式中　f——阻力系数；

　　　D——管道直径，m；

γ_s——固体物料比重，t/m^3；

γ_m——料浆比重，t/m^3；

d_{90}——固体颗粒90%能够通过的筛孔直径，mm；

S_V——料浆的体积浓度。

C　Bechtel 公司的公式

Bechtel 公司的公式综合考虑了料浆的浓度、管道直径、料浆颗粒组成、颗粒在管道中的运动情况等各种因素，基本满足管道输送工业设计要求，应用较为广泛：

$$v_c = K\sqrt{\frac{\rho_s - \rho}{\rho}} D^{\frac{1}{3}} \left|\frac{d_{95}}{\eta}\right|^{\frac{1}{4}} e^{1+4.2c_V} \tag{4-11}$$

$$K = K_0 + K_1 c_V + K_2 \tau_0^n \tag{4-12}$$

式中　K，K_0，K_1，K_2，n——常系数；

ρ_s——固体颗粒密度，t/m^3；

ρ——浆体密度，t/m^3；

D——管道直径，m；

d_{95}——固体颗粒95%能够通过的筛孔直径，mm；

η——浆体刚度系数；

c_V——浆体的体积浓度；

τ_0——屈服切应力。

根据前述的金川公式，计算灰砂比为1:8，质量浓度为70%的全尾砂胶结充填料浆（料浆密度 $\rho = 1.914t/m^3$）在充填管道输送中的临界流速。首先，根据式（4-13）计算出固体颗粒沉降阻力系数 φ：

$$\varphi = \frac{\pi}{6} \frac{(\rho_s - \rho_0)gd}{\rho_0 v_s^2} \tag{4-13}$$

式中　ρ_s——固体颗粒密度，此处取1:8灰砂比，固体物料密度为$3.146t/m^3$；

ρ_0——水的密度，取$1t/m^3$；

d——固体颗粒直径，此处取0.1mm；

v_s——颗粒沉降速度，紊流时，$v_s = 51.1\left[\frac{d(\rho_s - \rho_0)}{\rho_0}\right]^{0.5} = 0.0075m/s$。

由此可计算出 φ 值为19.64，将其代入金川公式（式（4-9）），得到临界流速 v_c：

$$v_c = (gD)^{\frac{1}{2}}\left(\frac{\gamma_p - \gamma_w}{K\varphi\gamma_p\gamma_w\lambda}\right)^{\frac{1}{3}}$$

$$= (9.8 \times 0.107)^{\frac{1}{2}}\left(\frac{1.914 - 1.0}{2 \times 19.64 \times 1.914 \times 1 \times 0.02}\right)^{\frac{1}{3}}$$

$$= 0.869m/s$$

　　通常，临界流速要乘以 1.1~1.2 的安全系数后才可作为设计流速，故设计流速取 1.0m/s。因在管道自流输送中尚有很多不可控因素，为避免堵管等事故发生，充填料浆的实际流速应大于 1.0m/s。此外，根据类似矿山试验提供的临界流速为 1.8~2.1m/s，实际输送速度为临界流速的 1.1~2.0 倍，故玲珑矿区设计选择工作流速为 2.5~2.6m/s。

4.4.1.2　临界管径

　　通常，充填料浆临界管径可采用下式计算：

$$Q_s = \frac{\pi}{4} D_L^2 v_c \tag{4-14}$$

式中　Q_s——料浆流量（充填站每秒充填量），m^3/s，按 $100m^3/h$ 计算，$Q_s = 0.0278m^3/s$；

　　　D_L——临界管径，m；

　　　v_c——临界流速（实际应用时可采用工作流速），m/s。

由上式可计算出管道的临界管径 D_L：

$$D_L = \sqrt{\frac{4Q_s}{\pi v_c}} \tag{4-15}$$

　　根据上述公式，可以计算得到不同输送速度与料浆输送流量条件下设计管道直径的关系（表 4-11）：相同输送流量下，流速越大，管道直径越小。输送流量为 $90m^3/h$ 时，根据表 4-11 计算结果，充填料浆流速控制在 2.0m/s 左右时，充填管道的直径要求大于 126mm。按照管径选择原则，实际选取充填管道的管径时，标准管径 D 应略小于临界管径 D_L。因此，最终井下充填主管道选择为 DN150mm×12 陶瓷耐磨管，井下采场或空区充填可选用 DN121mm×11 陶瓷内衬复合钢管和 DN107mm×6 超高分子聚乙烯管。

表 4-11　不同输送速度与料浆输送流量时的管道直径

管道直径/mm		输送流量/$m^3 \cdot h^{-1}$						
		80	90	100	110	120	130	140
输送流速 /$m \cdot s^{-1}$	1.5	137	146	154	161	167	175	181
	2.0	119	126	133	140	146	151	157
	2.5	106	113	119	125	130	137	141
	3.0	97	103	109	114	119	124	129
	3.5	90	95	100	105	110	115	119
	4.0	84	89	94	99	103	107	111
	4.5	79	84	89	93	97	101	105

4.4.2 料浆输送阻力

4.4.2.1 管道摩擦阻力系数

管道摩阻系数 λ，可以先根据表4-12查出绝对粗糙度 ε，然后按表4-13来选择。此处取 $\varepsilon = 0.2$mm，根据 $D = 0.107$m，取 $\lambda = 0.0234$。

表4-12 各种管道的绝对粗糙度 ε

管 道 种 类	绝对粗糙度 ε/mm
新的无缝钢管、镀锌管	0.05 ~ 0.2
稍有侵蚀的钢管和无缝钢管	0.2 ~ 0.3
新生铁管	0.3 ~ 0.5
旧钢管、浸蚀显著的无缝钢管	0.5 以上
旧生铁管	0.86 ~ 1.0

表4-13 按尼古拉兹公式计算的 λ 值

绝对粗糙度 ε/mm	管径/m					
	0.075	0.10	0.125	0.150	0.175	0.20
0.2	0.0253	0.0234	0.0221	0.0211	0.0202	0.0196
0.5	0.0332	0.0304	0.0284	0.0270	0.0258	0.0249
1.0	0.0418	0.0380	0.0352	0.0332	0.0316	0.0304

4.4.2.2 水力坡度 i

若以充填量为50m^3/h、灰砂比为1:8、最大质量浓度70%的全尾砂充填料浆为例进行计算。由前面计算可知，料浆的体积浓度为40.6%，砂浆密度为1.914t/m^3，固体干物料容重为3.146t/m^3，颗粒沉降阻力系数19.64。首先，计算清水阻力 i_0：

$$i_0 = \lambda_0 \frac{v^2}{2gD} = 0.0234 \times \frac{1.21^2}{2 \times 9.8 \times 0.107} = 0.0163 \text{mH}_2\text{O/m}$$

（1）若按金川公式计算 i_p：

$$i_p = i_0 \left\{ 1 + 108 c_v^{3.96} \left[\frac{gD(\rho_s - 1)}{v^2 \sqrt{C_x}} \right]^{1.12} \right\}$$

$$= 0.0163 \times \left\{ 1 + 108 \times 0.406^{3.96} \times \left[\frac{9.8 \times 0.107 \times (3.146 - 1)}{1.21^2 \times \sqrt{19.64}} \right]^{1.12} \right\}$$

$$= 0.0316 \text{mH}_2\text{O/m}$$

（2）若按长沙矿冶研究院公式计算 i_p：

$$i_p = i_0 \frac{\rho_p}{\rho_0} \left[1 + 3.68 \frac{\sqrt{gD}}{v} \left(\frac{\rho_p - \rho_0}{\rho_0} \right)^{3.3} \right]$$

$$= 0.0163 \times \frac{1.914}{1.0} \times \left[1 + 3.68 \times \frac{\sqrt{9.8 \times 0.107}}{1.21} \times \left(\frac{1.914 - 1.0}{1.0} \right)^{3.3} \right]$$

$$= 0.1027 \text{mH}_2\text{O/m}$$

（3）若按鞍山黑色金属矿山设计院公式计算 i_p：

$$i_p = \rho_p \left[i_0 + \frac{\rho_p - 1}{\rho_p} \left(\frac{\rho_s - \rho_p}{\rho_s - 1} \right)^n \frac{v_{av}}{100v} \right]$$

$$= 1.914 \times \left[0.0163 + \frac{1.914 - 1}{1.914} \times \left(\frac{3.146 - 1.914}{3.146 - 1} \right)^{11.3} \times \frac{0.0075}{100 \times 1.21} \right]$$

$$= 0.0312 \text{mH}_2\text{O/m}$$

式中，n 为干扰指数，其计算如下：

$$n = 5 \left(1 - 0.2 \lg \frac{v_{av} d_a}{\mu} \right) = 5 \times \left(1 - 0.2 \times \lg \frac{0.0075 \times 0.1 \times 10^{-3}}{1.42} \right) = 11.3$$

综合上述计算结果，考虑充填系统安全运行，取最大水力坡度值，即以长沙矿冶研究院公式为准，$i_p = 0.1027 \text{mH}_2\text{O/m}$。

按照上述方法，依次计算在其他流量和浓度情况下的水力坡度。由计算结果（表4-14）可知，随着料浆浓度增大，充填管道输送的水力坡度也逐渐增大；料浆质量浓度越高，管道输送的沿程阻力损失越大，沿程阻力为 0.5~1.9kPa/m。另外，管道输送的水力坡度也随充填流量的增加而增大，流量越大，阻力损失越大。

表 4-14　不同流量不同质量浓度下的水力坡度　　　　　　（mH$_2$O/m）

料浆流量 /m³·h⁻¹	充填料浆质量浓度/%				
	60	63	65	68	70
50	0.0532	0.0637	0.0724	0.0891	0.1027
65	0.0799	0.0938	0.1055	0.1276	0.1465
80	0.1244	0.1321	0.1436	0.1712	0.1948

4.4.2.3　局部阻力损失

局部阻力损失主要是由弯头、三通、法兰盘、管道变径等导致两相流特性改变所引发的，总的局部阻力可以由各个管件局部阻力相加得到。由于实际铺设中产生局部阻力的管件太多，逐个计算比较不方便，故此处采用经验方法，即按管道沿程阻力损失的10%计算：

$$h_{\mathrm{j}} = 0.1 i_{\mathrm{p}} L \tag{4-16}$$

4.4.2.4 总水压头 H

总水压头按式（4-17）进行计算：

$$H = \frac{\rho_{\mathrm{p}}}{\rho_0}(Z_1 - Z_2) + i_{\mathrm{p}} L + 0.1 i_{\mathrm{p}} L \tag{4-17}$$

式中 Z_1——充填站搅拌桶出口标高，玲珑东山充填站 Z_1 = +212m；

Z_2——井下充填管道出口标高，玲珑东山充填站垂直管段 Z_2 = -470m；

ρ_{p}——砂浆密度，取 1.914t/m³；

ρ_0——水的密度，取 1t/m³；

L——充填管道全长，L_1 为垂直段长度，L_{II} 为水平段长度。

按照上述公式，可依次计算在不同流量和料浆质量浓度情况下的总水压头。

4.4.2.5 输送料浆管道分布压力验算

根据输送管道内压力分布（图4-27），滑动摩擦阻力 R_{F} 与屈服应力 τ、摩擦因数 μ_{F} 和径向压力 p 的关系为：

$$R_{\mathrm{F}} = \tau + \mu_{\mathrm{F}} p \tag{4-18}$$

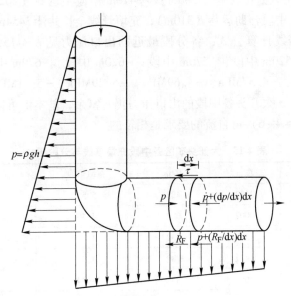

图 4-27　料浆在管道中受力分析

在一定的泵送压力作用下，力的平衡方程为：

$$\frac{\pi D^2}{4}\left[P - \left(P + \frac{\mathrm{d}p}{\mathrm{d}x}\mathrm{d}x \right) \right] = R_{\mathrm{F}} D \mathrm{d}x \tag{4-19}$$

将式（4-19）代入式（4-18），整理后得

$$-\frac{D}{4}\frac{\mathrm{d}p}{\mathrm{d}x} = \tau + \mu_F p \tag{4-20}$$

从泵的出口处开始沿整个管线长度进行积分，得到

$$p = p_0 e^{-4\mu_F x/D} - \tau(1 - e^{-4\mu_F x/D})/\mu_F \tag{4-21}$$

由上式可知，管道泵送充填料浆时，管内压力 p 的变化呈复杂指数关系。玲珑矿区东山充填站垂直段入口标高+212m，出口标高−470m，充填料浆的密度达到 $1.9\mathrm{g/cm^3}$，则可估算出垂直段底部压力约为12.96MPa。

4.4.3　玲珑充填系统分段压力

根据玲珑各矿区充填管网布设及其充填倍线，输送料浆灰砂比为1∶8、最大质量浓度70%、流量为 $80\mathrm{m^3/h}$ 时，根据充填料浆管道压力计算公式，可得到各矿区各作业地点不同充填倍线下的管道压力值。

4.4.3.1　大开头矿区充填管网出口压力

以大开头−570m 中段 48#脉 8688 采空区充填治理为例，其充填管线布设：+212m 平硐充填站→充填钻孔（482m）→−270m 中段西大巷、−270m 中段主运巷（2210m）→充填钻孔（垂直200m）→−470m 中段主运巷（202m）→行人天井（50m）→−520m 中段辅助运巷（310m），充填管线全长共计3454m。

根据充填倍线计算公式，各分段最近的出口压力见表 4-15，−270m 中段、−470m 中段、−520m 中段、−570m 中段、−620m 中段、−670m 中段出口压力分别为−2.01MPa、−4.57MPa、−4.69MPa、−5.29MPa、−5.51MPa、−6.61MPa。从出口压力可知，大开头各中段的出口压力仍有富余，基本上可以实现自流，这与充填倍线（$n=4\sim6$）可自流的要求是相符的。

表 4-15　大开头矿区各中段充填倍线与分段压力

中段	L/m	H/m	充填倍线	总水头压力/MPa
−270m 中段	2692	482	5.59	−2.01
−470m 中段	3002	682	4.40	−4.57
−520m 中段	3327	732	4.55	−4.69
−570m 中段	3427	782	4.38	−5.29
−620m 中段	3692	832	4.44	−5.51
−670m 中段	3767	882	4.27	−6.61

4.4.3.2　东山充填站至九曲充填管网出口压力

根据设计与计算可知，利用东山充填系统进行九曲矿段采空区充填，充填管

线较长。其中，-470m 中段充填倍线为 8.1，-520m 中段充填倍线为 6.83，-570m 中段充填倍线为 6.88，-620m 中段充填倍线为 9.5，-670m 中段充填倍线为 7.6，-720m 中段充填倍线 8.17，-760m 中段充填倍线为 7.43，-800m 中段大充填倍线为 7.23。因此，九曲矿区采空区充填治理时，充填料浆输送距离远，充填倍线大，需要加压泵送。

根据充填倍线计算公式，各分段出口压力见表 4-16。其中，九曲-470m 中段、-520m 中段、-570m 中段、-620m 中段、-670m 中段、-720m 中段、-760m 中段、-800m 中段出口压力分别为 0.84MPa、-1.10MPa、-1.09MPa、0.35MPa、1.29MPa、1.28MPa、-0.21MPa、-0.66MPa。根据出口压力可知，充填料浆自东山充填站输送到九曲矿区，-520m 中段、-570m 中段、-760m 中段、-800m 中段出口压力有富余，勉强可实现自流输送；-470m 中段、-620m 中段、-670m 中段、-720m 中段管道出口压力则存在不足，需要加压泵送。

表 4-16　九曲矿区各中段充填倍线与分段压力

中段	L/m	H/m	充填倍线	总水头压力/MPa
-470 中段	5551	685	8.1	0.84
520 中段	5021	735	6.83	-1.10
-570 中段	5404	785	6.88	-1.09
-620 中段	7929	835	9.5	0.35
-670 中段	6726	885	7.6	1.29
-720 中段	7639	935	8.17	1.28
-760 中段	7244	975	7.43	-0.21
-800 中段	7338	1015	7.23	-0.66

4.4.4　本节小结

（1）依据水力输送理论，考虑料浆质量浓度、密度和颗粒粒径等因素，分析得到充填料浆的临界流速应大于 1.0m/s。根据类似矿山工程实践，高浓度充填料浆长距离输送应大管径、低流速和满管输送，故建议充填料浆输送流速应大于 1.0m/s、小于 3.0m/s。

（2）相同输送流量下，流速越大，管径越小。输送流量为 90m³/h、充填料浆流速控制在 2.0m/s 左右时，充填管道的直径要求 150mm。故充填主管道选择 DN150mm×12 陶瓷耐磨管，井下采场可选用 DN121mm×11 陶瓷内衬复合钢管和 DN107mm×6 超高分子量聚乙烯管。

（3）充填管道输送的水力坡度逐渐增大，料浆质量浓度越高，管道输送的沿程阻力损失越大，沿程阻力约为 0.5~1.9kPa/m；管道输送的水力坡度也随着充填流量的增加而增大，流量越大则阻力损失越大。

（4）玲珑矿区东山充填系统管道自地表+212m 水平到−470m 中段，垂直段底部压力约为 12.96MPa，超过充填管材的承压能力，需要考虑增设井下减压设施。

（5）根据充填管道出口压力计算可知，大开头矿区各中段出口压力有富余，基本上可实现自流；自东山充填站输送到九曲矿区，−520m 中段、−570m 中段、−760m 中段、−800m 中段出口压力有富余，可以实现自流；−470m 中段、−620m 中段、−670m 中段、−720m 中段管道出口压力存在不足，需要考虑加压泵送。

4.5　全尾砂胶结充填体基本性能

4.5.1　原材料与试验方法

4.5.1.1　原材料

试验所用全尾砂来自玲珑选矿厂。胶凝材料为胶固粉（又称 C 料），由玲珑东风充填站提供，其粒度分布曲线如图 4-28 所示。试验用水取自未经处理的城市自来水。

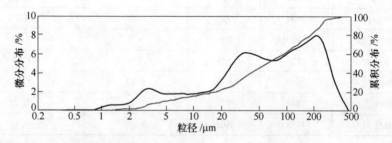

图 4-28　胶凝材料（胶固粉 C 料）的粒度分布曲线

4.5.1.2　试验方法

本试验参照《水泥胶砂强度检验方法（ISO 法）》（GB/T 17671—1999）进行。试验所用仪器设备包括 JJ-5 型水泥胶砂搅拌机、改进的 BC-300D 型电脑恒应力压力试验机、HSBY-60B 型标准恒温恒湿养护箱、普通天平、电子天平、7.07cm×7.07cm×7.07cm 试模、振动台、刮刀以及量筒等。具体试验步骤如下：

（1）试块制备。将全尾砂、胶凝材料及水按照设计配比方案混合，将称取好的材料倒入搅拌锅内，开动水泥胶砂搅拌机进行低速 120s 及高速 120s 搅拌，将搅拌好的料浆刮入规格为 70.7mm×70.7mm×70.7mm 的水泥试模中，进行振捣密实。

（2）试块养护。将制备好的试块置于标准养护箱中养护，养护温度为 20℃±

1℃，相对湿度≥95%，24h后取出脱模，将脱模后的尾砂胶结试块继续置于养护箱中养护至规定龄期。

（3）加载试验。将养护到规定龄期的尾砂胶结试块取出并进行单轴抗压强度测试，压力机以0.01kN/s的速率均匀加载直至试块破坏，读出所加载荷。

（4）抗压强度计算。每组测2~3个试块得到的2~3个抗压强度值，取其平均值作为该组试块的单轴抗压强度（图4-29）。

待压试块 　　　　　　　　　破坏的试块

图4-29　全尾砂胶结充填体试块单轴抗压强度试验

4.5.2　单轴抗压强度

4.5.2.1　试验设计

本试验控制全尾砂和胶凝材料（C料）的种类不变，设计不同质量浓度、灰砂比、养护龄期的梯度，研究不同组别试块宏观力学性能之间的差别。

结合玲珑全尾砂特性，参考前期充填所选用的质量浓度，设计料浆质量浓度梯度共有6个，分别为65%、68%、70%、72%、75%、78%。通过多组试验以确保试验结果的准确性及其相关关系的可重复性。

为降低空区充填成本，在确保大体积充填体稳定的前提下，可分批次进行充填，并针对充填体不同部位选用不同的灰砂比。例如，一次充填时为获得较高强度，胶凝材料用量宜多，即灰砂比较高；充填中期，即二次、三次充填时，为控制充填成本，所用胶凝材料量少，即灰砂比降低；充填后期，考虑充填接顶以及充填接续等原因，灰砂比可适量提高。因此，结合玲珑空区充填治理的实际情况，以及研究灰砂比梯度对充填料浆力学性能影响的需要，共设计不同灰砂比梯度6个，分别为1:4、1:8、1:10、1:20、1:30、1:40。

养护龄期梯度分别为7d、14d、28d（因1:20、1:30、1:40灰砂比试块3d强度过低，故未记录3d的试块强度）。这三个龄期的力学性能指标，能够较好地反映玲珑空区充填治理对充填体强度的要求，并且试验的可操作性强，不需要经历过长的试验周期。

玲珑全尾矿胶结充填料浆配制方案见附表8，其中部分组别的充填料浆需测试坍落度。

4.5.2.2 结果分析

全尾砂胶结充填体单轴抗压强度试验结果（附表8和图4-30）表明，充填体试块强度随灰砂比的减小而降低，随质量浓度的提高而增大；当灰砂比超过1:20时，试块强度随质量浓度的变化程度逐渐变小。在灰砂比、质量浓度及养护龄期三个因素中，灰砂比和养护龄期对试件强度的影响较大，增大灰砂比或延长养护龄期对试件强度增长效果显著。灰砂比1:20、质量浓度68%~70%时，玲珑全尾砂胶结试块单轴抗压强度达0.52~0.59MPa，可以满足井下充填需要；灰砂比1:30、质量浓度65%~70%时，充填体可以满足对遗留空区充填治理要求。

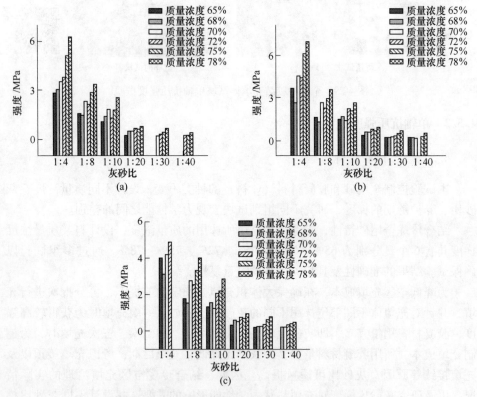

图4-30 全尾砂胶结充填体单轴抗压强度发展变化

（a）养护龄期7d；（b）养护龄期14d；（c）养护龄期28d

灰砂比对充填体试块强度影响显著，胶凝材料经水化反应后产生胶结作用，并且随着胶凝材料掺量的增大，这种胶结作用效果显著提高，表现在充填体试块结构的稳定和强度的增大。在外力作用下，充填体内部颗粒群相互接触的支点上的着力点就落在了稳固的胶凝架构之间，充填于空隙中较细的尾砂被胶凝材料水化产物固结在一起，可以有效地防止或抑制较粗颗粒尾砂骨料的相互错动而对试块造成的内部损伤，这种抑制作用只有当外力超过强度极限时才逐渐减弱甚至消失。

4.5.3 遇水泥化试验

尾砂胶结充填体长期处于地下水环境中，其遇水后能否发生泥化关系到空区充填治理的成败。将附表 8 中单轴抗压强度测试后的试块整体浸入水中，充填体试块在水的作用下发生软化、变酥甚至泥化，不同灰砂比、质量浓度的充填体试块的泥化程度有较大差异。

由图 4-31 可知，经 10h 水中浸泡后，灰砂比为 1∶30 与 1∶40 的充填体试块泥化程度较大，相比而言，灰砂比为 1∶4 和 1∶8 的试块泥化程度很小；在灰砂比一定条件下，料浆质量浓度越低（30-2、30-3、40-3）则试块泥化程度越严重。

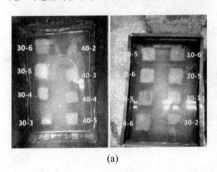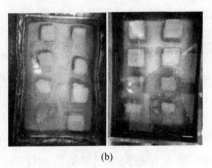

(a)　　　　　　　　　　　　(b)

图 4-31　全尾砂胶结充填体遇水泥化试验
(a) 初入水；(b) 浸泡 10h 后

胶凝材料用量是影响胶结充填体试块泥化的关键因素。胶凝材料发生水化反应后生产具有胶结性能的水化产物，将周围的尾砂颗粒胶结在一起，从而构成充填体的絮网结构。随着灰砂比的减小（1∶30、1∶40），充填体中胶凝材料所起的作用被削弱，在水的长时间浸泡作用下，出现较大程度的泥化现象。因此，井下空区充填治理宜根据空区稳定性的要求，适当增加充填料浆中胶凝材料用量，避免充填体出现严重的泥化现象。

4.6　本章小结

（1）玲珑尾砂主要化学成分为 SiO_2、Al_2O_3，而 MgO、CaO 的含量较低，对充填体强度影响较小；尾砂矿物化学成分稳定，不含有毒有害物质，可再回收金属含量较低，故玲珑选矿尾砂可作为良好的惰性骨料制备井下胶结充填料浆。

（2）尾砂浆沉降时间与砂浆质量浓度成正比，质量浓度越高，料浆浓度达到稳定所需时间越长，质量浓度 30%、40%、50% 的全尾砂料浆分别在 60min、65min、90min 后，浓度变化明显减缓，质量浓度趋于稳定，全尾砂料浆最终浓度分别达到 56.71%、63.18%、68.97%。

（3）灰砂比 1∶20、质量浓度 68%~70% 时，玲珑全尾砂胶结试块单轴抗压强度达 0.52~0.59MPa，可以满足井下充填需要；灰砂比 1∶30、质量浓度 65%~70% 时，充填体可以满足对遗留空区充填治理要求。

（4）不同灰砂比条件下，质量浓度为 70%~72% 的全尾砂胶结充填料浆的坍落度值在 26.9~28.0cm，满足高浓度胶结充填料浆管道输送的要求；若质量浓度达到 75%，全尾砂胶结充填料浆的坍落度仅为 14.8cm，实现管道输送充填难度较大。

（5）全尾砂胶结充填体试块遇水泥化试验表明，灰砂比和料浆质量浓度是影响试块泥化的主要因素。经 10h 水中浸泡后，灰砂比为 1∶30 与 1∶40 的充填体试块泥化程度较灰砂比为 1∶4 和 1∶8 的试块泥化程度大，可根据现场空区治理需要选择适宜灰砂比进行全尾砂充填。

（6）级配尾砂中细颗粒组尾砂含量过多或过少都会使料浆黏度系数及屈服应力增大，当细颗粒尾砂保持在 40% 且中、粗颗粒尾砂配比合理时，料浆黏度系数及屈服应力达到最小；料浆的阻力损失与尾砂颗粒的大小无绝对关系，但与尾砂颗粒配比构成关系很大，细颗粒尾砂含量过多或过少均会导致料浆的阻力损失系数偏大，不利于料浆在管道内输送。研究表明，细、中、粗粒组尾砂占比分别为 40%、10% 和 50% 时尾砂流动性能最佳，亦即，适当添加溢流尾砂有助于改善和提高玲珑矿区全尾砂充填料浆的流动性能。

（7）玲珑矿区充填管网路线复杂且输送距离长，依据水力输送理论，考虑料浆浓度、密度和颗粒粒径等因素，分析得到充填料浆的临界流速应大于 1.0m/s。根据类似矿山工程实践，建议玲珑矿区充填料浆管道输送流速宜控制在 2.0~2.6m/s，充填主管道直径选择 DN150mm×12 陶瓷耐磨管，井下采场可选用 DN121mm×11 陶瓷内衬复合钢管和 DN107mm×6 超高分子量聚乙烯管。

5 大体积全尾砂充填料浆脱水技术

5.1 概述

目前，金属矿山广泛采用选矿尾砂充填治理采空区。采空区充填治理效果好与否，关键在于采空区大体积充填料浆脱水工艺是否可靠。全尾砂颗粒较细，保水性强，脱水困难。若脱水工艺不可靠，空区内充填料浆的脱水效果不佳，则充填挡墙将承受较大的浆柱压力，易造成井下跑砂等重大安全事故；若脱水工艺可靠，空区内充填料浆脱水状态良好，充填挡墙受压显著降低，不仅满足安全生产要求，而且充填体更加密实，充填速度明显加快，也更有利于矿山的地压管理与生态环保需要。

5.1.1 充填料浆渗透脱水理论与技术

充填渗透脱水理论与技术包括空区充填料浆中水的存在形式、常用的脱水方式、尾砂的渗透性以及充填料浆渗透脱水速度等内容。

5.1.1.1 充填料浆中水的存在形式

空区治理充填时，料浆在沉积过程中，固体颗粒沉降压缩而排出大量的澄清水。排出的这一部分水，是空区充填过程中脱水的主要任务。结合水以分子吸附的方式附着于固体颗粒表面，采用一般的机械脱水方法（如压滤）并不能去除这部分水分。毛细水是因毛细作用而赋存于充填体中，在重力作用下不能排出。重力水则是在重力作用下能够排出充填体的那一部分水，其可通过渗透方式排除。

5.1.1.2 充填料浆的脱水方式

根据料浆中水的主要存在形式，空区充填料浆的脱水方式主要包括溢流与渗透两种。溢流脱水是指排除澄清水，渗透脱水则是排除充填料浆中的重力水。由于充填料浆中含有大量的细粒级颗粒，特别是胶结充填时水泥等胶凝材料的存在，都会使充填料浆的渗透性能降低，导致渗透排水量减少。因此，空区充填料浆脱水的主要方式是溢流。空区充填过程中，一般是以充填脱水井、滤水门、脱水管等工程或设施作为排水的通道。

5.1.1.3　尾砂的渗透性

水在多孔介质中具有一定势能，而势能总是使水流沿着向势能降低的方向流动。水在多孔介质中，透过固体颗粒间隙的流动现象称为渗流或渗透，而充填物料被水透过的性能则称为渗透性。

充填料浆渗透性能的优劣，意味着水流从固体颗粒间的孔隙流过的能力，其决定着充填物料的脱水速度、固结时间以及充填体的强度，对充填周期至关重要。一般情况下，颗粒大小、粒径级配、矿物成分、充填物料的堆积结构和排布方式、孔隙比以及尾砂的饱和度等均影响着渗透系数。其中，影响充填物料脱水最基本的因素是物料的级配与粒径。

若尾砂充填体的渗透率足够大，则尾砂充填体内的水流在很短的时间内就会脱掉，尾砂浆可在充填时很快就能达到饱和状态，而当充填尾砂达到局部饱和时，具有力学上的抗剪切强度和稳定性能。反之，若尾砂充填体的渗透系数较小，尾砂充填体在长时间内都处于一种不稳定的饱和状态，充填体难以固结，则存在重大的安全隐患，液态的尾砂浆易将充填挡墙冲毁而直接流入巷道等处，导致重大跑浆事故，对矿山安全生产造成重大影响。

渗透率是某些多孔介质固有的特性，其与多孔介质中的流体、水力坡度等无关，只表征水流从该多孔介质流过的性能。由达西定律计算可得渗透系数 K：

$$K = \frac{QL\eta}{hs\gamma} \tag{5-1}$$

式中　Q——水流在多孔介质流动的速度，即穿过该多孔介质的流量，m^3/s；

　　　L——表征水流在多孔介质流动方向的长度，m；

　　　η——流体的动力黏度，$Pa \cdot s$；

　　　h——该多孔介质内的静压差，即水头下降值，m；

　　　s——该多孔介质与水流运动方向垂直的横截面积，m^2；

　　　γ——液体的容重，kg/m^3；

5.1.1.4　充填体渗透脱水速度

充填料浆渗透性能的好坏，表征着水从固体颗粒间的孔隙穿过的能力，决定着充填体的脱水速度。充填体的渗透性能用渗透系数表征，其物理意义是单位水力坡度的渗透速度。充填体脱水时，水流从尾砂的孔隙中流过，固体颗粒对水流的阻力很大，特别是在细颗粒的尾砂充填料浆中，水的渗透速度明显减小。

由达西定律可知：

$$Q = AKi = AK\frac{H_2 - H_1}{L} \tag{5-2}$$

即
$$v = \frac{Q}{A} = Ki = K\frac{\Delta H}{L}$$
(5-3)

其中：
$$\Delta H = H_2 - H_1$$

式中　A——断面面积；

　　　v——渗流速度；

　　　i——水力坡度；

　　H_1，H_2——渗流上、下游断面的水头。

由式（5-3）可知，渗透速度 v 与渗透系数 K、水力坡度 i 成正比关系，与水头压差成正相关，与水流经过的距离 L 成负相关关系。对于固定的采空区，若其所用充填材料是全尾砂，故充填体的渗透系数 K 是固定不变的。因此，欲提高充填体的脱水速度，可以采取以下措施：（1）在采空区下部设置一个负压机，增加充填体的水头压差；（2）缩短水流在充填体内部的渗流路径长度，即在充填体内部设置一些渗透管，让充填体内部的水流不再经过充填体，而是直接流向渗透管内，再由渗透管将充填体内部的水流排出充填体。

5.1.2　充填料浆脱排水工艺

空区采用尾砂充填治理时，料浆脱水工艺直接影响充填治理效果。目前，主要的充填料浆脱水方式有以下几种：

（1）充填盘区周边侧向中深孔溢流排水。试验研究表明，尾砂沉降速度快而充填体渗透率低，导致充填采场内大量积水，即在充填体表面聚集大量的水。为此，可采用此工艺，在相邻未落矿采场的分层巷道内用中深孔凿岩机钻孔并凿穿盘区壁柱，形成不同高度的侧翼脱水倾斜通道。当充填体表层水位上升到高于某一孔口位置时，表层积水便通过该孔及时排出；当充填料浆上升到该孔口位置时，则采用麻布包扎木楔及时堵塞溢流孔即可。该方法具有一定的局限性，要求采空区周边必须有未落矿的采场并已开凿分层巷道，现场可根据实际情况决定是否采用。另外，利用该方法只能排出充填料浆表层的澄清水，当充填料浆达到孔口位置时，便不能再发挥排水作用。

（2）空区充填体底部中深孔脱水。该法主要针对空区内部存有大量废石的情况。在进行全尾砂胶结充填时，充填料浆进入空区后，因自然离析等原因，充填料浆堵塞了废石体间隙，使该地段废石充填体形成自然的过滤层。此时，在充填体下部用中深孔凿岩机开凿放水孔直接排水，可实现空区充填体底部排水的目的。

（3）充填挡墙预留排水管。采空区内预留滤水管，通过充填挡墙上埋设的滤水孔排出。该方法为目前主要的排水方式，排水效果明显且不受地质条件等因素影响，布置方式灵活，可根据现场情况灵活布置滤水管的形式，但是布置滤水管时人员需要进入采空区内，存在一定的安全隐患。

（4）钻孔内安装滤水短管。利用钻孔安装滤水短管进行排水。当采空区情况较复杂，无法布置贯穿全采空区的滤水孔，或者滤水管无法从充填挡墙中伸出时，则可利用该方法。在适合的位置打钻孔，从钻孔中将滤水管引出，但该方法的施工成本较高。

（5）利用采场原有裂隙、断层构造排水。经过采动影响，围岩会产生许多裂隙。对于较小的裂隙、断层，可用来排水，且不产生漏浆；对于较大的裂隙和断层，则必须进行适当处理以防止漏浆。该方法具有很大的偶然性，另外围岩的裂隙、断层在漏水时需时刻观察，防止因压力过大，裂隙剧增而产生漏浆、跑浆。

（6）利用自然渗透排水。该法不需要布置任何工程，但是滤水很慢，不利于充填。一般不能单独使用，应辅以上述方法。

5.2　全尾砂充填料浆脱水模拟试验

大体积采空区全尾砂充填治理的关键技术之一就是解决充填料浆的快速脱水问题。在对充填空区进行排水设计之前，必须对充填料浆的脱水性能进行充分研究，故结合玲珑矿区作业现场实际情况开展充填料浆脱水模拟试验。

5.2.1　脱水试验装置

5.2.1.1　设计思路

要掌握大体积全尾砂充填料浆的脱水性状，需要进行实验室脱水模拟试验。然而，无固定形状的全尾砂充填料浆自身的脱水性状有时并不等同于现场实际空区充填料浆整体的脱水性状，这主要是因为表征采空区充填料浆脱水性状的一些指标（如脱水率、沉缩率）不仅与充填料浆自身性质有关，而且还与空区形态、充填滤水管和挡墙布置、充填速率等因素有关。因此，通过模拟试验获得充填料浆的脱水率和沉缩率、底部出矿结构渗流水头、充填体侧向压力、充填挡墙压力、充填料浆脱水量等参数时，要充分考虑空区形态、充填方式、滤水管和充填挡墙布置等因素。

脱水模拟试验所要解决的技术问题是：提供一种采空区充填模拟试验装置及其操作方法，可在实验室尽可能地模拟工程现场实际情况，以获取充填料浆脱水率和沉缩率、充填体形态、底部出矿结构渗流水头、充填体侧向压力、充填挡墙压力、充填料浆脱水量变化等试验数据，为现场空区充填作业提供准确、可靠的理论指导和设计依据，也为采空区充填过程的教学科研提供更加实用、直观的演示装置。

5.2.1.2 技术方案

全尾砂充填料浆脱水模拟试验装置（图 5-1）主要包括采空区模拟盒、数据采集器，此外还包括底部出矿结构（巷道）、滤水管、预留碎石、充填挡墙、量筒、测压管、水位计、压力盒、应变仪等。采空区模拟盒的形状与所模拟的玲珑矿区急倾斜薄矿脉浅孔留矿法开采所形成采空区的形状相似。

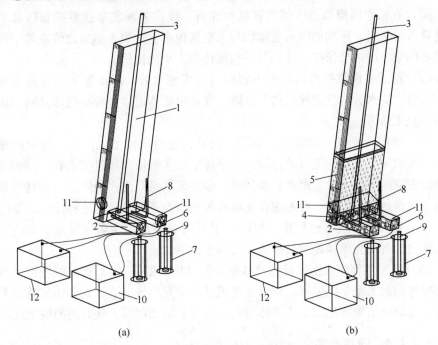

图 5-1　采空区充填料浆脱水模拟试验装置
（a）整体结构示意图；（b）操作方法示意图
1—采空区模拟盒；2—底部出矿巷道；3—滤水管；4—预留碎石；5—充填料浆；6—模拟挡墙；
7—量筒；8—测压管；9—水位计；10—数据采集器；11—压力盒；12—应变仪

采空区模拟盒的形状是一个平行六面体形状，是由 5 块不透水的有机玻璃板材胶接而成，盒体无顶盖、侧板标有刻度、底部有开口。底部开口主要是模拟采场底部出矿结构，故其开口的形状、尺寸和位置均与无底柱浅孔留矿法底部出矿巷道吻合。底部出矿巷道是由 4 块不透水的透明玻璃板材胶接而成，其一端与采空区模拟盒底部开口处胶接，另一端与模拟挡墙胶接。底部出矿巷道的顶板可考虑钻孔以布置测压管。滤水管是由管壁打孔的硬性塑料管外壁包裹一层过滤材料（如土工布）制成。模拟预留碎石的粒径应当有利于充填脱水，可选择粒径为 5~10mm 的豆石。模拟挡墙由"井"字形的钢制骨架表面粘贴一块正方形过滤材料（如土工布）制成。量筒置于底部出矿巷道的端口下部，水位计置于量筒中且与数据采集器相连。测压管形状为直角，下端与底部出矿巷道底板胶接，上端垂直穿过底部出矿巷道顶板钻孔。压力盒胶接于采空区模拟盒内侧板和底部出矿巷道内，压力盒与应变仪相连。

5.2.1.3　操作方法

采空区充填料浆脱水模拟试验装置的操作方法，具体包括以下步骤：

（1）在采空区模拟盒底部布置预留碎石，模拟采场底部遗留矿石以及顶板可能冒落的围岩，所加的碎石总体积与采空区模拟盒体积大小的比值应等于所模拟的实际采空区内遗留碎岩体积与采空区体积大小的比值。

（2）在采空区模拟盒内间隔一定距离布置滤水管，滤水管下端与底部预留碎石接触；滤水管、预留碎石内部空隙、底部出矿巷道以及模拟挡墙共同形成充填料浆脱水通道。

（3）按照所模拟采空区的充填时间间隔，定时向模型内加入一定量的充填料浆，模拟采空区实际充填的过程；充填体中的水会依次通过滤水管、预留碎石内部的空隙、底部出矿巷道和模拟挡墙，最终流入量筒内；为形象、直观地模拟充填体内水的运移过程，可考虑在充填料浆中添加不同颜色的色料作为示踪剂。

（4）在充填和脱水过程中，每隔一定时间观察并记录测压管水头高度、压力盒压力、各层充填体高度及形态、量筒水位等。

（5）料浆全部注入空区且充填体充分固结后，根据（4）得到的数据计算空区充填体的脱水率、沉缩率，得出在充填过程中充填体形态、底部出矿巷道渗流水头、充填料浆脱水速度、充填体侧向压力和充填挡墙压力随时间的演化规律。

5.2.1.4　预期效果

本试验装置模拟了工程现场的实际情况，充分考虑了采空区形状、滤水管和充填滤水挡墙布置、充填速率等因素对空区大体积充填体脱水率和沉缩率、充填体形态、底部出矿巷道渗流水头、充填料浆脱水速度、充填体侧向压力和充填挡墙压力等参数的影响。因此，使用该空区充填料浆脱水模拟试验装置及其操作方法所得到的试验数据更加准确有效，可为玲珑矿区遗留空区（群）全尾砂充填治理提供可靠的理论指导与设计依据。同时，采空区模拟盒透明可视，加之使用掺不同色素的充填料浆，可直观地显示整个充填过程及各层充填体形态实时变化（图 5-2），故也可用于空区充填过程的教学演示和科研分析。

5.2.2　脱水模拟试验

为了设计出合理的采空区全尾砂充填脱水方案，以待充填治理的大开头矿区 -570m 中段 48#脉 8688 采空区为原型，在实验室内按照 1∶100 的相似比设计了

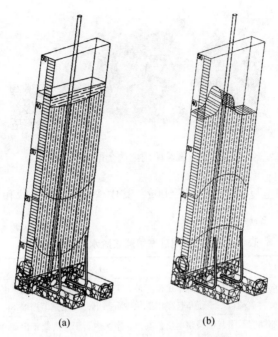

图 5-2　脱水模拟装置内充填体形态变化
（a）刚添加全尾砂料浆；（b）完全脱水后

采空区充填脱水模型。模型底部设计两个出矿巷道，出口处采用纱布/砂纸包裹，模拟充填挡墙中的滤布。

5.2.2.1　试验目的

观测空区充填治理过程中，在不同初始条件下全尾砂充填料浆的脱水性状，掌握采空区全尾砂充填料浆在不同条件下的脱水演化规律，为玲珑矿区遗留空区（群）大体积全尾砂充填治理提供理论指导与技术支撑。

5.2.2.2　试验材料与装置

所用材料为玲珑选厂提供的浮选全尾砂和粒径 5~10mm 的豆石（图 5-3），试验装置为自制的采空区充填料浆脱水模拟试验装置（ZL 201720425025.5，申请号：201710266268.3），其中底部出矿巷道高度为 2.0cm。充填料浆质量浓度为 70%，拌合用水为城市自来水。

5.2.2.3　试验方案

为充分研究不同脱水方式对空区全尾砂充填料浆脱水性状及其演化规律的影响，共设计 8 组全尾砂充填料浆脱水试验方案，各组试验方案的初始条件具体见

🔺彩图请扫我

图 5-3　试验所用浮选全尾砂与豆石

表 5-1。每次添加全尾砂充填料浆 600g，其中含 420g 全尾砂和 180g 水，充填料浆质量浓度为 70%。

表 5-1　空区全尾砂充填料浆脱水模拟试验方案

编号	试　验　方　案
试验 1	模型底部铺有石子且铺满整个出矿巷道，空区内石子高度高于出矿巷道高度； 底部出矿巷道端口用土工布包裹以避免砂石漏出，模拟充填挡墙
试验 2	模型底部铺有石子且铺满整个出矿巷道，空区内石子高度高于出矿巷道高度； 底部出矿巷道端口用砂纸包裹以避免砂石漏出，模拟充填挡墙，新增 1 根滤水管
试验 3	模型内充填高 3~4cm 石子，左侧出矿巷道全堵，右侧出矿巷道半堵；其他与试验 2 一致
试验 4	左右两侧出矿巷道内不铺石子，采空区底部铺设高 2cm 的砂石；其他与试验 3 一致
试验 5	与试验 3 一致，每次分层充填料浆中加入不同颜料
试验 6	左侧出矿巷道充填一半石子，右侧出矿巷道充满石子，分两次充填；料浆掺红、蓝墨水
试验 7	左侧出矿巷道充填一半石子，右侧出矿巷道充满石子，高度 4cm；料浆掺蓝色墨水
试验 8	左侧出矿巷道充填一半石子，右侧出矿巷道充满石子，高度 5cm，每次加料 600g； 滤水管下部位于充填体内的部分有孔，上部位于上清液部分则无孔

5.2.2.4　试验过程

A　试验 1

向模型内加入全尾砂充填料浆后，左侧出矿巷道中有砂浆外渗，20min 后左侧出矿巷道开始渗水；右侧出矿巷道亦有砂浆外渗，50min 后渗出 4cm，60min 后渗出 7cm，65min 后渗出 9cm，2h 后开始渗水。模型注浆结束 12h 后，充填液面下降 3.2cm，上层清液高度 1.1cm。左右出矿穿共渗水 85g，脱水率约为 11.81%。试验结果表明，玲珑金矿全尾砂渗透系数低，在不增加辅助脱水构筑物的情况下脱水困难（图 5-4）。

B　试验 2

因土工布吸水而影响充填料浆脱水量，故将土工布改为砂纸，并增加一条滤

试验装置

底部出矿巷道

上层清液

彩图请扫我

图 5-4　空区全尾砂充填料浆脱水试验（试验 1）

水管（图 5-5），滤水管下部端口位于采场底部出矿巷道的中间位置。采用水平分层充填的方式，每次添加充填料浆的高度为 5cm，其他与试验 1 一致。

第二次注浆充填

第六次注浆充填

彩图请扫我

图 5-5　空区全尾砂充填料浆脱水试验（试验 2）

空区底部碎石充填高度为 4cm，第一次充填料浆 5cm、总高度 9cm，出矿巷道中料浆尚未外渗；以后每间隔 2h 添加一次全尾砂充填料浆，共注入充填料浆 8次，充填高度为 47.8cm。充填结束 12h 后，充填体上方残留极少量澄清水，大部分澄清水由滤水管经空区底部碎石堆内的空隙自出矿巷道排出；14h 后，充填体上方澄清水全部脱出。试验过程中，共脱水 345g，空区内充填料浆总脱水率达 23.96%。

与试验 1 相比，新增一条滤水管后充填体上方所有的澄清水及时排净，充填料浆的脱水率大幅提升，这主要是利用碎石与全尾砂渗透系数的差异，由滤水管与下方石子空隙构成了充填料浆的渗透脱水通道。

C　试验 3

空区内充填高约 3~4cm 的豆石，左侧出矿巷道全断高封堵，右侧出矿巷道则封堵断面高度的一半（图 5-6），其他与试验 2 一致。

注浆充填前底部巷道

注浆充填后底部巷道　　　　　🔲彩图请扫我

图 5-6　空区全尾砂充填料浆脱水试验（试验 3）

第一次注浆充填高度为 5cm、总高度为 8.5cm，出矿巷道中料浆尚无水外渗；以后每间隔 2h 添加一次全尾砂充填料浆，共注入充填料浆 8 次，充填高度为 47.3cm。其中，第三次注浆充填后，充填高度约 21.5cm，右侧出矿巷道开始渗水。充填结束 12h 后，充填体上方无澄清水，左侧出矿巷道（全高封堵）共排水 46g，右侧出矿巷道（封堵一半）共排水 316g，最终充填体高度为 43.3cm（下降高度约 4.0cm）。试验过程中，共计脱水 362g，空区内充填料浆总脱水率达 25.14%。

对比试验 2 可以看出，空区底部巷道充满碎石时，其导水通道比较流畅，但巷道碎石封堵高度会影响最终的排水量，这主要与渗流路径长度和渗流截面大小有关。

D　试验 4

左右两侧出矿巷道中均不铺石子，仅在采空区底部铺设高度约 2.0cm 的砂石（图 5-7，铺设石子高度与底部出矿巷道高度相同），其他与试验 3 一致。

第一次注浆充填高度为 2.5cm、总充填高度 4.5cm，由于左右两侧出矿巷道未铺设石子，故均有料浆流入并充满整个巷道，13~15min 后出矿巷道开始渗水。之后，每间隔 2h 添加一次全尾砂充填料浆，共注入充填料浆 8 次，充填高度为 46.0cm。充填 24h 后，上部仍有澄清水

🔲彩图请扫我

图 5-7　试验 4 空区底部结构

层高度 5.1cm；空区充填体高度 39.6cm，总高度下降 1.3cm；共计脱水 79.1g，空区内充填料浆总脱水率 5.49%。

试验 4 表明，采空区底部铺设足够的碎石，有利于空区充填料浆的渗滤脱水，但因出矿巷道未铺设碎石，造成出矿巷道被充填的尾砂淤堵；采空区内全尾砂在自重作用下逐渐密实，将充填料浆内的自由水挤压至充填体上方，而充填体上方的澄清水无法通过滤水管、碎石堆构成的渗水通道排出，造成空区内部排水困难。

E　试验 5

与试验 3 一致，空区内充填高约 3~4cm 的豆石，左侧出矿巷道全断高封堵，右侧出矿巷道则封堵断面高度的一半（图 5-8）。不同之处在于，每次充填时，充填料浆中加入不同颜料以直观显示充填体内水分的迁移轨迹。

第二次充填　　　　　第三次充填　　　　　　第四次充填　　　彩图请扫我

图 5-8　空区全尾砂充填料浆脱水试验（试验 5）

第一次注浆充填高度为 3.8cm、总充填高度 6.3cm，左侧巷道开始滴水且充满料浆，右侧巷道则一半充满料浆；之后，每间隔 2h 添加一次全尾砂充填料浆，共注入充填料浆 5 次。第二次注浆充填高度为 7cm，右侧巷道开始滴水，料浆内部水分渗流迹线大致呈凹形分布，略向左侧偏移（即左侧最大扩散 11cm、右侧最大扩散 6cm）（图 5-8 中第三、四次充填）。第三次注浆充填高度 6cm，料浆内部水分渗流迹线扩散深度达 11.5cm；第四次注浆充填高度 5.5cm；第五次注浆充填高度 5.5cm，5min 后有蓝色液体流出。

试验 5 表明，空区充填料浆内部水分的渗流迹线以滤水管为轴，呈凹形分布。这说明，充填料浆中的自由水，一部分受尾砂自然沉降运动而被挤压至充填体上部，形成澄清水；另一部分则以滤水管为轴线，向滤水管方向水平迁移。

F　试验 6

本试验主要观测充填料浆内部水分渗流迹线的形态变化。模型底部左巷充填断面高度一半的石子，右巷则全断高充满石子。共分两次充填，每次间隔时间为2h。第一次注浆充填高度26cm、总充填高度28.5cm，左巷料浆充满且开始滴水，右巷无料浆但也开始滴水；第二次注浆充填至高度40.7cm。第二次添加的充填料浆中加入红色颜料，料浆内部水分渗流迹线大致呈凹形分布，略向左侧偏移（图5-9），扩散深度3.1cm；5min后，再加入蓝色颜料；12h后，红色颜料流出但蓝色颜料尚未流出。最终空区充填体高度37.3cm，总高度下降3.4cm；共计脱水236.5g，空区内充填料浆总脱水率21.94%。

第一次充填　　　　　　　第二次充填

图 5-9　空区全尾砂充填料浆脱水试验（试验6）

G　试验7

本试验主要观测充填料浆内部水分渗流迹线的形态变化。模型底部左巷充填断面高度一半的石子，右巷则全断高充满石子。共分五次充填，每次间隔时间为2h。

试验过程中充填料浆内部水分渗流迹线如图5-10所示，最终充填体在滤水管附近形成凸起，这表明充填料浆内部水分的水平移动，促使尾砂颗粒向滤水管附近聚集，另一方面也说明滤水管能起到有效的渗滤排水作用。

H　试验8

本试验仍是观测充填料浆内部水分渗流迹线的形态变化，与试验6、试验7不同之处在于滤水管下部位于充填体内的部分有孔、上部位于上清液部分则无孔。

共分五次充填，每次间隔时间为2h。第一次注浆充填高度4.2cm，总充填高度9.2cm；第二次充填高度7.3cm，右巷开始滴水；第三次充填高度6.8cm；第四次充填高度7.3m，10min后左巷开始滴水；第五次充填高度14.4cm。总充填高度为45cm，完全脱水后最终充填高度为39.5cm，空区内充填料浆总脱水

第五次充填　　　　　空区最终形态

图 5-10　空区全尾砂充填料浆脱水试验（试验 7）

率 25.10%。

与试验 5~7 相比，试验 8 充填料浆内部水分渗流迹线并非以滤水管为轴呈凹形分布，而是以滤水管为轴呈凸形分布（图 5-11），这与滤水管的结构有直接关系。

第五次充填　　　　　空区最终形态

图 5-11　空区全尾砂充填料浆脱水试验（试验 8）

5.2.3　试验研究结论

采空区全尾砂充填料浆脱水模拟试验共设计 8 组，主要研究采空区内是否加滤水管以及滤水管的结构、底部巷道内是否铺设废石及其铺设废石高度等对空区充填料浆脱水效果的影响。研究采空区加入滤水管与否对充填脱水效果的影响时，将直径 0.2cm、长度 50cm 的塑料细管扎出 6 孔/cm 的小孔，外表裹一层薄布，用来模拟充填过程中采空区内加入的滤水管；研究底部巷道内加入废石对充填脱水效果的影响时，将直径 0.5～1.0cm 的碎石铺入底部出矿巷道，模拟实际充填时巷道内需要铺设的废石。

由试验 1 和试验 2 可知：在底部巷道内铺满碎石的条件下，不加滤水管时，由于全尾砂充填体较为密实，充填体上部清液难以自空区底部脱出，故脱水率仅为 11.81%；增加滤水管后，充填体上部澄清液完全脱出，即滤水管可以将充填体上部澄清液及内部水分引流至模型底部巷道，利用巷道内碎石之间的间隙排出，脱水率达到 23.96%（表 5-2）。这说明，空区充填时增加滤水管对充填料浆脱水效果的影响非常显著，在实际充填治理过程中，应该考虑在采空区内适当位置加入滤水管，提高充填料浆的脱水率。

由试验 2、试验 3 和试验 4 可知：在增加滤水管的条件下，巷道内全断高铺满碎石时，脱水率为 23.96%；巷道内铺全断高一半的碎石时，脱水率为 25.14%；巷道内不铺碎石时，脱水率仅为 5.94%（表 5-2）。这说明巷道内是否铺设碎石以及铺设碎石的高度对采空区充填料浆脱水效果的影响非常显著，同时也可以看出，巷道内铺满碎石和铺一半碎石时脱水率差别较小。因此，应该考虑在采空区底部及巷道内铺一半高度左右的废石，既可以减少施工作业量，又可以改善和提高充填料浆的脱水率。

表 5-2　空区全尾砂充填料浆脱水效果

试验编号	试验方案	加水量/g	脱水量/g	脱水率/%
试验 1	不加滤水管，巷道铺满碎石	720	85	11.81
试验 2	加滤水管，巷道铺满碎石	1440	345	23.96
试验 3	加滤水管，巷道铺一半高度碎石	1440	362	25.14
试验 4	加滤水管，巷道不铺碎石	1440	79	5.94

综上所述，空区充填滤水管与底部碎石共同组成导水通道，使得充填料浆内的自由水分可以快速排出。充填料浆中自由水的迁移可分为两种：一种是由于料浆的自然沉降，尾砂向下运动，逐渐密实，将自由水挤压至上部（垂直迁移），形成澄清水；另一种则是由于滤水管的存在，充填体内的水分向滤水管方向移动（水平迁移）。由于充填体内部水分的水平迁移，带动尾砂颗粒一起移动，最终在滤水管周围形成凸起，影响充填接顶效果。

5.3　充填料浆电渗脱水固结试验研究

为了探究充填料浆电渗脱水固结相关规律，采用自制的电渗脱水试验和自然脱水试验装置，进行全尾砂胶结充填料浆和非胶结充填料浆的脱水试验。通过监测试验过程中充填料浆的沉降高度、温度、脱水量、电流、阴阳极含水率、电能消耗以及检测充填体试块强度，对比分析了全尾砂充填料浆在不同条件下的脱水固结性状。

5.3.1　研究背景与目的

当前矿山空区充填料浆脱水的主要方法包括自然脱水和负压脱水。其中，采用脱水构筑物的自然脱水，只能排出充填料浆中部分自由水，故其脱水率低、脱水效果不佳；采用负压强制脱水则要在采空区充填体底部巷道内安设真空泵，密闭性要求高且工艺复杂。

在充填料浆分散系内，固体颗粒表面带有负电荷，相当于水带有正电荷。在充填料浆中放置直流电极，因胶体的电渗作用，水会产生移动，即由阳极移动到阴极。目前，这一技术的研究与应用多集中于土木工程和环境工程领域，在金属矿山充填料浆脱水领域，仅有少数机构或个人做了有限的研究。前苏联乌拉尔铜业科学研究设计院 Φ. M. 波尔特诺夫等进行了模拟试验和现场工业试验，发现充填料浆通电后，可明显加快其脱水速度。美国矿山局亦进行了实验室试验和不同矿区的工业试验，发现电动力学工艺能够有效脱水并密实选厂全尾砂浆和泥浆。杨建永等采用自制模拟试验装置进行的胶结充填料浆电渗脱水试验表明：电渗能加快料浆脱水速度，提高胶结充填试块的单轴抗压强度和杨氏模量，降低胶结充填试块的泊松比。长沙矿山研究院首次在我国凡口铅锌矿进行了充填体动电固结现场扩大试验，发现通电可加速充填料浆脱水固化，但不同物料通电脱水的效果不同。

上述研究表明：通电有利于充填料浆快速脱水，但目前我国尚未有矿山投入使用这项技术，对其研究也较少，特别是电渗脱水过程中充填料浆的物理力学性质变化规律尚不明确。鉴于此，本节利用自制的电渗脱水和自然脱水试验装置，开展了全尾砂胶结充填料浆和全尾砂非胶结充填料浆的电渗脱水试验，通过比较全尾砂充填料浆在不同条件下的脱水试验结果，得到了充填料浆电渗脱水固结相关规律，对实际工程应用有一定指导作用。

5.3.2　电渗法基本原理

充填料浆属胶体分散体系，因充填料浆固体颗粒表面带有负电荷，故固体颗粒周围含有过量的正离子，即相当于使水带有正电荷。在充填料浆中布置电极，再通以直流电，则在电场作用下，充填料浆中带正电荷的水会发生定向移动，若将滤水管作为阴极布置在充填体中，则充填料浆中的水将在电场作用下经滤水管排出。电渗脱水试验中电极布置如图 5-12 所示。

从理论上分析，自然脱水仅可以排出充填体中的部分自由水，而电渗法则可

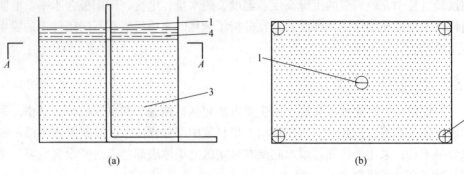

图 5-12　电渗脱水试验电极布置图
(a) 试验箱；(b) A—A 剖面
1—阴极滤水管；2—阳极；3—充填体；4—溢流水

排出充填体中的自由水和弱结合水，并且外加电场可加速水的运动。即电渗法不仅可比自然脱水法排出更多的水，而且具有更快的排水速度。

5.3.3　试验方案设计

5.3.3.1　试验材料

试验采用玲珑选厂浮选工艺排放的全尾砂，其基本物化指标详见第 4 章。该尾砂成分主要以 SiO_2 和 Al_2O_3 为主，含有较多细粒，渗透系数较小。胶凝材料为胶固粉（又称 C 料），由玲珑矿区东风充填站提供。

5.3.3.2　试验装置

试验采用两套装置，即电渗脱水试验装置和自然脱水试验装置（图 5-13）。

电渗脱水试验装置由试验箱、阴极滤水管、阳极棒和电源构成。试验箱为长方形箱体，长 36cm、宽 25cm、高 22cm；阴极滤水管采用壁厚 1mm 的铜管，内径为 1cm，沿轴线每隔 1cm 环四周钻凿 4 个孔径为 2mm 的滤水孔，滤水管下端与塑料管相接并伸出箱体外，滤水管外部包裹有滤布；

图 5-13　电渗脱水与自然脱水试验装置

阳极棒采用直径为 3mm 的铁丝；箱体上部有盖板，盖板中心有直径为 1.2cm 的孔，盖板四角距边缘 2cm 处各有直径 0.3cm 的小孔 1 个，阴极滤水管、阳极棒分别通过盖板中心和四角处的孔插入箱内；阴极滤水管垂直布置在中央，阳极棒垂直布置在试验箱四角，电源采用24V直流电源。将充填料浆充入试验箱之后，充填料浆中的水会通过滤水管排出。通电之后，在电场的作用下，充填料浆中的水由阳极运动到阴极，并通过阴极滤水管排出。

自然脱水试验装置除未设置阳极棒和电源外，其余与电渗脱水试验装置相同。

使用的监测仪器有刻度纸、温度计、万用表、电子秤。刻度纸贴于试验箱外侧，用于监测充填料浆高度变化；温度计插入充填料浆中，用于监测充填体温度变化；万用表用于监测电渗脱水试验装置中阴阳极两端电压与通电电流；电子秤用于称量充填体脱水量。

5.3.3.3 试验方案

共分2组试验。第一组试验为不添加胶凝材料的全尾砂非胶结充填料浆的脱水试验；第二组试验为添加胶凝材料的全尾砂胶结充填料浆的脱水试验。试验所用的胶凝材料为胶固粉（又称C料），所用充填料浆的初始条件及脱水方式见表5-3。

表 5-3 试验方案

试验组别	试验编号	质量浓度/%	灰砂比	脱水方式
第一组	①	68	不添加胶凝材料	电渗脱水
	②	68	不添加胶凝材料	自然脱水
第二组	③	68	1∶15	电渗脱水
	④	68	1∶15	自然脱水

每个试验箱中充入料浆30kg，充填完成后每隔6h读取一次充填料浆高度、脱水量和温度。待试验箱中充填料浆上部的溢流水排净之后，用24V直流电源对电渗脱水装置进行通电，同时每隔6h读取一次电流值和电压值，每隔12h测试阴、阳极处充填体含水率。

5.3.4 试验结果分析

5.3.4.1 脱水量

不同试验条件下全尾砂非胶结充填料浆（第一组试验）每6h内排水量如图5-14（a）所示。第一组试验开始108h后溢流水排净，后对试验①通电144h，电流稳定且充填体不再脱水，试验结束。试验①共排出4125.5g溢流水，试验②共排出4156.0g溢流水。通电开始后，电渗脱水速度突然增大，后逐渐降低，在刚开始通电的30h内电渗脱水速度明显大于自然脱水速度。溢流水排净后至试验结束，试验①又多排出 768.5g 水，试验②多排出 398.5g 水。对充填料浆通电，使其多脱水 370.0g，比自然脱水多 92.85%，表明通电有利于不加胶凝材料的非胶结全尾砂充填料浆脱水。

第二组试验开始 30h 后溢流水排净，后对试验③通电 48h，直至电流稳定且充填体不再脱水，试验结束（图 5-14（b））。试验③共排出 1726.5g 溢流水，试验④共排出 1838.0g 溢流水。通电过程中，电渗脱水速度与自然脱水速度相当。溢流水排净之后，试验③又多排出 224.0g 水，试验④多排出 176.0g 水。对充填料浆通电，使其多脱水 48.0g，比自然脱水多 27.27%，表明通电对于加入胶凝材料的全尾砂胶结充填料浆脱水效果不明显。

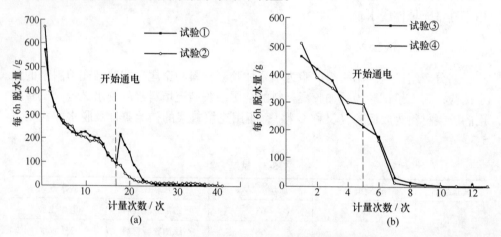

图 5-14　不同试验条件充填体每 6h 的排水量
（a）第一组试验的排水量；（b）第二组试验的排水量

根据胶体化学理论，胶体中液体流动的速度：

$$Q = \frac{\varepsilon \zeta I}{\eta \lambda} \tag{5-4}$$

式中　Q——液体流动的电渗速度，m^3/s；

　　　ε——液体的介电常数，F/m；

　　　ζ——胶体中固液界面的电动势，V；

　　　I——流过胶体中的电流强度，A；

　　　η——液体的黏度，$Pa \cdot s$；

　　　λ——液体的电导率，s/m。

在胶体中加入电流强度 I 时，可产生相应的电渗流动速度 Q，故通电后充填料浆的脱水速度会加快。但是第二组试验中由于加入胶凝材料，引起介电常数 ε、电导率 λ 和液体的黏度 η 等改变，导致液体流动速度 Q 降低，故通电脱水效果不明显。另外，加入胶凝材料后充填料浆脱水总量下降，这是由于胶凝材料自身的水化反应消耗了充填料浆中的部分水，使其自由水含量下降。

有研究文献表明，在直流电作用下，料浆脱水速度较自然脱水快，比尾矿浆快 60%，比砂浆快 10 倍，比胶结充填混合料快 14 倍。与本试验结果有很大差异，说明电渗脱水效果主要受充填料浆自身的物理化学性质影响（介电常数 ε、液体黏度 η 和电导率 λ 等）。

5.3.4.2 阴、阳极含水率变化

试验①和试验③开始通电后，每隔 12h 测试阴、阳极处的含水率，两组试验中阴、阳极含水率变化如图 5-15 所示。由图 5-15 可知，随着通电时间增加，充填体含水率总体逐渐降低；阳极含水率始终低于阴极含水率。由此可得出结论：在直流电场作用下，充填体内阳极附近的水在电场作用下向阴极运动；充填体内的水力坡度与电渗脱水方向相反。

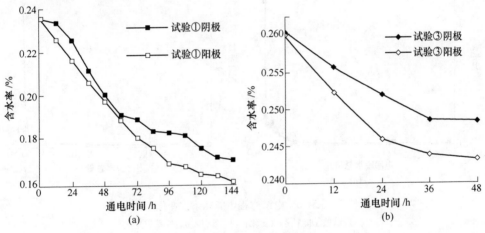

图 5-15 阴、阳极含水率变化

（a）试验①含水率变化曲线；（b）试验③含水率变化曲线

5.3.4.3 电能损耗

电渗效率是指排出单位体积的水所消耗的电能。研究电渗效率，引入能耗系数 C，其反映了排出单位体积水所需要消耗的电能：

$$C = \frac{UI_{t_1 t_2}(t_2 - t_1)}{V_{t_2} - V_{t_1}} \tag{5-5}$$

式中　U——电源电压，V；

$I_{t_1 t_2}$——t_1 到 t_2 时间内充填体中的平均电流，A；

V_{t_1}，V_{t_2}——分别为土体在 t_1、t_2 时刻排出水的累计体积，mL；

t_1, t_2——通电时刻，h。

电渗过程中能耗系数变化如图 5-16 所示。由图 5-16 可知，在电渗初期，即试验①脱水量小于 700g、试验③脱水量小于 220g 的时间段内，能耗系数变化不大；之后能耗系数急剧上升，表明单位脱水消耗的电量增加，即脱水困难。这主要是因为：随着电渗脱水的不断进行，充填料浆中的盐类会逐渐电解形成反电势；充填料浆中水力坡度与电渗脱水的方向相反；随着自由水的不断排出，充填料浆中的弱结合水因受到充填料浆固体颗粒的吸附力作用而在运移时需消耗更多的能量，致使能耗系数迅速增加。充填料浆中加入胶凝材料后，一方面充填料浆加速沉降，会使充填体更加密实，另一方面胶凝材料的水化反应会消耗一定量的水，使充填体排出上部的溢流水之后，很难再排出内部的自由水。因此，在电渗排水量相同的情况下，全尾砂胶结充填料浆能耗系数大于全尾砂非胶结充填料浆。

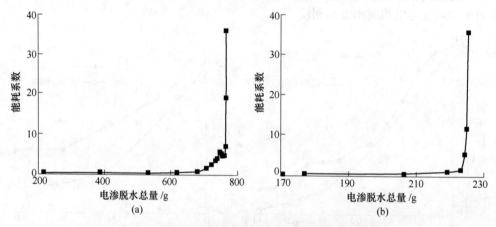

图 5-16　电渗过程中能耗系数变化
（a）试验①能耗系数变化；（b）试验③能耗系数变化

5.3.4.4　电流变化

电渗过程中，充填料浆中电流变化如图 5-17 所示。此次试验实测阴、阳极两端电压（电源电压）为 21.7V。由图 5-17 可知，两组试验电流均随时间呈先升高后降低的趋势，反映了电渗脱水过程中充填料浆电阻率的变化。通电前期，充填料浆内导电离子含量是影响充填料浆电阻率的主要因素。由于通电前期存在电解作用，充填料浆内导电离子增加，电阻率下降；通电后期，含水率成为影响充填料浆电阻率的主要因素，随着充填料浆脱水固结，电阻率逐渐升高。

5.3.4.5　温度变化

开始通电后，两组试验中充填体温度变化如图 5-18 所示。试验的环境温度

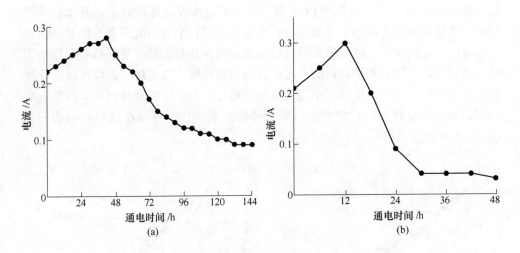

图 5-17 不同试验电流变化

（a）试验①电流变化；（b）试验③电流变化

为 15℃±2℃，自然脱水装置中充填料浆温度与室温变化一致。电渗脱水试验充填料浆的温度比自然脱水试验高 3~5℃，且发现电渗试验中试验箱顶盖附着水滴，而自然脱水组则没有，说明通电过程会对充填料浆进行加热。

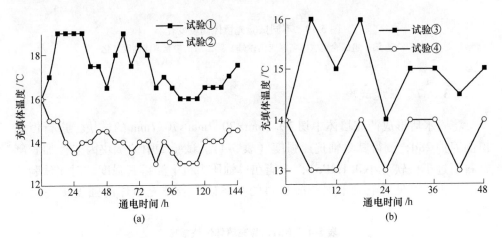

图 5-18 不同试验充填体温度变化

（a）第一组试验充填体温度变化；（b）第二组试验充填体温度变化

5.3.4.6 表面沉降

以通电开始时刻充填体的高度设为 0 点高度，绘制两组试验中充填体高度变化曲线如图 5-19 所示。由图 5-19 可知，对于不添加胶凝材料的全尾砂水砂充填料浆，充填体高度变化的基本规律为：通电后充填料浆表面沉降更为明显，这是因为通电可以加快全尾砂水砂充填料浆脱水并增加其脱水量，使其具有更好的固结效果；而对于添加胶凝材料的全尾砂胶结充填料浆，通电对其表面沉降变化的影响并不明显。另外，在试验中还观察到：相比于不添加胶凝材料的非胶结充填料浆，加入胶凝材料后胶结充填料浆沉降的速度加快，可以在较短时间内完全沉降。

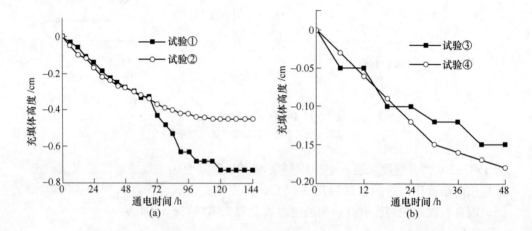

图 5-19　不同试验充填体高度变化
（a）第一组试验充填体高度变化；（b）第二组试验充填体高度变化

5.3.4.7　强度试验

将脱水后形成的充填体中切 70.7mm×70.7mm×70.7mm 的试块，进行恒温恒湿养护 28d，测得其单轴抗压强度（表 5-4）。试验②中的试块因未掺加胶凝材料而过于松软（小 0.1MPa），未能在单轴压力机上测得其强度。对比试验③和试验④，可见通电对不加胶凝材料的全尾砂非胶结充填体的强度提高更为明显。

表 5-4　不同试验充填体试块强度

充填体试块	试验①	试验②	试验③	试验④
28d 强度/MPa	0.26	—	0.50	0.46

对第一组试验充填体试块进行综合热分析试验，得到其的热重分析图谱（图 5-20）。由 TG-DTG 曲线可知，全尾砂样品在 600~700℃ 经历了一次明显的失重。经查阅资料，此阶段为样品中 $CaCO_3$ 的受热分解，生成的 CO_2 排出炉体而导致

失重，可以确定通电之后的试块并未生成有利于强度提升的凝胶产物。有文献认为，通电之后充填体强度提升的原因是通电过程相当于对充填体进行了电热养护。但本次试验中使用的是 24V 低压电（实测 21.7V），通电后充填体的温度也仅仅较不通电高 3~5℃，且温度始终未超过 20℃。因此，其强度升高的原因是充填料浆快速脱水而有利于充填体的固结硬化，以及胶体分散状的细粒在通电作用下转变为较稳定的结晶物。

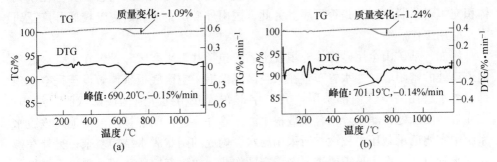

图 5-20 第一组试验充填体试块 TG-DTG 图谱

（a）试验①试块热重分析图谱；（b）试验②试块热重分析图谱

5.3.4.8 试验中的其他现象

充填料浆充入脱水装置之后很快就会发生离析沉淀，固液分离，充填体上表面产生溢流水。垂直布置电极时，不宜在溢流水尚未排净时通电，否则会产生剧烈的电解现象，生成某些危险气体，并且浪费电能。

在阳极附近的料浆中发现了大量由阳极电解形成的铁离子，且通电后阳极腐蚀严重，阳极附近尾砂出现赤色，这是因为通电过程中阳极会发生电解反应：$Fe-3e^- = Fe^{3+}$。

5.3.5 试验研究结论

本节以玲珑全尾砂充填料浆为研究对象，通过试验得到如下结论：（1）未添加胶凝材料的全尾砂非胶结充填料浆，电渗脱水效果明显；（2）充填料浆电渗脱水效果主要与充填料浆自身的物理化学性质有关；（3）电渗过程中能耗系数逐渐增大，通电会造成充填体温度和电阻率升高，阳极腐蚀严重；（4）纵向布置电极时，上部溢流水的存在将导致充填料浆发生剧烈的电解现象。

上述通过室内电渗试验得到的电渗过程中充填体物理力学性能变化规律，可供实际工程应用参考。然而，实际充填料浆脱水现场环境复杂、电渗处理范围较大等原因，与室内试验的电极设置及通电条件等存在一定偏差，有待于今后现场工业试验进行对比研究。

5.4 现场充填脱水设计与应用

5.4.1 采空区充填脱水系统

5.4.1.1 研究背景

全尾砂颗粒保水性强，脱水困难。采空区充填治理效果好与否，关键在于大体积充填料浆脱水工艺是否可靠。为此，国内外矿山企业和研究院校展开广泛研究与应用工作。

例如，某矿山全尾砂膏体充填脱水系统包括井下采空区和设置在采空区底部通道口处的密闭墙，滤水管布置在采空区底部沿采空区底板延伸敷设至采空区顶部，滤水管在采空区内部采用"井"字形布置并相互连通构成网状脱水结构；在靠近密闭墙处，滤水管汇合成数根主滤水管并穿过密闭墙接入沉淀池。该脱水系统中密闭墙承载压力较大，所采用滤水管构成的网状脱水结构复杂；另外在敷设滤水管时，工作人员需要进入老采空区作业，故该充填料浆井下脱水系统作业难度大、成本高，安全性差。

又如，一种用于地下金属矿山采场嗣后充填料浆快速脱水系统主要由设置在采场联络道中的砖砌弧形充填隔离墙和下端口固定在该充填隔离墙的滤水管构成。脱水系统中的充填隔离墙采用弧形，建造工艺复杂、承载压力大、存在安全隐患、工期长；另外，该脱水系统有效的滤水面积较小，脱水效果并不明显。

再如，一种井下嗣后充填脱水装置采用贯通采空区和巷道的钻孔排水，增加作业难度和成本，易发生料浆堵塞钻孔现象，且充填过程中不能进行脱水，脱水效率较低。

此外，敷设滤水管是建造采空区充填脱水系统重要的内容。该领域现有技术中，为方便井下的运输与安装，所用滤水管大多具有一定的柔性。当采用这种滤水管时，滤水管因承受充填料浆较大的侧向压力而被挤扁，造成充填体内部脱水系统瘫痪。

因此，现有采空区充填脱水技术存在结构复杂、作业难度大、成本高、安全系数低，且无法实现快速有效安全地脱水，需要进一步优化与改进。

5.4.1.2 设计思路

针对全尾砂充填料浆颗粒细微、保水性强、脱水困难的特点，基于全尾砂和碎石存在渗透系数差异的理论以及前述充填料浆内部水分迁移规律，提出一种大体积全尾砂充填料浆快速脱水技术方法。该脱水技术具有建造材料廉价易得、施工简单、建造成本低等优点，可使采空区大体积充填料浆高效、稳定地脱水，解决了充填体中滤水管容易被挤扁等问题，作业人员和设备均无需进入老采空区作业，有利于矿山生产安全。

大体积全尾砂充填料浆快速脱水技术方法包括采空区充填脱水系统及其使用方法，已申请国家专利（ZL 201720423846.5，申请号：201710264625.2）。

5.4.1.3 技术方案

本书所提出的适宜井下采空区大体积充填料浆快速脱水系统是由采空区、底部巷道、滤水管和充填挡墙组成，此外还包括采空区底部预留的碎石、碎石反滤层。其中，滤水管是由管壁钻凿有滤水孔的硬质管道和包裹在硬质管道外壁的过滤材料组成，管体下端口与采空区底部预留碎石相接触；充填挡墙是由锚杆、废旧钢轨、金属网和过滤材料组成，锚杆锚固于底部巷道四壁内，锚杆上焊接废旧钢轨，构成钢轨网，金属网和过滤材料绑扎在钢轨网内侧。

（1）滤水管布设网度视空区赋存形态和尺寸大小而定，可以是 2m×4m、3m×4m、5m×5m、7m×7m、8m×8m 不等。

（2）硬质管道可采用螺旋波纹管，在管壁上钻凿 $\phi 5 \sim 10mm$ 的滤水孔。

（3）硬质管道内填装有卵石或豆石，其粒径小于硬质管道直径的 1/3。

（4）硬质管道外壁缠裹的过滤材料可采用过滤布或土工布。

（5）采空区底部预留碎石应填满整个采空区底部，形成渗透脱水层。

（6）碎石反滤层由堆积在底部巷道内充填挡墙预设处的废石构成，碎石反滤层的顶端与巷道顶部充分接触。

（7）充填挡墙距碎石反滤层底端水平距离 1~2m。

5.4.1.4 操作方法

井下采空区大体积充填料浆快速脱水系统构建方法和步骤如下：

（1）填充废石。采空区底部预留或填充一定量的废石。

（2）布置滤水管。先在硬质管道外壁钻凿滤水孔，后在管外壁包裹一层过滤材料，制成滤水管；将制成的滤水管管体下放到采空区，使管体下端口充分接触到采空区底部预留碎石堆，再向硬质管道管体内加入卵石或豆石，滤水管布设完毕。

（3）建造废石反滤层。采用井下铲运机将井下废石搬运至充填挡墙的预设区域，废石反滤层的顶端与巷道顶部充分接触，利用废石堆筑成废石反滤层。

（4）建造充填挡墙。将锚杆锚固于距废石反滤层底端适宜的水平距离处的底部巷道内，锚杆上焊接废旧钢轨，构成纵横交错的钢轨网，后将金属网和过滤材料绑扎在钢轨网内侧，充填挡墙建造完成。

（5）充填脱水。经过上述步骤，包括由采空区、底部巷道、滤水管、采空区底部预留碎石、废石反滤层和充填挡墙组成的整个采空区充填脱水系统建造完成，可开始进行空区充填。充填料浆内部的水和充填体上方澄清水依次经过滤水管和采空区底部预留碎石堆排出空区，又经废石反滤层和充填挡墙后进入井下沉淀池，最后汇入井下排水系统。

5.4.1.5 具体实施方式

现以某金属矿山井下空区全尾砂充填料浆脱水系统构建为例，说明该充填脱水系统的具体实施方式（图 5-21）。

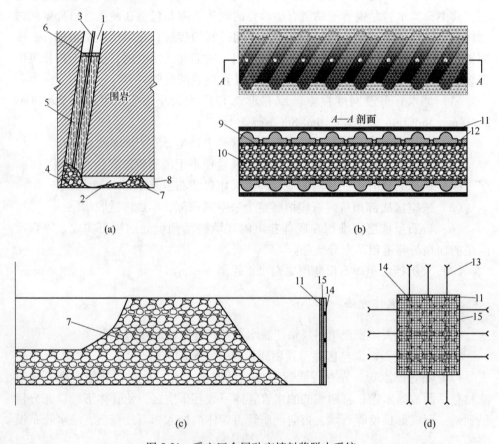

图 5-21 采空区全尾砂充填料浆脱水系统
(a) 整体结构示意图；(b) 滤水管结构示意图；
(c) 废石反滤层与充填挡墙侧剖面图；(d) 充填挡墙示意图
1—采空区；2—底部巷道；3—滤水管；4—空区底部预留废石；5—充填体；
6—充填体上方澄清水；7—废石反滤层；8—充填挡墙；9—硬质管道；10—卵石；
11—过滤材料；12—滤水孔；13—锚杆；14—废旧钢轨；15—金属网

某黄金矿山矿脉厚度约 2.5~4.0m、倾角 85°，中段高度 50m，开采形成的采空区 1 沿走向长 50m，采用阶段空场嗣后充填采矿法开采。该矿房由于回采形成一个形状为平行六面体的采空区，采空区底部尚有少量采下损失的矿石和上盘脱落的围岩，采空区底部每隔8m布置有出矿巷道2。采用全尾砂充填采空区，在充填工作开始之前，首先建造了采空区充填料浆脱水系统。建造采空区充填脱水系统主要包括布设滤水管3、堆筑废石反滤层7和构建充填挡墙8。

步骤1：建造并布置滤水管3。先在螺旋波纹管9外壁凹槽内钻凿孔径为5~10mm的滤水孔12，后在管外壁包裹一层过滤材料11，制成滤水管3；将制成的滤水管3下放到采空区1内，按照在采空区纵向长度以5m的间距布置，使管体下端接触到采空区底部碎石堆4，后向管体内加入粒度小于螺旋波纹管9直径1/3的卵石10以防止螺旋波纹管9被充填料浆5挤扁，此时滤水管3建造布置完毕。

步骤2：建造废石反滤层7。采用井下铲运机将井下废石搬运至挡墙的预设区域，废石反滤层7的顶端与巷道2顶部充分接触，利用废石堆筑成废石反滤层7。

步骤3：建造充填挡墙8。将锚杆锚固于距废石反滤层7底端水平距离1~2m处的底部巷道2内，锚杆13上焊接废旧钢轨14，构成钢轨网，后将金属网15和过滤布11绑扎在钢轨网内侧，此时充填挡墙8建造完成。

步骤4：充填脱水。经过以上步骤，包括由采空区1、底部巷道2、滤水管3、采空区底部碎石堆4、废石反滤层7和充填挡墙8组成的整个采空区嗣后充填脱水系统建造完成，可以开始进行充填。充填料浆内的自由水和充填体上方的澄清水6先经滤水管3和采空区底部碎石4形成的石堆中流出，又经废石反滤层7和充填挡墙8后进入井下沉淀池，最后并入井下排水系统。

5.4.2 空区充填料浆脱水实践

以大开头矿区-570m中段48-8688采空区和48-8486采空区全尾砂充填治理为例，说明空区大体积充填料浆脱排水工艺及其应用。

5.4.2.1 充填挡墙设计和施工

结合大开头矿区-570m中段48-8688采空区和48-8486采空区实际赋存情况，设计如图5-22所示的充填挡墙。充填挡墙构筑工序如下：

（1）在-570m中段48-8688采场和48-8486采场原脉外巷道顶、底板和两帮锚设固定钢轨的水泥锚杆或管缝式锚杆3~5根。

（2）在锚杆上焊接废旧钢轨，焊点位置尽量靠近锚杆的根部，呈十字交叉网格状，十字交点亦用电焊焊接固定。

（3）在挡墙内侧，依次将钢筋网（由ϕ6mm圆钢电焊编织而成，网孔100mm×100mm）或铁丝网（由10#铁线编织而成，网孔71mm×71mm，为菱形网）、土工布等滤水材料绑扎在钢轨上，组成一个完整的滤水挡墙。为防止跑浆，应加强挡墙四周封堵严实。

（4）挡墙内侧巷道（包括脉外巷和出矿穿）均需铺设高度不低于 1.5m 的废石层作为反滤层，并且靠近充填挡墙处的废石层应与巷道顶板充分接顶，其接顶长度≥5m。

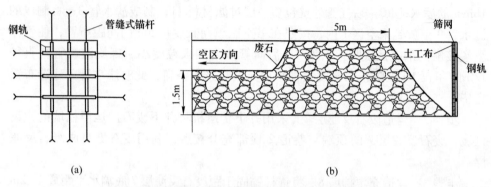

(a)　　　　　　　　　　　　　　　　(b)

图 5-22　–570m 中段 48-8688 采空区充填挡墙构筑

（a）挡墙整体结构；（b）底部巷道内碎石堆筑

充填挡墙位于图 5-23 中黑色位置，共需施工两处充填挡墙。由于–570m 中段 48-8486 采场空区和 48-8688 采场空区未连通，故应先充填 48-8486 采场空区，再充填 48-8688 采场空区。因此，需在图 5-23 中自左向右第八个出矿穿和第九个出矿穿之间的稳定岩石段设置第一道充填挡墙，防止充填 48-8486 采空区时料浆外泄。第二道充填挡墙设在 48-8688 采场脉外巷道西侧稳定岩石段，待 48-8486 采空区充填完毕后，再进行 48-8688 采空区充填。

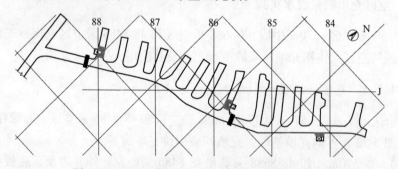

图 5-23　–570m 中段 48-8488 采空区充填封堵设施

另外，为防止充填料浆跑浆或因充填高度增加后底部充填料浆压力过大，突然从人行顺路天井泄出，还需对–570m 中段 48-8688 采场和 48-8486 采场的三条人行顺路天井的底部进行封堵。具体方法是在天井底部巷道前后各 3~5m 的范围内（图 5-23 中灰色部分）铺满废石，并确保废石充分接顶；其他区段则只需在巷道内铺设高约 1.5m 的废石垫层即可。

5.4.2.2 采空区脱水方案设计

考虑到玲珑矿区−570m 中段 48#脉 8688 采场空区围岩脱落，人员无法进入空区内部，拟采用塑料螺旋波纹管外裹土工布进行空区充填脱水。结合实验室充填脱水模拟试验，在采空区底部至充填挡墙位置处铺设碎石，同时在采空区内预先布置滤水管，提高空区大体积充填料浆的脱水率。−570m 中段 48#脉 8688 采空区充填治理过程中的脱水方案设计如下：

（1）采空区底部（−570m）至充填挡墙处铺设巷道高度一半的碎石，同时在采空区上部中段（−520m）中间的两个下料口（图 5-24 中 B、C 处）各布置一条滤水管，滤水管缓慢下放至采空区底部并与碎石堆接触。

（2）空区底部的碎石取自−520m 中段的掘进废石，自空区上部中段的下料口（图 5-24）用铲运机卸至采空区；空区底部巷道内的碎石则取自−570m 中段的掘进废石。

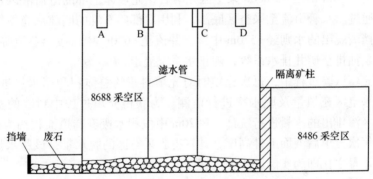

图 5-24　−570m 中段 48-8688 采空区充填滤水系统

（3）滤水管选择 $\phi100mm$ 的塑料螺旋波纹管，在波纹管壁的凹陷处周向每圈打 6~7 个 $\phi9mm$ 的等间距泄水孔，轴向 5~10cm 布置一圈，相邻两圈的泄水孔在纵向上错开布置。管壁打孔后，外表包裹一层土工布或尼龙滤布，用豆石或碎石填满波纹管以支撑管壁，防止被充填料浆压扁，即可作为采空区充填脱水的滤水管（图 5-25(a)）。

（4）每节波纹管长 10m，采用管夹连接。由于波纹管的纵向抗拉强度不能承受多根连接悬吊后的自重，故将波纹管与 2 根分别置于管体两侧的钢丝绳相固定，这样波纹管悬吊后即靠钢丝绳承受自重。钢丝绳可固定在采空区上方下料口处的锚杆上（图 5-25(b)）。

（5）波纹管连同钢丝绳一块下放至采空区内碎石堆上，建议避开充填料浆的下料点。空区充填后，充填料浆中的自由水经波纹管-碎石堆构成的导水通道排至充填挡墙外。

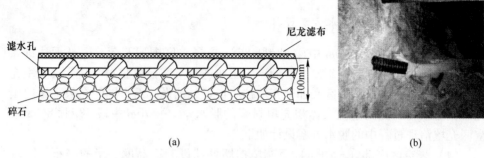

(a)   (b)

图 5-25   -570m 中段 48-8688 采空区充填滤水管

（a）塑料波纹滤水管结构；（b）空区上方滤水管架设

5.4.3 空区充填脱水效果分析

大开头-570m 中段 48-8688 采空区充填后，充填体上部的澄清液以及内部的自由水可通过滤水管引流至采空区底部，利用底部碎石堆的间隙从充填挡墙中流出。充填挡墙脱出的水则经-570m 中段天井流至-620m 中段废弃巷道临时积存，再通过水泵抽排至矿井排水系统，随排水系统流走。

空区充填试验过程中，每次充填时对充填料浆的总体积和用水量进行记录，以利于对采空区充填量及脱水率进行监测。为获得充填过程中料浆的实际脱水率，对空区渗排出的水量进行统计。-620m 中段积水废弃巷道面积约为 87.5m²，通过监测每次充填后液面上升高度，计算得到采空区的脱水量，该脱水量与地表充填站用水量之比即为实际脱水率。

根据充填站的记录，2017 年 6 月 3 日充填时，采空区内共充填约 205m³ 的全尾砂料浆，其中水的体积约 139m³；6 月 4 日（充填 24h 后），-620m 中段废弃巷道内积水液面上升高度约为 0.4m，计算脱水量约为 35m³。因此，采空区在实际充填过程中脱水率约为 25%。根据实验室内测得在加滤水管和铺碎石条件下，充填体固结后最终脱水率介于 23%~25% 之间，故可认为采空区每次充填后，充填料浆中的自由水能在 24h 后基本脱出，即可进行下一次充填。在后期采空区充填过程中，每次充填后应该及时将充填渗排出的水引流至矿井排水系统排走。

5.5 本章小结

脱水工艺直接影响空区充填治理效果。目前，主要充填料浆脱水方式包括：（1）充填盘区周边侧向中深孔溢流排水；（2）空区充填底部中深孔脱水；（3）充填挡墙预留排水管；（4）钻孔内安装滤水短管；（5）利用采场原有裂隙、断层构造排水；（6）利用自然渗透排水。

实验室全尾砂充填料浆脱水模拟试验表明：巷道内铺满碎石但不加滤水管

时，因全尾砂渗透系数小，充填体上部澄清液难以排出，脱水率仅 11.81%；若增加滤水管后，滤水管可将充填体上部澄清液及内部自由水引流至底部巷道，利用巷道内碎石之间的空隙排出，脱水率达 23%~25%。也即，空区充填滤水管与底部碎石共同组成导水通道，使充填料浆内部的自由水快速脱出。充填料浆中自由水的迁移分为两种：一种是因料浆中尾砂自然沉降，将自由水挤压至充填体上部（垂直迁移），形成澄清水；另一种则是充填体内的自由水向滤水管方向移动（水平迁移）。由于水分的水平迁移，带动尾砂颗粒一起移动，最终在滤水管周围形成凸起，影响充填接顶效果。

采用自制的电渗脱水和自然脱水试验装置，开展全尾砂胶结充填料浆和非胶结充填料浆的脱水试验，探究充填料浆电渗脱水固结规律。通过监测充填料浆的沉降高度、温度、脱水量、电流、阴阳极含水率、电能消耗和检测充填体试块强度，对比分析了全尾砂充填料浆在不同条件下的脱水固结性状。研究表明：(1) 未添加胶凝材料的全尾砂非胶结充填料浆，电渗脱水效果明显；(2) 充填料浆电渗脱水效果主要与充填料浆自身的物理化学性质有关；(3) 电渗过程中能耗系数逐渐增大，通电会造成充填体温度和电阻率升高，阳极腐蚀严重；(4) 纵向布置电极时，上部溢流水的存在将导致充填料浆发生剧烈的电解现象。

针对现有空区充填脱水技术存在结构复杂、作业难度大、成本高、安全系数低且无法实现快速安全脱水等问题，基于尾砂和碎石存在渗透系数差异的理论，提出一种井下空区大体积充填料浆快速脱水技术方法。该充填脱水系统由空区、底部巷道、滤水管、充填挡墙以及空区底部预留碎石、碎石反滤层等组成，滤水管管体下端口与采空区底部预留碎石堆相接触，具有建造材料廉价易得、施工简单、建造成本低、快速脱水等优点。

以大开头矿区-570m 中段 48#脉 8688 采空区全尾砂充填治理为例，开展了空区大体积充填料浆脱水工艺与系统的设计、施工及应用。采空区充填后，充填体上部澄清液及内部自由水可通过滤水管引流至采空区底部，利用底部碎石堆的空隙从充填挡墙中流出；充填挡墙排出的水经-570m 中段天井流至-620m 中段废弃巷道临时积存，再用水泵抽至矿井排水系统。大体积采空区充填料浆渗排水量动态统计表明，采空区实际充填过程中脱水率约为 25%，与实验室条件下充填固结最终脱水率介于 23%~25%基本吻合，故可认为采空区每次充填料浆中的水在 24h 后基本排出，快速脱水效果明显。

6 遗留空区（群）稳定性
控制与充填治理

6.1 概述

6.1.1 空区稳定控制技术

6.1.1.1 干式充填控制技术

干式充填是将废石等干式物料采用一定的充填工艺充至井下空区的一种处置方法。干式充填物料是一种典型的散体介质，其粒级组成视具体情况而定，均匀性差，在适当压实之前承载能力低。干式充填料的承载特性与其体积压缩率之间存在一定函数关系，影响这种函数关系的主要因素是充填料颗粒的强度和级配。一般而言，颗粒强度越大，则单位压缩率的承载能力越大；而颗粒的级配特性则直接反映了干式充填料被压实前的初始密实程度。干式充填物料存在某一最佳颗粒级配，在该级配时充填物料的孔隙率最小，即充填物料单位堆积密度最大，故其承载能力最强。

在矿井生产过程中，井下采空区利用废石等物料进行充填，既可增强空区的稳定性和安全性，同时又能极大减少废石的提升量，从而降低矿山运输和提升成本。采用废石充填空区，井下废石可不提升至地表，而通过井下运输系统直接充填至空区，故废石充填一般要求空区周围有便利的井巷工程，否则必须在稳定性较好的围岩中施工充填井。根据充填物料输送设备的不同，常用的废石充填方案包括侧卸式矿车输送、胶带输送机输送、井下卡车及铲运机联合输送。侧卸式矿车输送的优点是工艺简单、设备投入少，缺点是作业强度大、充填效率低，适用于空区规模较小、围岩稳定性较好的区域；胶带输送机输送的优点是充填能力大、机动灵活、安全性好，缺点是设备成本高、充填系统复杂，适用于矿体上盘能施工充填井的采空区；井下卡车及铲运机联合输送的优点是机动灵活、充填能力大，缺点是轮胎磨损和井下空气污染严重，适用于具备无轨运输条件的采空区。

采用干式充填控制地压和维护采空区稳定，在于充填体能够减少岩体位移和变形空间，即可以减缓岩体位移的速度和规模。根据目前对干式充填作用机理的认识，干式充填并不能显著地改变围岩中应力分布的形式，也不能刚性地阻止围岩位移或变形的发生，但干式充填料的存在可以改善采空区围岩和矿柱的受力情况，增加地质软弱结构面附近岩体的稳定性，且当充填物料体积压缩至一定值后，充填物料可以承受较大的岩层压力，从而限制大面积围岩移动的发生。

干式充填法治理采空区，可以对采空区的围岩起到一定的支撑作用，防止围岩掉落，但难以对矿体开采形成的应力集中起到转移作用。因此，对于采空区分布较广的矿区，需采用其他方法与干式充填相互配合才能对采空区稳定性起到更好的控制作用。

6.1.1.2　全尾砂充填控制技术

A　全尾砂非胶结充填

全尾砂非胶结充填是指选矿尾砂不经分级处理，直接通过充填管道输送至井下空区的一种处置方法。采用全尾砂非胶结充填治理采空区，可有效降低空区充填成本，同时解决尾砂地表堆放问题，但其缺点也非常明显。由于尾砂未经分级处理，会造成充填过程中大量的水分不能及时排出，空区内大量积水会对围岩及挡墙产生较大静水压力，易造成跑浆事故，同时因充填料浆中未加入胶凝材料，固结后的充填体强度极低，承载能力差。

由于全尾砂非胶结充填存在强度低、脱水困难等缺点，故现场应用时往往会受到很多限制，一般难以对大面积采空区采用该方法进行充填控制。

B　全尾砂胶结充填

全尾砂胶结充填是指选矿产生的尾砂不经分级处理，但加入一定量的胶凝材料，制备成为全尾砂胶结充填料浆，通过充填管道输送至井下空区的一种治理方法。采用全尾砂胶结充填，不仅可解决尾砂排放为题，同时胶结充填体强度高，可对围岩起到良好支撑作用。

关于胶结充填体与围岩作用机理，国内外学者已做过一些研究，普遍认为胶结充填体支护作用是被动支护，能对围岩变形起到限制作用；同时认为充填体充填空区的作用只需满足自身稳定即可，但忽略了对空区围岩扰动应力分布及破坏规律的考虑。矿体的开采与充填是一个动态过程，对于开采扰动较小的硬岩矿体，其围岩吸收变形能的能力足以保持空区的稳定性；而对于开采扰动较大的深部大型复杂矿体，空区围岩扰动应力分布及破坏规律有很大区别，充填体的三向受力状态也不同，故充填体的作用和强度设计也与前者不同。随着空区采深增加，空区范围加大，围岩难以满足自稳要求，需要从采空区围岩自身应力变化特点、开采过程中的应力扰动程度及开采强度等方面，分析胶结充填体与围岩作用关系及其强度匹配设计。

6.1.2　充填体与围岩力学响应特征

6.1.2.1　充填体与顶部围岩力学响应特征

根据研究，矿体开采扰动导致的岩体位移是不可逆的。依据普氏拱理论，矿体开采后顶部形成拱形的卸压圈，卸压圈范围的大小与采空区顶部岩体暴露面积、暴露时间及岩体强度等相关。卸压圈内岩体的崩落呈间歇性，表明其能量的释放分期进行。胶结充填体对顶部岩体作用可认为是限制其继续产生拉应力变形，在一段时间内只需维护特定范围内的岩体稳定性，相当于与某一时期内的岩体进行能量转换，达到平衡即可。

一般情况下，开采扰动产生的能量，部分要耗散在不可恢复的变形、裂缝和滑移上，剩余能量则通过边界传递到侧向岩体上。当部分耗散在顶部岩体自身变形上的能量超过其自身承载临界值时，便会自动释放，即向充填体转移。在这一时段，当顶部岩体释放的能量超过充填体吸收能量的阈值时，围岩将继续发生形变，压缩充填体；直到充填体发生单位变形量所承受的力与围岩释放能量相同，则充填体与围岩能量重新达到新平衡。

当顶部围岩发生一定量的变形时，假设充填体与围岩的充填接顶率为100%，由于岩体的刚度（弹性模量）大而充填体弹性模量小，相比而言充填体属于柔性体，在发生相同变形的条件下，充填体能吸收到能量的容量较小，此时充填体吸收到的能量小于岩体释放的能量，顶部岩体产生较多的剩余变形能，进而继续发生变形。由于采空区充填体处于三维受力状态，当变形量达到一定量后，充填体的力学响应强度将增加，此时充填体在发生相同变形量时所能吸收能量的能力增大，使顶部岩体在下一阶段能释放的剩余能量相对减少，最终充填体的应力-应变曲线与岩体应力-应变曲线重合，充填体与围岩发生同步变形，直到下一阶段能量释放之前，充填体曲线与岩体曲线始终处于即合即离状态。充填体在下一阶段大量能量释放时，充填体与岩体的应力-应变曲线又将从先前阶段状态起按上述规律发生，最终充填体与围岩达到长期稳定和能量平衡状态。

当充填体强度足够大时，岩体在达到屈服极限强度之前，岩体与充填体就已达到共同平衡，因而应力变形曲线发展终止；当充填体强度不足时，岩体在与充填体发生能量交换时，充填体刚度不足以限制岩体位移，岩体同样会发生屈服峰值强度破坏。

充填体处于三维受力状态时，其发生单位变形量时所需外力增大，若在弹性范围内，相当于充填体的弹性模量发生变化，刚度变大，直到与岩体刚度匹配，其 σ-ε 曲线呈阶梯式增加。岩体在有无充填体支护状况下的 σ-ε 曲线差异较大：在有充填体支护的状态下，其 σ-ε 曲线阶段梯式缓慢变化，直到与充填体 σ-ε 曲线近似重合和变形同步；充填体要在顶部岩体达到屈服极限值前与岩体共同达到平衡，以限制围岩继续变形。由充填体与顶部围岩发生作用时的 σ-ε 曲线可以证明，充填体的主要作用为被动支护，属柔性支护体，顶部岩体与充填体相互作用遵循"一呼一吸"滞后充填模式。

6.1.2.2 充填体与侧向围岩力学响应特征

充填体与侧向岩体共同作用主要体现在充填体与岩体发生抗压时产生侧向变形的侧向压力之间的作用特征。为维持自重，充填体本身会产生侧向变形趋势，对侧向岩体起主动支护。侧向压力可表示为：

$$\sigma_a = \sigma_v \frac{(1-\lambda)(1+\lambda)}{2(1+2\lambda)} \tag{6-1}$$

$$\sigma_v = \gamma H \left(1 + \frac{a}{b}\right) \tag{6-2}$$

式中　σ_a——充填体所受侧压力，MPa；

　　　σ_v——侧壁上方所受集中应力，MPa；

　　　a/b——空区宽度与侧壁承载宽度之比；

　　　λ——原岩水平构造应力与垂直应力之比，$\lambda = 1.1 \sim 1.3$；

　　　γ——充填体容重，MN/m^3；

　　　H——空区顶板埋深，m。

通过上两式可知，在特定深度时，充填体侧向受压大小是一定的，即可认为给充填体的侧向压力恒定。若发生一定量的侧向变形，将充填体受力状态视为在恒压下压缩变形，按照能量平衡的关系，侧向岩体与充填体即发生能量转换，直到充填体的单位变形能等于侧向岩体释放的能量或变形量时，充填体与岩体达到能量平衡，岩体不再产生侧向移动。充填体对侧向岩体的作用具有主动性，这点与充填体与顶部岩体间的作用关系有所不同。

6.1.3　胶结充填体强度匹配设计

6.1.3.1　充填质量分级

采空区充填体强度的选择，不仅与开采强度、开采深度、地质环境等因素相关，同时还与充填体配比、充填质量等相关。由于全尾砂胶结充填体属于全尾砂和胶凝材料共同形成的多相复合型材料，故充填料浆输送至采空区后，因工程环境及人为操作等不可控因素，充填料浆不可避免地会产生离析、沉淀、分层现象，致使充填料浆固结时会产生多种微裂纹、微孔隙、气泡及层面等。根据相关研究，充填质量可按照表 6-1 进行分级。

表 6-1　充填质量分级表

等级序号	充填质量等级	充填质量定性描述
I 级	质量很好	充填料浆无离析，无分层沉淀，充填体内极少气泡
II 级	质量好	充填料浆无离析、泌水现象，有分层沉淀，充填体里气泡和孔洞可见

等级序号	充填质量等级	充填质量定性描述
Ⅲ级	质量一般	充填料浆有离析、泌水现象，有分层沉淀，充填体里气泡、微裂隙、孔洞较常见
Ⅳ级	质量差	充填料浆离析、泌水现象较严重，分层现象较明显，充填体里气泡、微裂隙、孔洞较多
Ⅴ级	质量极差	充填料浆离析、粗颗粒分层明显，充填体内孔隙与孔洞发育明显，充填质量几乎没有整体性

6.1.3.2　充填体强度匹配

当开采强度一定时，开采扰动引起的围岩能量变化是一定的，充填体的作用只需提供弥补开采产生的变形能就能保持围岩稳定，且充填工艺和施工质量处于稳定状态，故对需要维持采空区稳定的充填体强度可认为是一常数。由于充填体顶部岩体的作用具有间歇性和跳跃性，在充填体产生支撑岩体作用效果之前，充填体必须满足自立性，自立性强度要求可按照 Thomas 模型设计。Thomas 模型中，作用在充填体底部的垂直应力为：

$$\sigma_d = \frac{\gamma h}{1 + \dfrac{h}{w}} \tag{6-3}$$

式中　σ_d——作用在充填体底部的垂直应力，MPa；

　　　h——充填体的高度，m；

　　　w——充填体的宽度，m；

　　　γ——充填体容重，MN/m³，可取 0.018MN/m³。

根据上式，可以得到充填体高度与自立所需强度的关系，见表 6-2。由表 6-2可知，充填体自立所需强度与充填体高度之间存在正比关系，即随着充填体高度的增加，充填体自立所需强度也增加。玲珑矿区矿体属急倾斜薄矿脉，多采用空场法开采，采空区高度一般在 10~50m 之间，由表 6-2 可知，充填体自立所需强度不超过 0.5MPa。根据室内试验，灰砂比 1:10、料浆质量浓度 65% 的充填体试块 7d 的抗压强度可达到 0.97MPa，故在该条件下充填体强度可以满足采空区充填时充填体自立要求。随着质量浓度、灰砂比及龄期的增加，充填体试块强度继续增大，可以满足充填要求；但当灰砂比为 1:20、料浆质量浓度 65% 的充填体试块 28d 的抗压强度仅为 0.26MPa，即灰砂比低于 1:10 时，不适宜高度较大的采空区充填。因此，根据采空区稳定性分析结果，结合充填体自立所需强度与充填体高度之间存在的正比关系，确定不同类型采空区充填所需充填料浆配比要求。

表 6-2　充填体高度与自立所需强度关系表（宽度 $w=50\mathrm{m}$）

充填体高度 h/m	10	20	30	40	50	60
自立所需强度 $\sigma_{\mathrm{d}}/\mathrm{MPa}$	0.15	0.26	0.34	0.40	0.45	0.49

6.1.4　采空区充填治理顺序

在采空区充填治理过程中，应该根据采空区赋存条件以及充填管路敷设情况，设计合理的充填治理顺序，期望既能确保充填过程中采空区（群）的稳定，又能保证充填工艺合理有序开展。根据查阅采空区充填治理相关资料，在充填过程中，应尽可能地采用自下而上的充填顺序，因为先充填上部采空区会对下部采空区产生较大的压力，导致采空区发生失稳；而先充填下部采空区，后充填上部采空区，可以减小下部采空区承受的压力，降低采空区失稳的可能性。然而，充填管路是由上至下铺设，要充填下部采空区，必须先完成上部充填管路的铺设。因此，需要在二者之间寻求平衡，设计合理的充填治理顺序。

根据玲珑矿区空区（群）稳定性分析结果，相邻较近的采空区稳定性差，相对独立的采空区稳定性较好。因此，在充填过程中，若采空区垂直方向距离较近时，应先充填下部空区，后充填上部空区；但对于独立采空区或者垂直方向距离较远的采空区，可先充填上部空区，后充填下部空区，这样可缩短充填管路铺设时间，及时有效进行充填治理。

6.2　空区全尾砂充填治理设计

6.2.1　充填挡墙设计

6.2.1.1　概述

凡使用充填法开采的矿山，一般充填挡墙的设置是采空区充填前必须完成的一项重要工作。由于充填材料的特殊性及充填料浆水力输送的优越性，目前越来越多的矿山遇到了充填挡墙压力计算和设计问题。同时，由于不同矿山中所用的采矿方法、对充填质量要求以及充填-回采的时序等不同，充填挡墙的设置地点、受力大小、强度等也不尽相同。

由于全尾砂充填料浆的特殊性，充填挡墙以任何形式的破坏及充填料浆的泄漏，必将导致灾害性的安全事故，故需研究确定合理的充填挡墙形式及其结构，同时采取切实可靠的技术措施，使其在充填过程中及随后的生产过程中均能保证挡墙的稳定，以确保矿山生产的正常运行。

正确分析充填挡墙上的受力状况，合理计算充填挡墙受力大小，不仅对矿山安全生产及矿山充填作业有益，而且有助于降低矿山充填成本和提高矿山整体经济效益。充填挡墙的设置一般需要考虑：

（1）充填挡墙受力大，易产生局部位移变形，导致充填时跑浆，不但污染井下工作环境，同时也造成水泥流失、充填不接顶等问题。

（2）充填挡墙受力过大而倒塌，不但大量砂浆流失，还会造成人员伤亡、设备损坏、巷道堵塞，严重时还可能导致矿山停产。

（3）充填挡墙设置过多或过厚，都会造成人力、物力上的浪费，同时还延时误工，影响整个矿山的生产进度，降低劳动生产率。

6.2.1.2　充填挡墙力学分析

根据充填特点和充填时间顺序，随着充填料浆的逐步脱水、沉降、凝结固化，形成的充填体对充填挡墙的作用力逐渐减小，即刚充入采场空区时未凝结固化的充填料浆对充填挡墙作用力最大。因此，本节部分引用汪海萍等人的研究成果，只分析充填料浆刚刚进入空区时充填挡墙受力情况。此时，充填挡墙受力情况分以下两种。

A　充填料浆液面高度 $h \leqslant$ 充填挡墙高度 H

充填挡墙形状多为矩形，设高为 H、宽为 W；充填料浆容重 $\gamma_{液}$，脱水后容重 $\gamma_{脱}$，充填料浆液面高度从充填挡墙底部开始计算，用 h 表示（图6-1）。充填挡墙受力计算公式：

$$q = \begin{cases} 0 & 0 \leqslant Z_0 \leqslant H - h \\ \gamma_{液}(Z - H + h) & H - h < Z_0 \leqslant H \end{cases} \qquad (6\text{-}4)$$

充填挡墙总压力 P 为：

$$P = \frac{1}{2}\gamma_{液}h^2 W \qquad (6\text{-}5)$$

充填挡墙所受弯矩大小为：

$$M = \begin{cases} \dfrac{\gamma_{液}}{6H}h^3 Z_0 & 0 \leqslant Z_0 \leqslant H - h \\[3mm] \dfrac{\gamma_{液}}{6H}h^3\left[\dfrac{Z_0}{H} - \dfrac{(Z - H + h)^3}{h^3}\right] & H - h \leqslant Z_0 \leqslant H \end{cases} \qquad (6\text{-}6)$$

最大弯矩为：

$$M_{\max} = \frac{\gamma_{液}}{H}h^3\left(H - h + \frac{2h}{3}\sqrt{\frac{h}{3H}}\right) \qquad (6\text{-}7)$$

最大弯矩作用点：

$$Z_0 = H - h\left(H - h + h\sqrt{\frac{h}{3H}}\right) \qquad (6\text{-}8)$$

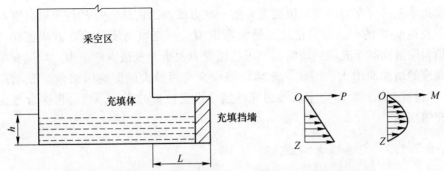

图 6-1 空区充填挡墙受力分析（料浆高度 $h \leqslant$ 挡墙高度 H）

B 充填料浆液面高度 $h>$ 充填挡墙高度 H

充填料浆液面高度高于充填挡墙时（图 6-2），充填挡墙受力计算公式：

$$q = \gamma_{液}(h - H) + \gamma_{液}Z \tag{6-9}$$

充填挡墙总压力 P 为：

$$P = \gamma_{液}\left(h - \frac{H}{2}\right)HW \tag{6-10}$$

充填挡墙所受弯矩大小：

$$M = \frac{\gamma_{液}}{6}\left[(3h - 2H)HZ - 3(h - H)Z^2 - Z^3\right] \tag{6-11}$$

最大弯矩及作用点分别为：

$$M_{\max} = \frac{\gamma_{液}h}{6}\left(\frac{2\sqrt{3}}{9h}m^{\frac{3}{2}} - m + h\right) \tag{6-12}$$

$$Z_0 = H - h + \frac{\sqrt{3}}{3}m^{\frac{1}{2}} \tag{6-13}$$

其中

$$m = 3h^2 - 3Hh + H^2$$

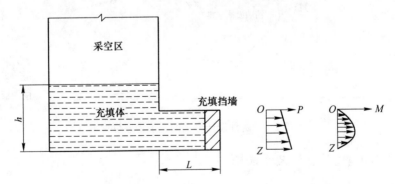

图 6-2 空区充填挡墙受力分析（料浆高度 $h>$ 挡墙高度 H）

由以上公式可以看出，当充填料浆液面低于或等于充填挡墙高度时，作用在充填挡墙上的分布力 q 与充填高度 h 的一次方成正比，总压力 P 与充填高度 h 的平方及宽度 W 的一次方成正比，最大弯矩 M_{max} 与充填高度 h 的立方成正比；当充填料浆液面高于充填挡墙时，充填挡墙受力大小 P 及最大弯矩 M_{max} 均随充填挡墙高度的增加而增大。因此，充填挡墙安全与否最大的影响因素就是充填高度 h。故设置充填挡墙时应重点考虑充填挡墙设置位置的高度，然后再综合考虑建构充填挡墙。

6.2.1.3　充填挡墙位置确定

充填挡墙在空区充填治理过程中是一个比较关键的环节，其不但是防止充填料浆泄漏的主要手段，也是充填过程中排水的主要出口。因此，正确选择充填挡墙位置是充填成功与否的前提。在选择充填挡墙位置时应遵循下列原则：（1）充填挡墙所处位置的围岩状况要好，无大的裂隙、突出的岩石，巷道表面平整，易于施工；（2）充填挡墙所处的巷道断面应尽量小，断面过大不但不易施工，而且充填挡墙厚度也会因此增大较多，增加施工成本；（3）充填挡墙所处位置应利于空区排水，不应距空区太远，以减小排水管铺设长度。

根据理论分析及现场实践经验可知，充填高度与宽度都是影响充填挡墙的重要因素。为降低充填挡墙费用，确保安全可靠，结合玲珑矿区井下空区分布实际情况，拟设计两种充填挡墙的位置（图6-3）以供参考。

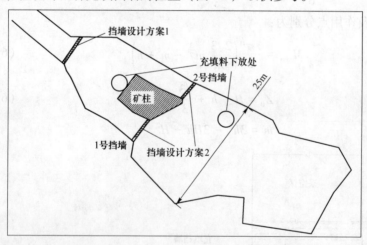

图6-3　两种设计方案的充填挡墙位置

6.2.1.4　充填挡墙尺寸选择

A　充填挡墙宽度计算

因一次充填高度不宜超过 3m，故设计按照一次 2.5m 的分层充填高度计算，设计不同挡墙材料所需的墙体宽度。充填挡墙结构厚度计算公式采用楔形计算法，参考《采矿设计手册》之"井巷工程卷"防水闸门设计。

（1）按照抗压强度计算：

$$B = \frac{\sqrt{(b+h)^2 + \frac{4Fbh}{f_c}} - (b+h)}{4\tan\alpha} \tag{6-14}$$

式中　B——充填挡墙厚度；

　　　b——充填挡墙所在巷道处净宽度；

　　　h——充填挡墙所在巷道净高度；

　　　F——充填挡墙上的静水压力；

　　　f_c——所选充填挡墙材料的抗压强度；

　　　α——充填挡墙嵌入巷道角度。

（2）按抗剪强度计算：

$$B = \frac{Fbh}{2(b+h)f_v} \tag{6-15}$$

式中　f_v——所选充填挡墙材料的抗剪强度。

（3）按抗渗透性条件计算：

$$B \geqslant 48Kh_{bh} \tag{6-16}$$

式中　K——充填挡墙的抗渗性要求，取 $K=0.00003$；

　　　h_{bh}——设计承受静水压头的高度。

B　充填挡墙宽度

按照不同材料，计算充填挡墙宽度见表6-3和表6-4。

表6-3　充填挡墙材料为烧结普通砖

充填高度 h /m	计算承压 /MPa	设计承压 /MPa	充填挡墙墙宽/m			
			按抗压计算	按抗剪计算	按渗透计算	建议值
1.0	0.01	0.02	0.01	0.19	0.00	0.20
1.5	0.01	0.03	0.02	0.29	0.00	0.35
2.0	0.01	0.03	0.03	0.38	0.00	0.45
2.5	0.02	0.04	0.04	0.48	0.01	0.55
3.0	0.02	0.05	0.04	0.57	0.01	0.65
3.5	0.02	0.06	0.05	0.67	0.01	0.75
3.85	0.03	0.07	0.06	0.74	0.01	0.85
4.0	0.03	0.07	0.06	0.77	0.01	0.86
4.5	0.03	0.08	0.06	0.86	0.01	0.95
5.0	0.03	0.09	0.07	0.96	0.01	1.00

表 6-4　充填挡墙材料为混凝土材料

充填高度 h /m	计算承压 /MPa	设计承压 /MPa	充填挡墙墙宽/m			
			按抗压计算	按抗剪计算	按渗透计算	建议值
1.0	0.01	0.02	0.01	0.02	0.00	0.03
1.5	0.01	0.03	0.01	0.03	0.00	0.04
2.0	0.01	0.03	0.02	0.04	0.00	0.05
2.5	0.02	0.04	0.02	0.05	0.01	0.06
3.0	0.02	0.05	0.02	0.06	0.01	0.07
3.5	0.02	0.06	0.03	0.07	0.01	0.08
3.85	0.03	0.07	0.03	0.08	0.01	0.09
4.0	0.03	0.07	0.03	0.08	0.01	0.09
4.5	0.03	0.08	0.04	0.09	0.01	0.10
5.0	0.03	0.09	0.04	0.10	0.01	0.15

C　现场堆砌充填挡墙宽度

a　普通砖和混凝土挡墙

上述分析结论为理论上采用普通砖或混凝土材料时充填挡墙墙体宽度的计算值及建议值，现场实际堆砌时只能比建议值大，最好比建议值大 10cm 左右。由表 6-4 计算值可知，以混凝土为砌墙材料，当充填高度达到 5m 时，墙宽要达到15cm。为了减少现场实际施工影响，此时建议充填挡墙设计厚度为 25cm。当空区的充填高度超过巷道高度时，应稍缓充填，待空区内部充填料浆固结一定程度后，再继续进行充填。

b　采用金属槽钢+片网+滤布

采用片网或木质模板，外用槽钢或钢柱支撑（图 6-4）。其中，槽钢可通过打锚杆或膨胀螺栓固定于挡墙围岩之中。

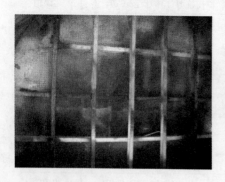

彩图请扫我

图 6-4　推荐的空区充填挡墙方式

6.2.1.5　充填挡墙排水设计

A　充填挡墙排水孔布置

水对充填挡墙将产生静水压力，及时排除充填挡墙后的水，对减小挡墙压力及防止充填料浆离析具有积极意义。排除充填挡墙后的水，通常是在墙身设置排水孔，排水孔眼的水平间距和竖直排距约为2~3m，排水孔应向外做5%的坡度，以利于水的迅速下泄。孔眼选择圆形，直径为5cm，排水孔上下层应错开布置，即整个墙面为梅花形布孔，最低一排排水孔应高于墙前地面（图6-5）。当充填挡墙前有水时，最低一排排水孔应高于挡墙前水位。另外，充填挡墙应该留出滤水孔，用于和采空区中的滤水管连接，滤水管的布设情况根据充填空区大小和实际情况而定。

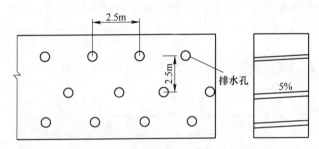

图6-5　充填挡墙排水孔的布置

B　充填挡墙料浆反滤层设置

充填挡墙为长期使用的构筑物，为确保墙后排水孔通畅不被堵塞以及防止充填料浆外流，孔的进口处必须设置料浆反滤层。可采用纺织材料做反滤层，充填挡墙砌成后，在其墙后用纺织材料将整个墙面铺满，纺织材料最好有一定的厚度或是多铺几层，并且一定要将纺织材料拉紧铺平，使其能够承受一定应力，但要避免拉拽过紧，防止滤水材料大面积脱落和撕裂。也可使用废石作为反滤层，将废石堆放在充填挡墙后，靠近挡墙处应尽量避免堆放大块度的废石，废石堆放厚度一般为100~150cm。

6.2.2　充填管线布置

6.2.2.1　现有充填管网评价

玲珑现有的东山充填系统服务大开头矿区，充填站位于+212m平硐内，拟充填空区为-520m~-570m中段48#-8688采空区，拟在-520m中段采空区上口下料。充填管网垂高712m。现对充填料浆输送管道压力进行验算。

根据第4章充填料浆输送管道内物料的受力分析（图4-27）可知，物料沿管道泵送时，管内压力 p 的变化服从复杂指数关系。目前，大开头矿区充填系统垂直段入口标高为+212m，出口标高为-470m，假设充填料浆的密度达到1.9g/cm³，则可估算垂直段底部的压力大约为 11.20~12.96MPa，超过井下水平段充填管路所能承受的压力。故需确保充填料浆管道输送的通畅，避免出现水平段堵管现象。建议在-470m 中段设分支充填管路，一旦出现堵管，能及时分流卸压。

6.2.2.2　充填下料管布置

充填下料管的布置，直接影响着充填料浆的流动方向、排水效果以及对充填挡墙的受力大小。为保持空区内充填料浆液面平直，尽量采用多点下料方式。充填料浆从下料管放出后，会沿着下料口向空区周边流动。由于空区面积大，料浆进入空区后有一部分远离挡墙或滤水设施而流动，故造成脱排水困难。因此，充填管道布置时应当考虑将充填管道布置在靠近空区内部的围岩附近（图6-6）。

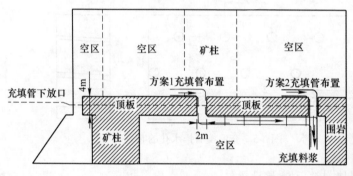

图 6-6　充填管布置设计方案图

大开头-570m 中段 48#-8488 采空区充填治理时，因 48#-8486 采空区和 48#-8688 采空区未沟通，故应先充填 48#-8486 采空区。但-570m 中段 48#-8486 采场为半截高采场，未采至-520m 中段水平，故-570m 中段 48#-8486 空区充填应在-520m 中段相应位置补打充填钻孔，一个充填钻孔用于下料，另一充填钻孔用于下滤水管。充填管直接从-270m 水平充填段放下。-570m 中段 48#-8688 采空区充填可利用 89 线主穿与采场贯通处下料和下滤水管。为保持空区充填浆面平直，建议在 86 线和 87 线间再增加一处下料和下滤水管（图6-7）。

6.2.3　充填料浆配比与浓度

考虑到大开头-570m 中段 48-8688 采空区属初次充填，底部碎石较多，为增加空区下部全尾砂充填体稳定性并避免出现全尾砂遇水泥化，建议空区下部采用灰砂比 1:10、质量浓度 70%~72% 的全尾砂胶结充填料浆进行充填（充填体 28d 单轴抗压强度要达到 2.0MPa），充填高度 5m。为保证充填质量，宜分两次

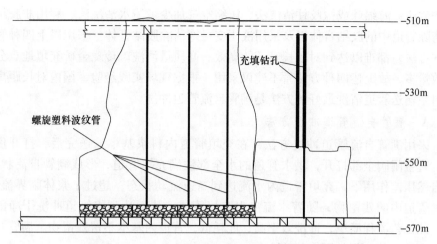

图 6-7 大开头−570-48-8488 空区充填下料管布设示意图

进行充填，每次充填高度≤2.5m。待充填高度超过出矿巷道高度且充填料浆固结3d之后，可采用低灰砂比料浆进行充填。

空区中上部可采用全尾砂进行水砂（非胶结）充填，但因−570-48-8688采空区为首充空区，空区充填治理经验和技术尚待完善，故建议暂且不宜采用无胶结性的全尾砂水力充填，而宜采用灰砂比为1∶30~1∶40、质量浓度68%~70%的全尾砂胶结料浆进行充填，并根据充填质量效果进行适当调整以降低充填成本。采空区上部最后5~10m的高度空间建议仍采用灰砂配比1∶10、质量浓度70%~72%的全尾砂胶结料浆进行充填。

6.2.4 空区充填保障措施

6.2.4.1 排水沟与沉淀池

为防止充填料浆泌水，导致空区和大巷积水，建议疏通−570m中段和−470m中段大巷的排水沟，必要时在−570m中段考虑增设一沉淀池（长×宽×深=3.0m×1.0×1.0m）。也即在采场充填挡墙外部设计一沉淀池，空区脱排出的水直接通过挡墙滤水孔流入沉淀池内，并及时统计空区滤排水量以监测空区充填效果。待水汇集到一定量后，采用水泵将其抽排至相应中段的排水系统，通过排水系统排至地表。

6.2.4.2 充填管道冲洗

在矿山胶结充填技术应用中，为防止管道内存留或黏结充填料浆，保证管道输送充填料浆畅通，必须对管道进行及时冲洗。玲珑金矿待充填的采场/空区离散且量多，采场间充填顺序时常更转，故保证充填管道冲洗干净是矿山顺利实施充填技术的关键。目前，国内其他矿山实施充填过程中，通常采用以下四种管道清洗方法：海绵球或橡胶柱清洗法、压缩空气加少量清水清洗法、利用非胶结膏体清除管道中的胶结膏体以及采用液压变径塞清除胶结膏体。采用以上四种管道清洗方法，都难以达到对较长管道的高效、高质量清洗。玲珑金矿充填地点分散且数量多，故上述四种方法暂不建议采用。根据现场实践经验，国内对长距离充填料浆输送管道清洗最好的方法是满管自流管道冲洗。

　　A　满管自流管道冲洗方法

　　采用满管自流管道冲洗方法，在充填管道内料浆基本输送完后，打开供水阀，直至闸阀全部打开，供水管道的水全部注满充填管道，形成满管自流状态。在自然压差作用下，充填管道内水流达到高速流动状态，超过了浆体临界流速，此时管道内的残留物，随着水流流出充填管道，从而达到将管道冲洗干净的目的。此工艺流程简单，冲洗效率高，能耗低，管道内基本不留残留物。满管自流管道冲洗工艺流程如图 6-8 所示。

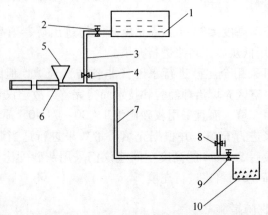

图 6-8　管道冲洗工艺流程

1—高位水池；2—闸阀 1；3—供水管；4—闸阀 2；5—料斗；6—输送泵；
7—充填管道；8—闸阀 3；9—闸阀 4；10—井下采空区

　　（1）将供水管道上端与高位水池连接，下端通过阀门与充填管道相接，充填管道通向采空区；供水管道与充填管道的管径相同，高位水池的出口高度高于充填管道的出口，在高位水池的出口和充填管道的出口分别设置阀门。

　　（2）输送泵或管道停止输送料浆后，将充填管道出口阀门置于完全打开状态，打开高位水池出口阀门和供水道与充填道之间的闸阀，开始冲洗管道，直至充填管道出口流出清水。

　　正常输送料浆时，闸阀 4 和充填管道 7 关闭，闸阀 8 开启，料浆输送至空区；当充填料浆输送完成，首先用泵送入清水，将管道中的料浆送入采空区，当空区内见到有污水流出时，将闸阀 8 关闭，闸阀 4 和充填管道 7 置于完全打开状态，逐渐打开高位水池出口闸阀 2，开始冲洗充填管道，直至管道内水流全部满管。根据充填管道长度，一般冲洗时间约为 10~15min，直至充填管道出口流出清水为止。

管道清洗水排至充填采空区外的巷道中，防止冲洗水对充填体质量产生影响。

B 料浆临界流速

冲洗充填管道的水流速度必须大于料浆的临界流速，料浆的临界流速可根据试验确定。通常，料浆的临界流速 V_0 的经验计算公式：

$$V_0 = \frac{-8.491}{d + 1.284} + 5.04 \tag{6-17}$$

式中 d——料浆中最大物料粒径，mm。

根据试验可知，当管道中水流速度等于临界流速时，物料颗粒沿管道底移动；当管道中水流速度大于临界流速时，物料颗粒成跳跃式移动；当管道中水流速度大于临界流速 1.3 倍时，物料颗粒悬浮在管道中运动。因此，只有物料颗粒悬浮在管道中运动，管道的清洗才会较为洁净。

C 管道冲洗水流速

可根据冲洗充填管道两端进出口段垂直高度计算单位能量损失 I：

$$I = \frac{Hg}{10L} \tag{6-18}$$

式中 I——单位能量损失，mH_2O（水柱）；

　　H——充填管道两端进出口高差，m；

　　g——重力加速度，m/s^2；

　　L——管道长度，m。

玲珑矿区大开头矿段充填管道冲洗水流速 V 可采用式（6-19）估算：

$$V^2 = \frac{I}{0.00425} \tag{6-19}$$

根据上述参数和公式，可计算得到水在管道中的流速。计算得到的流速要大于充填料浆的临界流速，冲洗时间要大于 10min 以上。

6.2.4.3 应急预案

严格按设计方案要求施工，尤其是充填挡墙的构筑、螺旋塑料波形滤水管的敷设、人行顺路的封堵以及 -570m 水平空区底板反渗滤废石堆的砌筑。

确保井上井下充填系统的通讯联系畅通，一旦出现紧急情况，及时与调度中心联系。

6.3 遗留空区（群）充填治理工业试验

利用选矿产生的尾砂充填治理空区可分为分级尾砂充填和全尾砂充填两种方

式。分级尾砂充填是对尾矿进行脱泥分级，利用分级粗尾砂作为充填骨料充填井下空区，分级产生的溢流尾砂仍然需要地表堆存；全尾砂充填则不需要对尾矿进行脱泥分级处理，可将选厂产生的尾砂全部充填至井下空区，不再需要地表堆存。不管是分级尾砂充填采空区还是全尾砂充填采空区，都既能减少尾砂的地表堆存，延长尾矿库安全使用年限，又能够治理井下采空区，降低空区安全隐患。

对于玲珑矿区而言，截至 2018 年 4 月，玲珑尾矿库剩余库容服务年限不足 2 年，矿山若新建尾矿库，经济成本和时间成本较高，况且目前矿区地处生态环境保护区内，已无地可征。因此，为了尽可能地减少尾砂地表堆存，玲珑金矿考虑采用全尾砂充填技术对井下采空区进行充填治理，以缓解地表尾矿库堆存压力，最终建设具有黄金行业特色的无尾矿山。虽经多年不懈地进行空区治理，但因开采年限久远且其他因素干扰，玲珑矿区仍有约 $184.62 \times 10^4 m^3$ 的地下空区可供充填治理，这些采空区多成群分布，构成空区（群），空间关系复杂，难以直接开展充填治理工作。为了避免全尾砂充填过程中可能遇到各种风险，首先选择部分采空区进行全尾砂充填治理工业试验研究，通过对充填工业试验进行技术经济分析总结，然后再推广对全部采空区的充填治理工作。

6.3.1　待充遗留空区（群）概况

根据现场调研，确定选择大开头矿区 -570m 中段 48#脉 G16 采空区（即 -520m~-570m 中段 48#-8488 采空区）进行全尾砂充填治理工业试验，以总结和积累采空区全尾砂充填治理经验，为整个矿区的采空区充填治理提供依据。选择 48#脉 G16 采空区作为充填试验地点，主要原因包括：（1）矿体已开采结束，上部留有充填井；（2）开采中段较少，空区相对独立，未与其他空区连通；（3）工程地质条件相对简单，充填时易于封闭；（4）空区充填料浆脱排水易收集，便于监测空区充填料浆动态变化，且空区积水可利用矿井现有排水系统排出。

玲珑金矿大开头矿区矿脉多且分布复杂。其中，48#脉 -570m 中段与 -620m 中段设计采用浅孔留矿法（嗣后充填）开采，目前已开采 4 个采场（图 6-9）且均已大量出矿结束，形成彼此关联的地下采空区（群）。这些采空区的存在，不仅影响矿山后续的开采接替，而且若发生大面积顶板冒落事故，会对阶段运输巷道产生严重冲击，给井下生产与运输造成重大影响。同时，矿山选厂产生的尾砂在地表尾矿库堆积，不仅占用了大量的土地资源，而且还会对周边环境造成影响。为了解决以上问题，拟将玲珑选厂产生的尾砂，通过合理配比充填至井下采空区，这样既可节省地表土地资源，又可治理井下采空区。因此，有必要首先对 48#脉采空区（群）的分布形态、体积大小等空间赋存特征进行探测与分析，为采空区的充填治理提供依据。

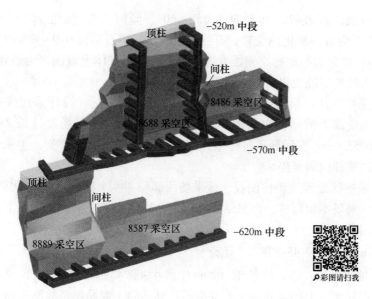

图 6-9 大开头矿区 48#脉采空区（群）空间位置关系

6.3.1.1 原矿房开采设计

A -570m 中段 48-8688 采场设计

（1）地质概况：该矿块位于-570m 中段 48#脉 86~88 线位之间，上部-520m 中段无工程控制，上掘天井施工北穿揭露矿脉达到工业品位，故圈矿到-520m 中段水平高度。矿体为硅化蚀变岩类型，倾角约 68°。矿块均厚 2.13m。其中，矿石以硅化蚀变岩、钾化蚀变岩为主，可见石英黄铁矿脉。矿体上盘围岩为花岗岩，下盘围岩为破碎蚀变带，上下盘节理较发育。矿石量 17067t，品位 4.66g/t，金属量 79.53kg。

（2）采矿方法：根据矿体赋存特征和开采技术条件，设计采用浅孔留矿（嗣后充填）采矿法，采场底部为装岩机出矿的平底出矿穿结构。采场设计长 50m、宽 2.13m、高 48.6m。该采场不留底柱、间柱，留 5m 顶柱，东西顺路均为脉外顺路。

（3）采空区处理：该采场回采完毕，经总矿验收合格后，进行大量出矿。出矿结束，经验收合格后，及时封堵各个出矿口。采空区已经过上部中段的充填井进行少量废石充填。

B -570m 中段 48-8486 采场设计

（1）地质概况：该矿块位于-570m 中段 48#脉 84~86 线位之间，上部无工程控制，下部由-570m 中段沿脉、穿脉控制。矿体类型为石英脉类型，矿体与构造产状基本一致，较破碎，其走向为 55°～60°，倾向 NE，倾角 70°～75°，均厚 1.87m。矿石为黄铁矿化蚀变岩、石英脉透镜体。矿石品位 0.9～4.8g/t，平均品位 3.27g/t。煌斑岩与矿脉交错蚀变，矿化不均匀。矿体上盘围岩为破碎蚀变岩，下盘围岩为较破碎蚀变岩，上下盘围岩不稳固。

（2）采矿方法：根据矿体赋存条件及现场实际情况，设计采用浅孔留矿采矿法。采场底部为铲运机出矿的下盘平底出矿穿结构。采场设计长 28.2m、宽 1.87m、高 53.6m。实际开采过程中，因矿房地质品位出现负变，上采至 20.6m 高度时经地质部门同意停采。

（3）采空区处理及矿柱回收：该采场西部与 48#脉 8688 采场之间留一间柱，不再回收。采场不留顶柱，回采结束经验收合格且出矿完毕后，封堵下部各个出矿穿，封闭采空区。

C　-620m 中段 48-8587 采场设计

（1）地质概况：该矿块位于-620m 中段 48#脉 85～87 线位之间，上部-570m 中段无工程控制，上掘天井施工北穿揭露矿脉达到工业品位，故圈矿到-570m 中段水平高度。矿体为硅化蚀变岩类型，走向约 100°，倾向 SW，倾角 80°。其中，矿石以硅化蚀变岩、钾化蚀变岩为主，可见石英黄铁矿脉。含金品位变化不均匀，变化范围在 0.20～24.40g/t。矿体上盘围岩为花岗岩，下盘围岩为破碎蚀变带，上下盘节理较发育。矿体均厚 1.2m，矿石量 8599t，品位 3.72g/t，金属量 31.99kg。

（2）采矿方法：根据矿体赋存条件，设计采用浅孔留矿（嗣后充填）采矿法，采场底部为装岩机出矿的平底出矿穿结构。采场设计长 49.5m、宽 1.2m、高 42.6m；不留底柱、间柱，留 5m 顶柱，东西顺路均为脉外顺路。实际开采过程中，因矿房地质品位出现负变，上采至 21.8m 高度时经地质部门同意停采。

（3）采空区的处理：该采场回采完毕，经总矿有关部门验收合格后，即进行大量出矿。出矿结束经验收合格后，及时封堵各个出矿口。采空区经上部中段的充填井进行废石充填。

D　-620m 中段 48-8889 采场设计

（1）地质概况：该矿块位于-620m 中段 48#脉 88～89 线位之间，上部-570m 中段达到工业品位，故圈矿到-570m 中段水平高度。矿体为硅化蚀变岩类型，其走向约 100°，倾向约 80°。矿块均厚 1.50m。其中，矿石以硅化蚀变岩、钾化蚀变岩为主，可见石英黄铁矿脉。矿石构造主要为条带状、团块状等。含金品位变化不均匀，变化范围在 0.10～24.40g/t 之间。

（2）采矿方法：根据矿体赋存条件，采用浅孔留矿（嗣后废石充填）采矿法。采场设计长 29.10m、宽 1.50m、高 51.90m。

（3）采空区处理及矿主回收：该采场预留顶柱，出矿完毕后，封堵下部各个出矿穿，自上部中段采用废石进行充填。

6.3.1.2 空区群空间位置关系

根据大开头矿区−570m中段与−620m中段48#脉84~89线间实际开采情况，对各采场分层素描图进行立体复合，得到两个中段四个采场（采空区）之间的具体空间位置关系（图6-10）。现对采空区（群）的空间关系做具体分析，为空区充填治理工作做前期准备。由图6-10可知：−570m中段有8486和8688两个采场，−620m中段有8587和8889两个采场。开采后形成的采空区大致如下：

（1）−570-48-8486采空区。长26~28m、宽3.0~3.5m、高约20m，上部剩余高约33.6m未开采。

（2）−570-48-8688采空区。整体呈梯形状，宽2.5~5.5m，高度约55.9m。其中，下部21m高的空区长约44~52m、上部高34.9m的空区长约33~44m。采空区（采场）上部留有5m顶柱。

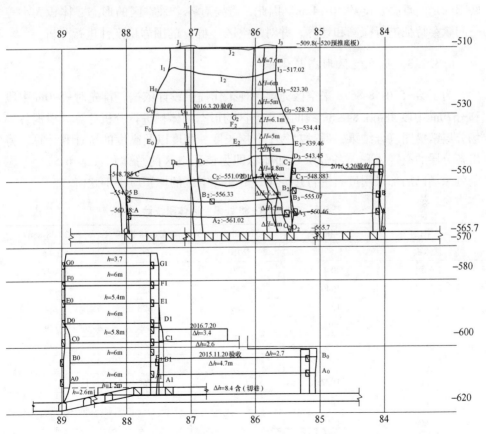

图6-10 大开头−570m中段与−620m中段48#脉84~89线各采场空间位置投影图

（3）-620-48-8587 采空区。空区高约 21.8m，宽约 2.0~3.5m。其中，下部高 15.8m 的空区长度约 49m，中部高 6m 的空区长度约 21m，上部剩余高约 20.8m 未开采。

（4）-620-48-8889 采空区。空区长 28~29m、宽 2.5~8.0m、高 43m，上部留有 5m 顶柱。

-620-48-8587 空区与-620-48-8889 空区实际开采形成的倾角约 90°，而-570-48-8486 空区与-570-48-8688 空区的倾角约 80°且向 N 倾斜。设计拟充填空区为 -570-48-8688 空区。

在水平方向上，-570-48-8486 空区与-570-48-8688 空区之间留有宽 3~5m 的间柱，-620-48-8587 空区与-620-48-8889 空区之间也留有宽约 3m 的间柱。在垂直方向上，-620-48-8587 空区与-620-48-8889 空区位于-570-48-8486 空区与-570-48-8688 空区下方。其中，-620-48-8889 空区顶柱与-570-48-8688 空区底部的走向重叠长度约 8~10m，-620-48-8587 空区上部岩石与-570-48-8688 空区底部的走向重叠长度约 40~42m。因此，需要对各个采空区的形态、体积大小等空间赋存特征进行探测和计算，并对采空区（群）的围岩稳定性进行分析。

6.3.1.3　拟充空区形态与体积

为了给-570-48-8688 采空区充填治理工作提供设计依据，首先对-570m 中段和-620m 中段 48#脉 84~89 线间各采空区的形态和体积进行分析计算。根据各采场分层素描图复合结果，通过对每个分层长度、宽度以及高度的统计和计算，得出各分层的空区体积，各分层累加体积即为该采空区的总体积（表 6-5）。考虑到各采场已局部采用废石进行过充填，故实际空区的体积应小于此值。

表 6-5　48#脉 84~89 线采空区体积统计　　　　　　　　（m³）

采空区	-570-48-8688	-570-48-8486	-620-48-8889	-620-48-8587
总体积	11899	2010	4661	2266
1 分层	884	679	284	1247
2 分层	1040	542	522	484
3 分层	1290	789	626	264
4 分层	998	—	639	129
5 分层	960	—	450	142
6 分层	1350	—	783	—
7 分层	1922	—	756	—
8 分层	1230	—	601	—
9 分层	1320	—	—	—
10 分层	905	—	—	—

6.3.2 采空区稳定性分析

6.3.2.1 模型建立

根据大开头矿区 48#脉实际开采情况，以及所收集的矿山地质平面图、各个中段采场设计图和采场素描图、深部地应力测量报告等资料，选取适当的区域进行模型建立。考虑到 48#脉已开采-570m 中段和-620m 中段四个采场（形成四个采空区）。因此，x 轴方向，选取采场位于模型中部，厚度取 4m；y 轴方向，根据各个采场的实际开采情况选取约 100m，并在两侧各留约 100m 的边界；z 轴方向，模型底部留 50m 的边界，模型高度约 100m，上部留 50m 边界。所建模型大小为 200m×300m×200m（图 6-11）。根据所圈定的模型范围，以及矿区各地层的物理力学参数，利用 FLAC^{3D}进行建模。在进行模型划分时，关键研究部位细分，以满足计算精度要求；边界部位粗分，以减少计算量。

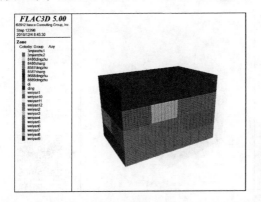

图 6-11　大开头矿区 48#脉采空区（群）稳定性分析模型

6.3.2.2 参数选取

已有地质资料表明，玲珑金矿矿体上、下盘均为花岗岩。根据已测得的矿岩物理力学性质，选取适当的参数，对模型进行赋值（表 6-6）。

表 6-6　矿岩物理力学参数

岩体名称	体积模量/GPa	剪切模量/GPa	内聚力/MPa	内摩擦角/(°)	抗拉强度/MPa	密度/kg·m⁻³
围岩	16.7	10	6	35	8.6	2740
矿体	15.2	8.3	5	30	8.3	2780

根据北京科技大学蔡美峰院士团队现场测试的地应力场进行地应力参数选取。由测试结果知，矿区最大水平主应力 $\sigma_{h,max}$、最小水平主应力 $\sigma_{h,min}$ 和垂直应力 σ_v 值均随深度近似呈线性增加，回归方程为：

$$\sigma_{h, max} = 0.4612 + 0.0588H$$

$$\sigma_{h, min} = -0.4346 + 0.0286H$$

$$\sigma_v = -0.4683 + 0.0316H$$

式中　　H——埋藏深度。

区域水平主应力换算成 X、Y 方向的水平应力。研究区域空区埋藏深度约为 900m，故计算得 $\sigma_{h,max} = 52MPa$、$\sigma_{h,min} = 24.3MPa$、$\sigma_v = 27.2MPa$。

6.3.2.3　结果分析

大开头矿区 48# 脉采用浅孔留矿法开采，模拟开采 -570m 中段两个采场（8486 和 8688）和 -620m 中段两个采场（8587 和 8889）。通过分析空区形成后的应力、位移和塑性区分布，以研究采空区围岩的稳定性。在给定边界条件下，生成初始应力场，通过与实测的应力场进行对比，二者吻合程度良好。初始应力场云图如图 6-12 所示。

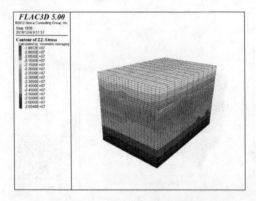

图 6-12　初始应力场云图

根据大开头矿区 48# 脉实际开采情况，对模型进行开挖，开挖后选取模型中部的截面进行分析。模型的四个采场开挖后，形成的垂直应力分布如图 6-13 所示。

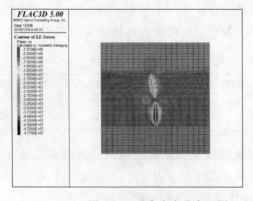

图 6-13　垂直应力分布云图

根据垂直应力分布图可知，采场开挖后，引起周边围岩的应力重新分布，采场中部的应力降低，但采场的顶柱和间柱部位形成应力集中，垂直应力可达47.8MPa，应力集中系数约为1.76。由此可以得出，采场开挖后，会对顶柱和间柱形成很大影响，可能导致顶柱和间柱失稳破坏，进而引起采场周边巷道的变形和破坏。

根据采场开挖后形成的水平位移分布云图（图6-14）可知，采场开挖后，周边围岩有向中部移动的趋势，最大移动距离约为5.6cm。因此，采场开挖后需对周边围岩进行控制，以减少围岩位移量。

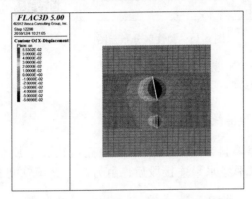

图6-14　水平位移分布云图

根据采场开挖后形成的塑性区分布云图（图6-15）可知，采场开挖后，会引起顶柱、间柱以及周边围岩的塑形破坏，破坏形式以剪切破坏与拉伸破坏为主。−620m中段开采后，塑性区分布范围约为10m；−570m中段开采后，塑性区分布范围约为15m，究其原因是−570m中段48-8688采场和48-8486采场的开采时间先于−620m中段48-8889采场和48-8587采场，−570m中段两采场围岩变形受到的开采扰动次数多于−620m中段采场，且−570m中段两采空区位于−620m中段两空区岩移影响范围之内，故−570m中段采空区形成的塑性区分布范围相对较大。由图6-15还可以看出，采场开挖后，会对−620m中段与−570m中段之间顶柱造成不利影响，下方采场对顶柱的影响范围约为2m，上方采场对顶柱的影响范围约为1m，究其原因是下方采场开采后，顶柱失去支撑，而上方采场开挖后，减少了对顶柱的压力，但开挖后因应力重新分布，引起顶柱向上产生变形。

综上所述，通过对玲珑金矿大开头矿区48#脉−570m中段和−620m中段共四个采空区的空间位置、空区形态、体积大小以及采空区稳定性进行分析可知，采场开挖后，会对空区周边围岩、顶柱和间柱产生不利影响，故有必要对采空区进行充填治理，对空区周边围岩的变形进行控制，从而减少因采场开挖所引起的空区围岩变形、移动甚至破坏的范围。

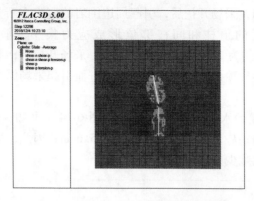

图 6-15　塑性区分布云图

6.3.3　全尾砂充填治理方案

6.3.3.1　充填管路和倍线

东山充填站制备的充填料浆经 +212m 平硐内充填钻孔下放至大开头矿区 -270m 水平，在 -270m 水平经水平连接段后，由另一个充填钻孔自流至 -470m 中段。

大开头矿区 48#脉充填试验采空区位于 -570m 中段，充填管路需要布置于采空区上部中段（即 -520m 中段）。因此，-470m 中段以上可利用现有充填管路，自 -470m 至 -520m 通风行人天井敷设新充填管路，到达 -520m 中段后布置水平管路到达 -570m 采空区上部。

大开头矿区 -570m 中段 48#脉 8688 采空区（即 -570-48-8688 采空区）治理充填路线：+212m 平硐充填站→充填钻孔（482m）→ -270m 中段西大巷、-270m 中段主运巷（2210m）→充填钻孔（垂直 200m）→ -470m 中段主运巷（202m）→行人天井（50m）→ -520m 中段辅助主运巷（310m）。通过对充填管路长度计算，大开头矿区 48#脉空区充填管路总长约 3454m，高差 732m，故计算充填倍线为 4.72。因此，大开头矿区 -570-48-8688 采空区能够实现充填料浆的自流输送，可以开展空区充填治理工业试验。

6.3.3.2　充填治理方案设计

为了保证空区充填治理顺利进行，需要根据充填试验地点的具体工程地质条件，设计合理的施工方案。48#脉矿体倾角接近 90°，采用浅孔留矿法开采，目前形成四个采空区，其中 -570m 中段和 -620m 中段各有两个：-570m 中段采空区位于 84~88 线之间，其中 48-8486 采空区（G15）长 28m、高 23m，48-8688 采空区（G16）长 50m、高 45m，两个采空区之间存在宽约 3m 的矿柱，采空区尚未连通；-620m 中段采空区位于 85~89 线之间，48-8587 采空区（G17）长 44m、高 25m，48-8889 采空区（G18）长 30m、高 45m，采空区之间存在宽 3m 的矿柱，采空区尚未连通。

A 充填下料口设计

充填治理试验空区为大开头矿区-570m 中段 48#脉 8688 采空区（G16）。该采空区 88 线顶部曾预留一充填小井，可作为充填料浆的一个下料口，但该下料口位于采空区一端，与空区另一端相距约 40m。受料浆自身流动性能的制约，高浓度全尾砂胶结充填料浆在流动的过程中存在离析、堆积等现象。若-570-48-8688 空区充填仅从该下料口下料，由于料浆流动距离远，由此造成的采空区内充填料浆离析、分层更为严重（图 6-16），影响空区充填治理效果。因此，为达到良好的空区治理效果，在采空区上部-520m 中段新增三个充填下料口与空区顶部连通，形成 A、B、C、D 四个下料口，实现多点均匀下料，既可保证充填料浆液面平稳上升，又可使得溢流水始终位于充填体上部，便于充填脱水。-570-48-8688 空区下料口施工位置和充填效果如图 6-17 所示。

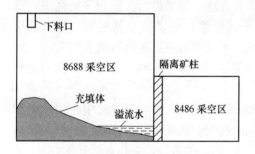

图 6-16 单一下料口充填效果

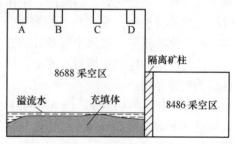

图 6-17 四个下料口均匀下料充填效果

B 充填挡墙位置选择

空区充填治理过程中，挡墙设计是非常重要的一个环节。为实现-570m 中段 48#脉 8688 采空区（G16）大体积全尾砂充填料浆快速脱水，首先在空区下部填充高约 5.0~7.0m 的掘进废石，并在-570m 中段 48-8688 采场脉外巷外口设置充填挡墙，在-570-48-8688 采场出矿穿及脉外巷内堆积高约 1.5~2.0m 的掘进废石（其中，充填挡墙内废石堆置接顶段长度不宜小于 5.0m），利用废石堆作为渗滤层对大体积空区充填料浆进行渗滤脱水，并将 G16 空区排出的充填滤水经水沟、-570m~-620m 通风天井引流排至-620m 中段。为防止自通风天井排泄的上部空区充填滤水进入-620m 中段大巷，在大巷外口施工挡墙以形成一个临时集水坑，可统计坑内水位变化（由此反算充填滤水量及其变化），并定时利用水泵将空区充填滤水泵送至-620m 中段水仓，再经矿井排水系统排至地表。

通过对充填挡墙位置选择的分析，最终确定大开头矿区 G16 空区充填治理时在-570m 中段设置两道挡墙，分别位于-570-48-8688 采场脉外通风行人顺路两侧和脉外巷两端（图 5-23）。为防止空区充填治理过程中，充填料浆自脉外通风行人顺路出现跑浆，或因充填高度增加后空区（采场）底部充填体承受的压力过大而造成充填料浆自脉外通风行人顺路突然泄出，需要对采空区影响范围内的东、西两条脉外通风行人顺路的底部进行封堵。

6.3.3.3　充填料浆配比及浓度

全尾砂充填包括全尾砂非胶结充填和全尾砂胶结充填两种方式，二者的区别在于充填料浆中是否按照一定配比掺加胶凝材料。全尾砂非胶结充填（或称水砂充填）是指选矿产生的尾砂不经分级处理，且无需掺加胶凝材料，直接通过充填管路输送至采空区的充填方法。全尾砂胶结充填是指选矿产生的尾砂不经分级处理，但掺加一定量的胶凝材料（如水泥、胶固粉等），制备成为全尾砂胶结充填料浆，通过充填管路输送至井下采空区的一种充填方法。采用全尾砂非胶结充填处理采空区，可有效地降低空区充填成本，同时解决选矿尾砂的地表堆放问题，但其缺点是充填料浆中未加入胶凝材料，固结后的充填体强度低、承载能力差，现场应用时往往会受到很多限制。采用该种方法一般难以对大面积采空区进行有效的充填质量控制，易出现充填料浆（全尾砂浆）流动性不易控制、尾砂固结体遇水泥化等问题。采用全尾砂胶结充填，不仅可解决选矿尾砂地表排放占地问题，同时胶结的尾砂充填料浆流动性易控制且固结体强度高，可对空区围岩起到良好的支撑作用。

大开头矿区 G16 空区（-570-48-8688 采空区）充填治理过程中，为改善和提高空区下部全尾砂胶结充填体稳定，同时控制空区充填治理成本，设计充填料浆配比及其质量浓度为：采空区下部高约 5~10m 的范围内采用灰砂比 1∶10、质量浓度 64%~66%的全尾砂胶结充填料浆进行充填；中部则采用灰砂比 1∶20~1∶30、质量浓度 60%~65%的全尾砂胶结充填料浆进行充填（后期可考虑采用质量浓度为 60%~62%的全尾砂非胶结料浆充填）；空区上部高约 5~10m 的范围仍采用灰砂比 1∶10、质量浓度 64%~66%的全尾砂胶结料浆进行充填。

6.3.4　空区充填治理现场施工

6.3.4.1　空区充填治理目的

以全尾砂作为采空区充填治理的主要骨料，对遗留采空区进行全尾砂（非）胶结充填，探索遗留空区充填治理工艺，为玲珑矿区无尾矿山建设积累经验。

6.3.4.2　充填治理施工方案

大开头矿区 -570m 中段 48#脉 8688 采空区（G16 空区）体积约 11899m³、高度约 53.6m，前期从空区上部 -520m 中段利用 48支脉的掘进废石充填约 2400m³

（已充填废石的平均高度为16m，呈西高东低之势），尚剩余可供全尾砂充填的空区体积约9500m³。

为顺利实施大开头矿区-570m中段48#脉8688采场空区充填，需在-520m中段相应位置施工/恢复工程接通-570-48-8688采空区上部，在原-570-48-8688采场的出矿穿及脉外巷等处堆置一定高度（1.5~2.0m）的掘进废石作为空区充填料浆渗滤脱水的反滤层。同时，在-570-48-8688采场脉外巷与88S穿交汇处内沿设置充填挡墙，空区充填渗滤的水自-570m中段大巷排水沟经-570m~-620m中段的通风天井排泄至-620m中段的临时集水仓。在-620m中段相应位置施工挡水墙，以防止自-570-48-8688采场空区渗滤排出的水进入-620m中段大巷，定时统计空区充填渗滤排水量后，利用水泵将空区充填滤水泵送到-620m中段大巷，由排水沟排至-620m中段井底水仓。

A　-520m中段巷道施工及充填管路布置

前期开展大开头矿区-470m中段废置巷道全尾砂充填试验时已将充填管道敷设至-470m中段，故G16空区充填治理时仅需将充填管路延伸布置到-520m中段对应-570-48-8688采空区的上方。根据现场实际情况，恢复或贯通原-520-48-8688采场的出矿穿和脉外巷道等工程，其中共有四处可连通G16空区（图6-18中A、B、C和D）。充填管路拟从-470m~-520m中段通风行人天井下放至-520m中段，按图6-18所示的充填路线连接到-570-48-8688采空区上方。-520m中段充填管路长约310m，拟从A和C两口下料充填空区，B和D两口则下放充填滤水软管（图6-18（b））。

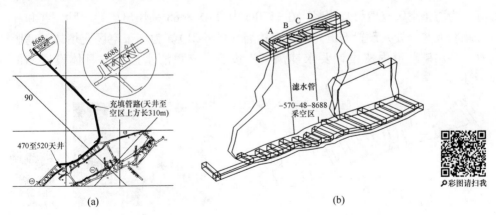

图6-18　大开头-570-48-8688空区充填管路布置
（a）-520m中段平面图；（b）空区纵投影图

B　充填滤水管布设

大开头矿区-570-48-8688采空区底部已预先进行废石充填，人员无法进入采

空区，拟采用悬挂预制的塑料波纹管进行空区内充填体渗排水。将预制的
ϕ100mm 塑料波纹滤水管自-520m 中段放入采空区内。在塑料波纹管壁的凹纹
处周向每圈打 6~7 个 ϕ9mm 的等间距泄水孔，轴向每 50~100mm 布置一圈。
相邻两圈的泄水孔在纵向上错开布置。管壁打孔后，外层包扎一层 100 目尼龙
滤布。

　　充填滤水管布设位置应避开充填下料管（图 6-19），故在 B、C 两口处共放
置三根塑料波纹管（图 6-20）。将塑料波纹管一端固定的-520m 中段空区上方开
口处，另一端缓慢放入采空区下方松散废石堆上。预制的塑料波纹滤水管中充满
粒径 1~2cm 的豆石，以避免充填过程中因受充填料浆挤压而出现滤水管变形、
堵塞甚至失效。

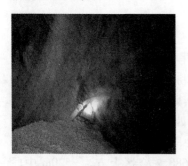

图 6-19　空区上方充填料浆下料口　　　　图 6-20　空区充填滤水管安装

C　-570m 和-620m 中段充填挡墙施工

　　为防止空区充填料浆跑浆，在-570m 中段 48-8688 采场出矿巷、脉外巷和脉
外顺路天井等处共设置五道充填滤水挡墙（图 6-21）。为利于空区充填体渗滤脱
水，各出矿巷道内按设计要求铺满掘进废石。充填滤水挡墙的具体设置如前
所述。

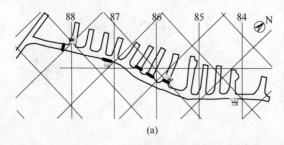

(a)　　　　　　　　　　　　　　　　(b)

图 6-21　-570m 中段充填滤水挡墙位置与实际施工
(a) 充填滤水挡墙平面位置；(b) 滤水挡墙实体

　　大开头-570-48-8688 采空区充填体渗滤的水自-570m~-620m 通风天井流至
-620m 中段。在-620m 中段相应位置施工一挡水墙，将上部空区充填体渗滤的

水汇集至-570m～-620m 通风天井附近的低洼处。挡水墙上方安装水阀，每隔一定时间将挡水墙内临时储存的水排出。排出的充填滤水经排水沟引流至-620m 中段沉淀池，再经泵送至-620m 中段大巷水沟。

6.3.4.3 空区充填治理过程

根据采空区充填治理方案设计，首先完成充填滤水挡墙构筑、排水沟开挖、滤水管布设等工作，然而开展采空区充填治理工作。设计要求空区底部充填料浆灰砂比为 1:10，中部改为灰砂比为 1:30，或视充填稳定情况可尝试采用全尾砂非胶结充填。

根据 2017 年 3 月 8 日至 7 月 28 日的统计，期间共充填 24 次，累积充填量 3009m³（附表 9），充填高度约 24m（除去渗入废石中的充填料浆，实际空区高度抬高了 8m，空区尚有 29m 的高度未充填），平均充填料浆质量浓度为 52.3%，低于设计的空区充填料浆质量浓度 65%～68%，这主要与东山充填系统运行欠稳定有关。

正常充填过程中，共有 6 名作业人员协同开展空区充填作业。其中，充填站 2 人，负责砂仓下料及电脑监测系统操作；井下 4 人，分别负责井下充填管路、充填料浆、挡墙及通讯联络等工作。各作业人员分工明确，对采空区进行有序充填，确保充填作业安全。

截至 2017 年 10 月，大开头矿区-570-48-8688 采空区共进行全尾砂充填 50 次，充填全尾砂量约 11000m³；10～11 月，-520m 中段马头门贯通巷施工回填废石 700m³。2017 年 11 月中旬，空区已基本充填完毕，共充填全尾砂 12100m³。最终统计-570-48-8688 空区充填灰砂比为 1:26、料浆质量浓度 58.6%。

6.3.4.4 空区充填动态监测

采用全尾砂充填治理采空区，为确保矿山生产安全，必须做到正确设计、严格施工、科学管理和及时监测。

安全监测与检查是采空区充填治理不可缺少的一个重要环节。工程监测内容包括充填系统安全监测、过程监测与效果监测三个方面。监测和检查地点主要是整个充填管线、采空区围岩、挡墙及排水管的泄漏与稳定；监测方法采用生产统计、测量仪表、监控录像、人工巡查、取样分析等方法。

根据尾砂充填进程及异常情况确定监测频率，监测时间应贯穿充填和生产全过程。为了安全、正常、顺利实施空区全尾砂充填，要求在充填过程中对空区内尾砂的流动、分布、沉淀体积及厚度、尾砂高度等及时进行监测，并根据监测结果确定充填进度。根据充填进程采取每天、每周及每月进行自动监测与人工巡查记录，并实施安全监测月（周）报制度。

A　空区充填体积监测

为了掌握采空区充填料浆沉降后的实际充填体积，采用两种方法对采空区充填后的剩余体积进行测量：一种是利用绑有碎石的线绳从下料口下放至充填液面，测量空区剩余高度，进而估算采空区剩余体积（图6-22），即空区充填料浆液位监测；另一种是应用3D激光扫描技术对采空区进行体积探测，获得剩余采空区的形态，通过软件计算得到更为精确的剩余体积（图6-23）。

图6-22　线绳简易测量空区高度

图6-23　3D激光扫描探测空区体积

例如，2017年6月11日，采用第一种方法测得-570-48-8688采空区四个下料口的空区高度分别为26.5m、30.5m、30.0m、36.0m，平均30.75m，由此估算采空区剩余体积约为30.75m×5m×50m = 7687.5m^3；采用第二种方法测得采空区剩余体积约为7766.34m^3。此两种方法测得的未充填空区体积较为接近。根据剩余空区形态探测（图6-24）结果，可明显看到位于第一个下料口处的空区底部有凸起，此为离析的充填料及废石在此处堆积较高所致。

B　基于脱水率/量的空区充填体健康动态监测

-570-48-8688采空区充填后产生的滤水经-570m~-620m中段通风天井流至-620m中段废弃巷道内临时积存，定期利用水泵排至矿井排水系统。为监控大体积空区充填料浆滤排水量及其去向，对充填过程中充填料浆的脱水率/量进行动态监测。根据现场实测，可得到-620m中段临时积水的废弃巷道面积，通过监测每次充填后液面上升的高度，大致可估算得到采空区充填料浆的脱水量，该脱水

图 6-24　−570-48-8688 充填剩余空区形态（2017 年 6 月 11 日测）

量与充填站制浆用水量之比即为脱水率。

例如，根据充填记录（附表 9），2017 年 6 月 3 日空区充填料浆体积为 205m³、质量浓度为 55%，6 月 4 日（24h 后）计算得到−620m 中段临时积水坑水量增加约 35m³。

设充填料浆总质量为 x t，则尾砂为 0.55x t，水为 0.45x t。由于水的密度为 1m³/t，干尾砂密度为 2.6t/m³，故水的体积为 0.45x m³，尾砂体积为 0.55x÷2.6＝0.21x m³。

充填料浆总体积为：0.45x＋0.21x＝205m³，故充填料浆总质量 x＝310.6t。其中，水的质量为 310.6×0.45＝139.77t。由此，可计算空区充填料浆的脱水率为 35÷139.77×100%＝25%。

实验室测得充填体最终脱水率介于 23%~25% 之间，故可认为全尾砂充填料浆中绝大部分的水是在每次充填 24h 后排出。因此，在大体积空区充填治理过程中，有效获取充填料浆的渗滤排水量，并采取一定措施进行控制，可确保大体积空区充填治理安全。

C　其他监测措施

每分层充填结束后，静置时间不少于一周，期间需多次观察充填区域，关注是否存在下陷，以及确定充填体强度能否达到设计要求等，必要时还可考虑对渗排水进行水质监测。

6.3.4.5　空区充填保障措施

A　充填系统改造升级

由于东山充填系统运行时间短，在空区试充填过程中暴露出许多问题需逐步予以解决。例如，对充填站部分设备和管道进行改造升级，基本实现自动控制。具体措施包括：

（1）改造充填自动控制系统，新增了浓度计、搅拌桶液位计、工业控制计算机等辅助设施，提高了充填站自动化操作流程，解决了搅拌桶冒浆溢流的问题。

（2）在砂仓的下砂管路中间新增了 U 形弯管，稳定了下砂流量。

（3）在搅拌槽顶部增加检修口，为搅拌槽内部状况的观察及检修提供方便。

（4）在钻孔开口处增加管路，利用充填时管路负压，将搅拌槽内粉尘吸走一部分，改善充填站环境。

（5）在搅拌槽出料口内部增加了筛网，防止结块的水泥等进入充填管路，堵塞管路。

（6）在下砂管铸石球阀后新增冲洗水管路，利用此水管将铸石球阀之后管路的尾砂冲洗干净，防止尾砂沉积。

（7）新建了控制操作密封室，避免了湿气、粉尘对控制电脑的污染。

（8）将 −270m 中段约 2000m 的充填管路法兰盘之间的胶垫全部撤掉。

B　−270m 中段充填管路更换

实施空区充填过程中，−270m 中段充填管路出现 2 次漏浆、1 次爆管。前两次漏浆是因为充填管路法兰盘之间的胶垫不合格，已根据东风充填管路的安装经验全部撤换，解决了漏浆问题。在 7 月 21 日充填时，−270m 中段充填管路连续三根出现爆管现象（图 6-25）。经初步分析，形成爆管的主要原因是该管路（复合钢编管）极限承压能力为 4MPa，而 −270m 中段约 2000m 的充填管路的首端充填料浆压力约为 7.576MPa，末端充填料浆压力是 7.182MPa，均超过充填管路的理论承压极限，再加上当日的充填浓度达到 66%，形成了严重的爆管后果。因此，已建议对 −270m 中段的充填管路进行更换。更换的充填管路可采用无缝钢管或复合陶瓷管，也可采用厂家定做的钢编复合管，但其承压能力需达到 8MPa。

图 6-25　大开头矿区 −270m 中段充填管路爆裂情况

C 砂仓漏水点处理

东山充填站立式砂仓底部锥底与砂仓侧壁混凝土接缝处曾出现三处漏水，在充填系统维修时将砂仓放空，对接缝做防水处理。

D 提高充填料浆质量浓度

东山充填系统是通过自然沉淀的方式来提高砂仓内全尾砂料浆的质量浓度，因颗粒沉降速率不同，砂仓底部全尾砂质量浓度能超过60%而砂仓上部质量浓度仅约45%左右，故充填制浆时大多一开始质量浓度能达到设计要求，但待4h以后（砂仓容量750m³），充填料浆质量浓度降至50%以下，对井下充填体排水量、胶结质量均产生影响。故建议在东山井口附近新增全尾砂脱水压滤设施，利用干尾砂提高充填料浆质量浓度。

6.3.5 空区充填治理效果分析

大开头矿区-570m中段48#脉8688采空区长50m、宽3~5m、高48.6m，体积约12000m³，空区底部预先采用废石充填，充填高度约为5~7m，故全尾砂充填料浆实际需要充填的高度约为41~43m。采用分层充填方式进行空区全尾砂胶结充填治理，每充填五次（五分层）后对采空区剩余高度进行测量。由于充填治理过程中，作业人员无法进入采空区内部，故治理过程中主要通过监测采空区剩余高度和剩余空区体积、记录充填料浆用量、统计空区充填料浆渗滤排水量（反算空区充填体脱水率）等措施来保证空区充填治理效果。空区充填体脱水率是指空区充填料浆实际脱水量与用水量之比，充填料浆用量通过充填站电脑监测记录，采空区剩余高度（或体积）可采用两种方法获得：一种是将绑有碎石的线绳从下料口下放至空区充填体表面，通过测量线绳长度获得；另一种则是采用三维激光扫描技术，定期对采空区进行探测获取。

根据采空区充填料浆脱水效果分析，充填体脱水率约为25%，脱水率与实验室测得的充填体固结后的最终脱水率相差不大，这说明空区治理过程中充填料浆脱水效果较好，充填体能够及时得到脱水固结并对围岩起到一定的承载作用。根据地表充填站对空区充填治理过程中充填料浆用量的记录以及采空区剩余高度的实际测量（表6-7）可知，大开头矿区-570-48-8688采空区1~5次充填过程中，充填料浆用量约710m³，充填高度约2m；5~10次充填过程中充填料浆用量约914m³，充填高度约3m；10~15次充填过程中充填料浆用量约1233m³，充填高度约5m；充填过程中全尾砂充填料浆用量共约2857m³，实际充填高度约10m，平均每充填1m需充填料浆约286m³。由于采空区剩余高度约为30m，估算得到剩余采空区需要充填料浆约8580m³，故可估算完成48-8688采空区充填共需全尾砂充填料浆约11437m³。此外，由于人员无法进入空区获取充填体强度，故对于实际充填体强度的监测，主要通过-470m中段废弃巷道全尾砂回填的试验结果进行比对。

表 6-7　大开头−570-48-8688 空区充填治理效果监测（前 30 次）

充填次数	料浆用量/m³	灰砂比	充填时间/h	空区剩余高度/m
1	84	1：10	1.0	
2	150	1：10	2.0	
3	150	1：10	2.0	38
4	206	1：30	3.0	
5	120	1：30	1.5	
6	150	1：30	2.0	
7	205	1：30	3.0	
8	150	1：30	2.0	35
9	187	1：30	3.0	
10	222	1：30	3.0	
11	280	1：30	4.0	
12	215	1：30	3.0	
13	208	1：30	3.0	30
14	270	1：30	4.0	
15	260	1：30	4.0	

　　根据对大开头矿区−570-48-8688 采空区充填体脱水率、充填料浆用量及充填高度分析表明：采空区全尾砂充填治理试验设计合理，未发生空区跑浆事故；充填料浆能够及时渗滤脱水，充填治理效果良好，可以实现整个采空区的有效充填治理，并对矿区其余采空区全尾砂充填治理提供了有益参考。

6.4　废置巷道全尾砂回填工业试验

　　井下废置巷道是处置尾砂的理想场所，将很大程度缓解玲珑矿区尾矿库库容压力，且玲珑矿区经多年开采，井下存有大量废置巷道未利用，废置巷道的总空间体积大且保持较好，只需要布置一定量的回填挡墙，即可将尾砂回填其中。由于井下裂隙发育发达，为了防止回填其中的尾砂遇水流失，造成井下泥石流灾害，故可考虑在尾砂中添加少量的胶凝材料（灰砂比 1：20~1：30），制备成一种高浓度胶结充填料浆，待充填料浆固结形成一定强度，即固结体达到遇水不泥化时即可。对于较长的巷道，可分段布置回填挡墙进行回填。

6.4.1　工业试验目的

　　为了对比不同灰砂比条件下全尾砂胶结充填料浆固结效果和承载能力，选择在大开头矿区-470m 中段 47支、47支1 和 50#脉三条相邻矿脉的废置脉外或沿脉巷道内进行不同灰砂比的全尾砂胶结（非胶结）回填试验。

大开头矿区-470m 中段废置巷道全尾砂回填工业试验的充填路线与-570m 中段 48-8488 采空区全尾砂充填治理工程相同，即东山地表+212m 平硐充填站→充填钻孔（482m）→-270m 中段西大巷、-270m 中段主运巷（2210m）→充填钻孔（垂直 200m）→-470m 中段主运巷（202m）→行人天井（50m）→-520m 中段辅助主运巷（310m），共计 3454m。其中，-470m 中段废弃巷道回填之充填管路总长约 3094~3210m，高差 682m，故充填倍线为 4.54~4.71。国内外相关文献研究表明，适合高浓度料浆自流输送的充填倍线一般介于 3~6 之间。因此，48#脉采空区和-470m 中段废弃巷道充填试验地点均能够实现充填料浆的自流输送，可以开展全尾砂充填工业试验。

6.4.2 全尾砂回填方案

本次工业试验是对大开头-470m 中段废置巷道进行全尾砂胶结回填，其目的一是为了调试东山充填系统，改进充填系统中的不足；二是为了实施设计的充填方案，验证实际充填效果，为下一步的空区充填治理和玲珑无尾矿山建设积累经验。井下回填试验区域为大开头矿区-470m 中段 47$_{支1}$、47$_支$以及 50#脉共计三条废置脉外或沿脉巷道，设置四个充填区域。其中，47$_{支1}$的第一个充填区域于 2017 年 1 月 11 日和 13 日共两次全尾砂非胶结充填；2017 年 3 月 2 日对 50#西沿脉外巷进行了灰砂比 1：20 的全尾砂胶结充填；2017 年 3 月 7 日对 47$_支$西沿脉外巷进行了灰砂比 1：10 的全尾砂胶结充填；2017 年 3 月 29 日对 47$_{支1}$的第二个充填区域进行了灰砂比 1：4 的全尾砂胶结充填。

6.4.2.1 回填挡墙设计方案

废置巷道全尾砂回填（可含少量胶凝材料）不仅可以有效处置选矿尾砂，封密井下废弃空间，还可作为井下空区充填治理时充填料浆的应急备用场。废置巷道回填采用分阶段后退式全尾砂固结排放的方法，直接在巷道内设置充填挡墙，将尾砂排放到废置巷道内，回填过程产生的滤水则从挡墙滤排出后直接随矿井排水系统排走。依据井下施工条件，设计两种回填挡墙方案。

A 钢轨-钢筋网-滤布充填挡墙

采用钢筋网+滤布，外用槽钢或钢轨支撑（图 6-26）。其中，钢轨可通过打锚杆或膨胀螺栓固定于挡墙围岩之中。若尾砂固结体稳定或巷道连续进行回填，可考虑钢筋网和钢轨的回收再利用。现场施工的充填挡墙如图 6-27 所示。巷道回填挡墙构筑工序如下：

（1）在充填挡墙处的巷道顶底板及两帮锚设固定钢轨的水泥锚杆/管缝式锚杆 3~5 根；

（2）在锚杆上焊接废旧钢轨（焊点位置尽量靠近锚杆的根部），呈十字交叉网格状，十字交点亦用电焊焊接固定；

（3）在挡墙内侧，依次将钢筋网（由 φ6mm 圆钢电焊编织而成，网孔 100mm×100mm）或铁丝网（由 10#铁线编织而成，网孔 71mm×71mm，为菱形网）、土工布等滤水材料绑扎在钢轨上，组成一个完整的滤水挡墙。为防止跑浆，应将挡墙四周封堵严实。

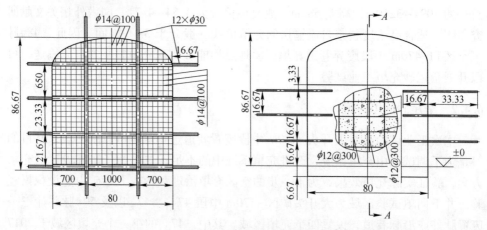

图 6-26　充填挡墙设计图

图 6-27　现场充填挡墙构筑

B　浆砌废石充填挡墙

如图 6-28 所示，充填挡墙 3 采用浆砌废石材料，厚度为 40cm，按照剖面为梯形由底座筑起，其位置选择在巷道断面较小处，能够起到稳定隔离充填料浆的作用，充填挡墙中部设 40cm×40cm 滤水窗 17。管道螺纹 4 采用拆卸式扣环连接，能够较好地衔接各管段，又便于在后退式充填中分离管道。采空区废置巷道 6，将分阶段长度范围划分为 20~30m。管道控制系统固定支架 16 为倒三角形的刚性金属材料，按照管道 2 的直径加工而成，将管道 2 镶嵌在内侧，并用锚杆固定在巷道顶板中央位置。排水孔 12 呈梅花状布置，坡度为 5°，直径为 100mm，内部用铁丝、麻布封堵，防止漏浆、跑浆。滤水窗 17 为 40cm×40cm，其材质为铁丝、麻布，与滤水孔相连，起到隔离料浆并且排水的作用。滤水孔 11 上接排水孔 12，下连巷道排水沟，其直径为 50mm。观察孔 13 位于充填挡墙上方，其直径为 500mm。

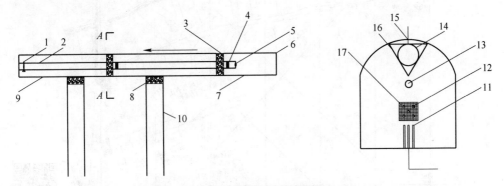

图 6-28 废置巷道尾砂排放与观察孔留设

1—自动阀门；2—进料管；3—充填挡墙；4—管道螺纹；5—管道端头；6—废置巷道；
7—第一阶段；8—第二阶段；9—第三阶段；10—采场出矿穿；11—滤水孔；12—排水孔；
13—观察孔；14—进料管；15—锚杆；16—固定支架；17—滤水窗

6.4.2.2 巷道回填位置确定

在 -470m 中段三条废置的脉外或沿脉巷道内各设置 1~2 道充填挡墙，共需设置四道充填挡墙（图 6-29 中粗黑色位置）。

（1）在 $47_{支1}$ 设置两道充填挡墙。第一道挡墙布置在距离沿脉巷道西边端头约 40m 处（沿脉巷与脉外巷交汇处西侧），此处作为第 1 个充填区域，体积约 240m³，拟采用全尾砂非胶结充填、质量浓度 60%~65%；第二道挡墙布置在距离第一道挡墙约 45m 处的脉外巷内，作为第 2 个充填区域，体积约为 320m³。

（2）在 $47_{支}$ 布置一道充填挡墙，作为第 3 个充填区域，体积约为 485m³。挡墙位于脉外巷与 92 线南川交汇处的西侧。为确保充填过程中 92 线南川的安全，需将 $47_{支}$ 沿脉巷与 92 线南川交汇处用挡墙封堵。此充填区域可考虑全尾砂非胶结充填或采用灰砂比 1:20、质量浓度 60%~65% 的充填料浆充填。

（3）在 50#脉设置一道充填挡墙，位于 50#脉脉外巷与 92 线南川交汇处西侧，距离脉外巷西部端头约 55m 处，作为第 4 充填区域，拟采用全尾砂胶结充填，充填体积约为 475m³，建议采用灰砂比 1:10、质量浓度为 60%~65% 的充填料浆充填。

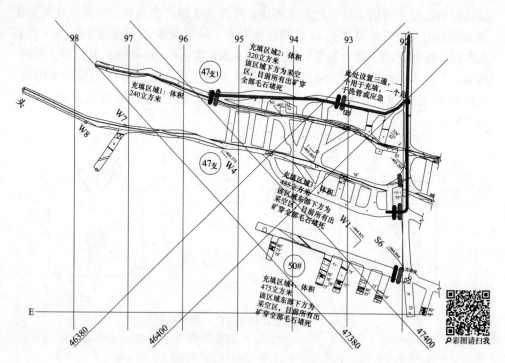

图 6-29　废置巷道回填充填挡墙位置

6.4.2.3　废置巷道充填顺序

结合大开头矿区-470m 中段 92 线南川废置巷道分布情况以及东山充填系统运行条件，确定如下充填顺序：

（1）对 $47_{支1}$ 第 1 个充填区域进行全尾砂非胶结充填，质量浓度为 60% ~ 65%。

（2）对 50#脉第 4 充填区域进行全尾砂胶结充填，料浆灰砂比 1 : 10，质量浓度 60% ~ 65%。

（3）充填 $47_支$ 第 3 充填区域。此充填区域可考虑全尾砂非胶结充填或灰砂比 1 : 20、质量浓度为 60% ~ 65% 的全尾砂料浆胶结充填。

（4）对 $47_{支1}$ 第 2 个充填区域进行全尾砂胶结充填，料浆灰砂比 1 : 4，质量浓度 65% ~ 68%。

6.4.2.4　巷道回填排水设施

因实际回填过程中，全尾砂充填料浆质量浓度偏低，料浆中含水量较多，充填后料浆泌水必然导致井下巷道积水，故在每道充填挡墙外部 3 ~ 5m 处设计一道半开式挡墙（图6-30），以收集巷道内部充填体滤水。废置巷道充填料浆泌水直接通过充填挡墙滤水网布流入外侧半开式挡墙内（即充填挡墙与半开式挡墙之间），沉淀后经水沟排至中段排水系统，再通过中段排水系统排至地表。

图6-30　半开式充填挡墙

充填洗管用水则通过三通阀门排至92线南川最南端，经充填井排入下部采空区，再由下部−520m中段排水系统排至地表。

6.4.3　现场试验过程

大开头矿区废置巷道回填充填料浆配比及质量浓度设计为：$47_{支}$脉废置巷道采用灰砂比1∶10、质量浓度60%~65%左右的全尾砂胶结充填料浆进行回填，50#脉废置巷道采用灰砂比1∶20、质量浓度60%~65%左右的全尾砂胶结充填料浆进行回填，$47_{支1}$废置巷道采用质量浓度60%~65%的全尾砂非胶结充填料浆进行回填，不加入胶凝材料。

6.4.3.1　47支1全尾矿非胶结回填

大开头矿区−470m中段$47_{支1}$第一充填区域充填时间是2017年1月11日和1月13日，采用全尾砂非胶结充填，分两次充填完成。第一次充填高度1.3m，第二次0.9m，脱水沉降后充填体总高度约1.6m，充填量约195m³。现场充填体如图6-31所示。由于未采用胶凝材料，全尾砂充填料浆离析严重，尾砂脱水固结后表面仍泥泞湿滑，无法站立行人，且存在充填体遇水泥化现象。

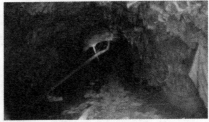

图6-31　大开头−470m中段$47_{支1}$第一充填区域回填

6.4.3.2 50#脉西沿脉外巷全尾砂胶结回填

大开头矿区-470m 中段 50#脉脉外巷设计采用灰砂比 1：20 进行充填。根据充填站统计，共计充填 2h，消耗全尾砂量 75m³、水泥量 4.17t，总充填料浆量 116m³。通过浓度壶人工检测搅拌桶灰砂浓度，共取七个样本，料浆平均浓度 51%。经测算，实际充填灰砂比为 1：21。井下反馈充填量约 118m³，沉降后充填体高度 0.7m。充填 28d 后，充填体具有一定的抗压强度和承载能力，但表层仍泥浆较多，虽可站立行人但比较湿滑（图 6-32），表明充填料浆的离析问题严重，这与充填料浆质量浓度偏低有关。

图 6-32　大开头-470m 中段 50#脉脉外巷回填（28d）

6.4.3.3 47 支西沿脉外巷全尾砂胶结回填

大开头矿区-470m 中段 47支西沿脉外巷的充填时间是 2017 年 3 月 7 日，设计灰砂比 1：10。根据地表充填站统计，共计充填 1h，用砂量 36m³、水泥量 4.35t，充填料浆量 56m³。通过浓度壶人工检测搅拌桶灰砂质量浓度，共取两个样本，平均浓度为 45%。经测算，实际充填灰砂比接近 1：8；井下反馈充填量约 63m³，沉降后充填体高度约 0.7m。充填 23d 后，充填体（图 6-33）表面较为结实，泥浆量较 50#脉西沿脉外巷少很多，可站立行人，但表面也较湿滑。

图 6-33　大开头-470m 中段 47支西沿脉外巷回填（23d）

6.4.3.4 47支1全尾砂胶结回填

大开头矿区-470m 中段 47支1第二充填区域充填时间是 2017 年 3 月 29 日。根据地表充填站统计，共计充填 1.25h，用砂量 52m³、水泥量 7.77t，充填料浆 63m³。浓度壶人工检测搅拌桶灰砂质量浓度为 37%，远未达到设计要求。经测算，实际充填灰砂比 1∶3.89，井下反馈充填量约 90m³，沉降后充填体高约 70cm。充填 10h 后，充填体在直观上已具有一定强度，尾砂固结效果良好（图 6-34），但具体强度还有待进一步取样测量。

图 6-34　大开头-470m 中段 47支1第二充填区域充填体（10h）

6.4.4 存在问题与建议

6.4.4.1 巷道回填过程中存在的主要问题

（1）冲板流量计和下砂管路电磁流量计计量不准确，缺少对下砂管路的浓度检测，流经下砂管路的干砂量无法准确计算。因此，对砂仓的风水造浆效果以及对螺旋给料机的下灰量调节缺乏控制依据，不仅造成胶凝材料的浪费，还会严重影响井下充填体的强度与质量。

本次充填试验第一次充填设计灰砂比 1∶20，实际达到 1∶14；第二次充填设计灰砂比 1∶10，实际灰砂比接近 1∶8。可见流量计计量不准确导致两次充填灰砂比均大于设计数值，增加了水泥用量和充填成本。水泥仓下冲板流量计 2017 年 3 月 2 日试验后显示数据为 5.57t，五天时间内空跑 11.39t。经咨询设备厂家，可通过修改参数屏蔽小的误差。

（2）砂仓尾砂质量浓度严重偏低，达不到设计的浓度要求，井下充填料浆脱水量增加。采用浓度壶人工测量搅拌桶中料浆浓度，三次充填平均浓度分别为 51%、45% 和 37%。可见充填料浆中含水量较大，井下充填时滤排水量加大，充填后充填料浆离析、沉降大。第一次充填高度为 1.5m，脱水沉降后仅为 70cm。此外，含水量增加还会影响充填体强度。

（3）2017 年 3 月 7 日充填时-270m 中段管路发生泄漏，经咨询有关人员，其原因是钢编复合管承压能力不足，管与管间法兰盘添加的垫片是薄弱环节。发生泄漏前，钻孔有喷气现象，分析是搅拌桶下料不均，管道掺气造成压力不稳。2017 年 3 月 23 日充填试水过程中，-270m 中段管路又一次泄漏导致当天未进行充填作业。

（4）在 47$_{支1}$第一充填区域全尾砂非胶结充填期间，因充填挡墙未密封严实，曾发生过一次跑浆事故。

（5）井下充填挡墙脱水效果差，且灰砂比越高脱水越不易。其原因是全尾砂中含有大量细颗粒，将充填挡墙上土工布的网孔堵住，导致其脱水能力下降；在压力作用下，充填料浆中的自由水大多从封闭的出矿巷道及其围岩裂隙中渗流排出。

6.4.4.2　措施和建议

（1）流量计计量不准确问题可在充填站自动化改造后解决。通过在下砂管路安装核子浓度计，不仅可以实现造浆浓度控制与灰砂配比自动调节，还可通过对砂仓下砂量、水泥仓下灰量及补加水量的数据检测，计算出输送至井下充填管路的充填量。

东山充填站自动化改造所涉及的控制范围包括将充填系统中的主要阀门更换为电动阀（新增）、增加对充填系统主要工艺参数（如砂仓、搅拌槽料位及下砂浓度等）的检测，并将上述阀门、检测仪表及螺旋给料机、水泵、搅拌槽、振打器纳入现场控制箱集中控制。通过对东山充填站实施自动化改造，提高了生产自动化水平，便于现场人员操作并保证井下充填质量与充填生产正常运行，同时有助于降低充填成本，减少操作人员数量，降低现场人员的劳动强度。

（2）提高充填管道的安装质量，达到减少管道阻力损失、防漏防堵、提高管道工作效率的目的。如果安装管理不善，就可能造成管道的堵塞和破裂，或者给充填管道的维修和更换工作带来不便，甚至影响其他井下生产作业。

（3）尾砂仓中的全尾砂经自然沉降，粗颗粒沉降在砂仓底部，细颗粒和水位于上部。每次充填后砂仓中的粗砂越来越少，尾砂浓度也越来越低。可通过在砂仓顶部采用水泵抽水的方式将上部澄清水抽出，减少砂仓中水的含量以提高造浆浓度。

（4）加强井下充填挡墙施工质量，密封严实，防止跑浆事故。

6.5　遗留空区（群）充填治理顺序

在遗留空区（群）充填治理过程中，应该根据遗留空区（群）的稳定性以及充填管路铺设的可行性等，具体设计合理的空区（群）充填治理顺序，以便确保空区充填治理工序的合理、有序开展，防止发生安全事故。根据对玲珑矿区遗留空区（群）前期调研和稳定性综合评价，各矿脉空区稳定性分类及其空间分布见表6-8。

表6-8 玲珑矿区遗留空区（群）稳定性及其空间分布

矿脉	稳定性	空区编号	空间分布
50#脉	I	G9	G1、G2、G3 位于-420m, G6 位于-470m,
	II	G1、G2、G3、G13、G14	G9、G10、G11 位于-520m,
	III	G6、G10、G11、G19	G13、G14 位于-570m, G19 位于-620m
47支脉	I	G26	G8 位于-520m, G12 位于-570m,
	II	G8、G20、G21、G22、G23、G24、G25	G20、G21、G22 位于-720m, G23 位于-760m,
	III	G12	G24、G25、G26 位于-800m
47支1脉	II	G4、G5	G4、G5 位于-470m,
	III	G7	G7 位于-520m
48#脉	I	G17	G15、G16 位于-570m,
	II	G15、G16、G18	G17、G18 位于-620m

根据采空区充填治理相关文献，在充填过程中，先充填上部采空区会对下部采空区产生较大的压力，可能造成下部采空区失稳；而先充填下部采空区，后充填上部采空区，可以减小下部采空区承受的压力，降低采空区失稳的可能性，但是充填管路是由上至下敷设，要充填下部采空区，必须先完成上部充填管路的敷设。为了在二者之间寻求平衡，根据遗留空区（群）稳定性及其充填管路布置，确定合理充填治理顺序的原则为：遗留空区（群）较为集中时，下部若为不稳定（III）采空区，应该先充填下部采空区，待充填体固结后，再充填上部采空区；下部若为稳定（I）或较稳定（II）采空区，可先充填上部采空区，待充填体固结后，再充填下部采空区；若待充采空区与其他采空区相距较远时，可直接设计充填方案进行充填治理。

根据上述原则，确定玲珑矿区遗留空区（群）充填治理顺序如下：

（1）50#脉空区充填治理顺序：50#脉共有10个采空区需充填治理。其中，G1、G2、G3、G6、G10 和 G11 采空区较为集中且下部采空区稳定性较差，故先充填-520m 中段 G10 和 G11 采空区，其次充填-470m 中段 G6 采空区，最后充填-420m 中段 G1、G2 和 G3 采空区；G9、G13、G14 和 G19 采空区较为集中且下部 G19 采空区稳定性较差，故先充填-620m 中段 G19 采空区，其次充填-570m 中段 G13 和 G14 采空区，最后充填-520m 中段 G9 采空区。

（2）47支脉空区充填治理顺序：47支脉共有9个采空区需充填治理。其中，G8 和 G12 采空区相邻较近且下部 G12 采空区稳定性较差，故先充填-570m 中段

G12 采空区，然后充填-520m 中段 G8 采空区；G20、G21、G22 和 G23 采空区较为集中且均为较稳定的采空区，故可先充填-760m 中段 G23 采空区，然后再充填-720m 中段 G20、G21 和 G22 采空区；G24、G25 和 G26 采空区位于同一中段且 G26 采空区稳定性较好，可先充填 G26 采空区，然后再充填 G24 和 G25 采空区。

（3）47$_{支1}$脉空区充填治理顺序：47$_{支1}$脉共有 3 个采空区需充填治理。其中，G4、G5 和 G7 采空区位于相邻中段且下部 G7 采空区稳定性较差，故先充填-520m 中段 G7 采空区，然后再充填-470m 中段 G4 和 G5 采空区。

（4）48#脉空区充填治理顺序：48#脉共有 4 个采空区需充填治理。其中，G15、G16 和 G17、G18 采空区位于相邻中段，下部 G17 为稳定采空区、G18 为较稳定采空区，且 G16 采空区已进行了全尾砂充填治理工业试验。因此，其余采空区充填时，先充填-620m 中段 G17 采空区，然后再充填 G18 采空区，最后充填-570m 中段 G15 采空区。

6.6　遗留空区充填治理成本分析

截至 2018 年末，玲珑金矿利用东山充填系统共充填治理大开头矿区 50#脉、47$_支$脉等处遗留空区 28000m³，空区充填治理成本费用为 27.44 元/m³（表 2-3）。具体计算如下：

（1）充填系统固定资产折旧。充填能力按 800m³/d 计算，考虑尾砂充填沉降系数 1.1、充填量流失系数 1.05，按充填系统服务年限 10 年计，东山充填站设备折旧费用（即固定资产折旧费用）为 0.83 元/m³。

（2）充填电费。空区充填过程中，需要 30kW 的水泵和 37kW 的搅拌桶各一台，此外选矿厂向东山充填站泵送供砂，故充填电费约为 4.73 元/m³。若采用全尾砂非胶结充填，因无需添加胶凝材料，每班耗电量相对降低。

（3）充填人工费。井下充填人员 4 人，充填站 2 人，充填人工费约 4.82 元/m³。

（4）设备维修费。参考东风矿区的设备维修费用，取 0.80 元/m³。

（5）胶结材料。本次充填消耗胶结材料（C 料）580t，按 290 元/t 计算，胶结材料费约为 580×290÷28000= 6.01 元/m³。

（6）充填钻孔。充填钻孔从+212m 至-470m，共682m。按充填能力 800m³/d，充填钻孔服务时间为 5 年计算，考虑尾砂充填沉降系数 1.1、充填量流失系数 1.05，则充填钻孔折旧费用为 1.06 元/m³。

（7）输送管道。工业试验期间，井下新增管路约 1572m，按充填管路服务年限 5 年计算，输送管路费约 5.61 元/m³。

（8）封闭板墙。参考东风矿区的费用，取 0.31 元/m³。

（9）充填排水及离析料浆清理费用。为便于科学研究与统计分析，修筑临时水池蓄水并定时泵入井下排水系统，故需井下充填排水费用约 0.38 元/m³。考虑井下空区充填治理时，封堵地点较多且工人熟练程度不足，故工业试验阶段增加跑漏料浆的清理费用 0.45 元/m³。

（10）其他材料。购买塑料螺纹管、修筑临时水池和安装排水泵等，约为 1.41 元/m³。

6.7 本章小结

（1）废石充填和尾砂充填均是空区稳定性控制的有效技术，而全尾砂胶结充填空区，不仅可以解决尾砂排放为题，同时因胶结充填体强度较高，还可对围岩起到良好的支撑作用。

（2）根据采空区稳定性分析结果，结合充填体自立所需强度与充填体高度之间存在正比关系，可确定不同类型采空区充填所需充填料浆配比要求。玲珑矿区采空区高度一般在 10~50m，充填体自立所需强度不超过 0.5MPa。灰砂比 1：10、料浆质量浓度 65% 的充填体试块 7d 的抗压强度可达到 0.97MPa，可以满足采空区充填时充填体自立要求。

（3）空区全尾砂充填治理的关键技术包括充填挡墙设置和分层充填高度确定。根据充填挡墙力学分析，刚入采场空区时未凝结硬化的充填料浆对充填挡墙作用力最大。因此，空区前期充填时一次充填高度不宜超出 2.5~3.0m。

（4）选择大开头矿区-570m 中段 48#脉 G16 采空区（即-520m~-570m 中段 48#-8688 采空区）进行全尾砂充填治理工业试验。该空区总体积约为 11899m³，与邻近-570-48-8486 空区之间留有宽 3m 的间柱，其下部-620-48-8889 空区的顶柱与-570-48-8688 空区底部的走向重叠距离约 8~10m。通过对玲珑金矿大开头矿区 48#脉-570m 中段和-620m 中段共四个采空区的空间位置、空区形态和大小以及采空区稳定性进行分析可知，采场开挖后，会对空区周边围岩、顶柱和间柱产生不利影响，故有必要对采空区进行充填治理，对空区周边围岩的变形进行控制，从而减少因采场开挖所引起的空区围岩变形、移动甚至破坏的范围。

（5）大开头矿区-570-48-8688 空区充填治理过程中，设计充填料浆配比及其质量浓度为：采空区下部高约 5~10m 的范围内采用灰砂比 1：10、质量浓度 64%~66% 左右的全尾砂胶结充填料浆进行充填；中部则采用灰砂比 1：20~1：30、质量浓度 60%~65% 左右的全尾砂胶结/非胶结充填；空区上部高约 5~10m 的范围仍采用灰砂比 1：10、质量浓度 64%~66% 左右的全尾砂胶结料浆进行充填。

（6）为及时、快速排出大体积空区充填体内自由水，提出一种综合的空区渗滤脱水方法。在原-570-48-8688 采场的出矿穿及脉外巷等处堆置一定高度

（1.5~2.0m）的掘进废石作为空区充填料浆渗滤脱水的反滤层，并采用填满豆石或碎石的预制塑料波纹滤水管（ϕ100mm）引流充填体上部的澄清水，快速脱水效果明显。

（7）为确保大体积空区充填安全，采用综合的空区充填动态监测技术手段，包括空区充填料浆液位监测、基于3D激光扫描技术的空区体积探测以及基于脱水率/量的空区充填体健康动态监测，必要时还可考虑对渗排水进行水质监测。

（8）在遗留空区（群）充填治理过程中，应该根据遗留空区（群）的稳定性及充填管路铺设的可行性等，具体设计合理的空区（群）充填治理顺序，以便确保空区充填治理工序的合理、有序开展。根据对玲珑矿区遗留空区（群）前期调研和稳定性综合评价，确定合理充填治理顺序的原则为：遗留空区（群）较为集中时，下部若为不稳定（Ⅲ）采空区，应该先充填下部采空区，待充填体固结后，再充填上部采空区；下部若为稳定（Ⅰ）或较稳定（Ⅱ）采空区，可先充填上部采空区，待充填体固结后，再充填下部采空区；若待充采空区与其他采空区相距较远时，可直接进行充填治理。

（9）截至2018年末，玲珑金矿利用东山充填系统共充填治理大开头矿区50#脉、47支脉等处遗留空区28000m³，空区充填治理成本费用为27.44元/m³。

7 基于开采环境修复的残余资源安全复采

7.1 概述

7.1.1 基于开采环境修复的复采思路

地下固体矿产资源开采，是原岩应力环境下地下空间结构形成和采矿活动双重影响的应力场重新分布的过程。当地下矿岩受到开采活动影响时，采矿过程中掘进和回采活动破坏了原岩应力平衡状态，引起地应力重新分布。这种应力重新分布是矿压显现的根本作用力，是地压灾害是否发生的主要因素之一。地下岩体开挖导致原岩应力平衡状态被破坏，地应力重新分布。大量开采空区的存在，导致应力叠加，使得空区周边应力条件更加复杂，开采难度加大，生产环境恶劣。

地下采矿应力环境再造的理念，就是在充分认识采矿过程的应力特征和变化规律的基础上，有针对性地运用采动应力自身的不平衡扰动和人工强制诱导耦合的矿山安全控制技术手段，实现应力的干扰和转移，最大限度地利用采动应力的力学损伤作用，寻求最有利时机开展人工干预和诱导控制技术，实施矿岩诱导控制的应力破碎，干扰需要破碎的矿岩稳定性，并且控制采矿扰动的有害效应及隐患在最小限度内强化应力破碎的有利性，实现绿色高效开采。

地下采矿应力环境再造的内涵，就是在矿床赋存的原岩地应力环境下，通过对采矿过程的力学仿真模拟与地压监控等技术手段，分析开采过程中采动应力与原岩应力叠加后的二次应力分布特征值及其规律，通过诱导采动应力实现采区应力的高效破岩，减少对采场支撑结构体的应力损伤，从而实现采矿应力环境再造，提高矿山采矿效率和保障矿山的安全生产环境，以满足安全高效采矿的需要。广义的"采矿应力环境再造"包括两个方面：一是采动应力的转移，实现采区采动后的应力状态处于一种安全可控状态；二是充分利用采动应力，通过控制技术措施，实现高应力向预开采矿岩转移，实现高应力的矿岩诱导破碎和崩落。

受遗留空区（群）影响区域范围内的残余资源，因大量采空区群已存在，采用诱导方式，利用高应力回收顶底柱、间柱等残余资源的难度大、隐患多，不宜采用。原岩应力平衡是最为平衡稳定的状态，但因人为开采打破了这种平衡状态，若能够实现恢复或者接近这种原岩应力平衡状态，无疑是最为安全可控的一种状态。结合玲珑矿区开采的现状，提出一种基于地下开采环境修复的残余矿产资源复采理论，拟先期采用全尾砂胶结（或非胶结）充填治理遗留空区（群），恢复地下矿岩应力平衡状态，缓解地下空间结构局部应力集中问题，初步实现空区采动后基本恢复原岩应力的平衡状态，为后续残余资源的复采营造安全可靠的采矿应力环境。

7.1.2　残余资源复采的意义

基于选矿尾砂与地下采空区、残余矿产互为资源的理念，利用全尾砂充填治理地下遗留空区（群），为空区周边残余资源安全复采营造或恢复采矿应力环境，实现矿山绿色开采与生态保护并重的矿业资源可持续发展。玲珑矿区实现遗留空区（群）充填治理与残余资源复采具有以下意义：

（1）减小地表尾砂排放，降低尾矿库堆存压力。将选矿尾砂全部充填到井下采空区，可有效降低地表尾矿库库容压力，避免新建尾矿库，保护生态环境。因此，基于经济效益和环境保护考虑，充填治理采空区，建设无尾矿山更有利于矿山长远发展。

（2）控制岩层移动，保护地表生态环境。利用选矿尾砂充填治理地下遗留采空区隐患，既可有效控制地压，避免采空区坍塌而对井下安全生产造成影响，还可减缓、控制岩层移动和地表下沉、塌陷，保护地表建筑物和生态环境。

（3）降低矿石损失贫化，提高残余矿产资源回采率，提高企业经济效益。地下矿产资源充填开采，可进一步降低矿石损失贫化，提高原矿品位及精矿产量，降低选矿成本。采用选矿尾砂充填治理遗留空区，有助于边角残矿的安全回收，提高矿产资源利用率，避免资源浪费，同时还可延长矿山服务年限，从而提高矿床开采的总体经济效益。

（4）随着开采深度加大，采场地压活动增多，充填法开采矿产资源以及充填治理地下遗留采空区，有利于控制采场地压，消除空区隐患，确保安全生产。

此外，基于矿山安全生产及生态环保的压力，充填采矿运用越来越普遍，国家也相继出台相关激励和保障政策。例如，2014 年国土资源部关于印发《矿产资源节约与综合利用鼓励、限制和淘汰技术目录（修订稿）》的通知（国土资发〔2014〕176 号文），鼓励矿山采用全尾砂充填工艺；财政部关于印发《关于全面推进资源税改革的通知》（财税〔2016〕53 号），对符合条件的采用充填开采方式采出的矿产资源，资源税减征 50%；2016 年 12 月 25 日颁布的《中华人民共和国环境保护税法》将 2018 年 1 月施行，排污费变身环境保护税，税务部门代替环保部门，尾矿排放每吨 15 元等。因此，采用充填开采和充填治理遗留采空区对矿山经济效益、安全生产、生态环境具有重要意义。

7.2　东风矿区残余资源复采工业试验

东风矿区采用竖井开拓，生产能力 2000t/d，共有 2 条竖井（风井和混合井）、5 个中段，主采 171#矿脉。根据矿体赋存及矿岩稳固情况，主要采用盘区上向水平分层进路尾砂胶结充填采矿法。采场沿矿体走向布置，长50m，高40~50m，宽为矿体厚度。在地表建有一座充填制备站，毗邻混合井井口，设计预留发展到4000t/d的能力。充填站设1500m³钢结构立式砂仓2座、水泥仓2座、ϕ2000mm×2100mm高浓度搅拌槽4个。充填站内施工3条充填钻孔。其中，2条至-180m中段；1条至-300m中段，经-300m中段平巷缓冲后，沿采场顺路进入采矿工作面。

7.2.1 遗留空区（群）分布

东风矿区东西两翼长约2700m，提升竖井（混合井）与风井间距约1300m，受前期民采影响，已形成大量未知空区。探测表明，东风矿区风井附近主采矿脉171$_{支1}$存在大量遗留采空区（群），主要集中在-630m~-690m中段，对东风矿区安全生产造成严重影响。以东风矿区-690m中段为例，其空区分布如图7-1和图7-2所示。

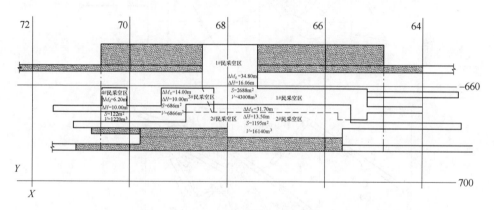

图7-1 东风矿区-690m中段171$_{支1}$脉65~71线遗留空区（群）分布图

7.2.1.1 1#民采空区

空区体积约43008m³，位于65~68线之间。该区域为蚀变岩型金矿脉，上盘围岩为钾化花岗岩，下盘围岩以含黄铁矿化绢英岩化碎裂状花岗岩为主；空区走向约19°，倾角约62°，倾角局部有较大变化，倾向NNE；矿体上盘与下盘围岩均不稳固，岩石节理裂隙发育，特别是近构造端岩石特别破碎，上盘含水带。1#空区中存有上部中段塌落充填体（废石）与部分残矿。

1#民采空区与3#民采空区之间留有部分矿柱，矿柱矿量约4142t。该空区下部与-680m水平民采空区相邻，影响-680m水平巷道稳定，可能致使该巷道变形甚至下沉。受1#民采空区影响，为确保井下作业安全，东风矿区-680m水平西沿66线下向与平层出矿穿均已暂列为停止作业区。

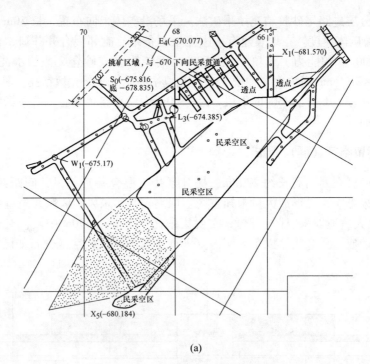

(a)

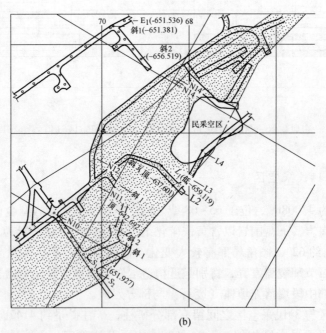

(b)

图 7-2 东风矿区 171$_{支1}$脉水平地质平面图

（a）-680m 水平；（b）-660m 水平

7.2.1.2　2#民采空区

空区体积约16140m³，位于66~68线之间。该区域为蚀变岩型金矿脉，上盘围岩为钾化花岗岩，下盘围岩以含黄铁矿化绢英岩化碎裂状花岗岩为主；空区走向约17°，倾角约28°，倾角局部可能有较大变化，倾向NNE；矿体上盘与下盘围岩均不稳固，岩石节理裂隙发育，特别是近构造端岩石特别破碎，上盘含水带。受2#空区影响，东风矿区下部-690m中段巷道以及-690m中段对应该空区位置均暂划为预警区。

7.2.1.3　3#民采空区

空区体积约6866m³，位于68~69线之间。该区域为蚀变岩型金矿脉，上盘围岩为钾化花岗岩，下盘围岩以含黄铁矿化绢英岩化碎裂状花岗岩为主；空区走向约348°，倾角约80°，倾角局部可能有较大变化，倾向NNW；矿体上盘与下盘围岩均不稳固，岩石节理裂隙发育，特别是近构造端岩石特别破碎，上盘含水带。该空区NE方向与1#民采空区相邻，上部与-660m中段已充填采场相邻，顶底间柱厚度较小，局部有塌落可能。3#民采空区周围巷道及上部-660m中段、下部-680m中段均暂划为预警区；该采空区周围原民采巷道则划为高危险区，禁止人员设备进入。

7.2.1.4　4#民采空区

空区体积约1220m³，位于70~71线之间。该区域为蚀变岩型金矿脉，上盘围岩为钾化花岗岩，下盘围岩以含黄铁矿化绢英岩化碎裂状花岗岩为主，空区走向约1°，倾角80°，倾角局部可能有较大变化，倾向NNE；矿体上盘与下盘围岩均不稳固，岩石节理裂隙发育，特别是近构造端岩石特别破碎，上盘含水带。空区周围民采活动频繁，空区形态可能因民采作业而变化。4#空区周围多为民采巷道，下部与东风矿区-680m水平70线采场相邻，70线采场采矿应制定可靠的安全与支护措施以及相应的应急预案，确保安全后方可施工进路采矿；上部与-660m中段已充填采场相邻，顶底间柱厚度较小，局部有塌落可能。4#民采空区周围巷道及上部-660m中段、下部-680m中段70线采场均划为预警区；而该采空区周围的民采巷道则划为高危险区，禁止人员设备进入。

7.2.2　东风充填系统现状

充填站位于现有混合井北侧，充填设施包括两座1500m³立式砂仓、两座水泥仓、充填料浆输送管路、两套喂料设施和搅拌设施。砂仓顶部安装一台旋流器组，选厂全尾砂直接泵送到仓顶旋流器组进行分级，旋流器溢流及砂仓溢流由泵送至尾矿库，底流则进入砂仓。砂仓锥形底部布置有三层风水造浆环管，每层环管上安装有造浆喷嘴。分级尾砂在砂仓内进行自由沉降存储后，砂浆饱和质量浓度可达80%左右。充填时向砂仓通入高压风和水进行混合造浆，使沉淀的饱和分级尾砂流态化，通过放砂管道自流进入 $\phi2000mm \times 2100mm$ 高浓度搅拌槽中。现有充填工艺采用分级尾砂胶结充填方式，胶凝材料选择胶固料（C 料），胶固粉在水泥仓内通过喂料系统输送和计量后进入搅拌槽，在搅拌槽内和分级尾砂料浆充分搅拌后形成质量稳定的充填料浆，经输送管网自流至采场进行充填。

东风充填站设计充填能力为 1243t/d（设计预留可增至 2486t/d），采用分级尾砂自流输送，主要负责东风矿区充填采矿和空区充填治理。

7.2.3　遗留空区充填治理

本次空区充填治理工业试验主要是针对 $171_{支1}$ 脉 65~68 线遗留采空区（群），民采空区体积约 12000m³，其中包括塌落及废石量约 2000m³，位于 66~68 线之间。该区域为蚀变岩型金矿脉，上盘围岩为钾化花岗岩，下盘围岩以含黄铁矿化绢英岩化碎裂状花岗岩为主，空区走向约 17°、倾角约 28°，倾角局部可能有较大变化，倾向 NNE；矿体上盘与下盘围岩均不稳固，岩石节理裂隙发育，特别是近构造端岩石特别破碎，上盘含水带；空区周围民采曾活动频繁，空区形态可能因民采作业而发生变化。该空区影响下部-690m 中段巷道稳定，故-690m 中段对应区域暂划为预警区。由于该遗留空区的特性，结合东风矿区的生产现状，选用先废石后尾砂胶结充填治理空区。

（1）充填线路：东风充填站→充填钻孔→-660m 中段→充填井→-680m 中段→空区。

（2）充填管路敷设：根据生产需要，充填管路选用 $\phi120mm$ 的聚乙烯塑料管，敷设路线为充填井→-680 中段各进料口。

7.2.3.1　充填挡墙设计

充填挡墙在采空区充填治理过程中是一个比较关键的环节。它不但是防止充填料浆泄漏的主要手段，也是充填过程中排水的主要通道，正确选择充填挡墙的位置是空区充填成功的前提。充填挡墙设计详见本书第 6 章。

7.2.3.2　充填治理工序

正式充填需在准备工程验收合格后方可进行。充填前需对工作面充填器具进行检查，吊挂固定是否牢固；主充填管路、工作面充填管线及闸阀是否完好。井上井下要配置直通电话专人负责接听，作业人员在工作面巡查时注意观察充填进度情况（如观察浆体流速、挡浆墙牢固与否、渗水情况等），巡查人员必须在充填段上方及顶板支护完好的安全地点作业。检查完毕消除问题后报告充填站、调度室准备充填。充填指令由生产副矿长或运营部经理下达。充填工序为：清管→充填→洗管。

A　清管

由井下充填负责人安排专人对充填管路检查一遍，充填管路吊挂是否平直，充填管线固定是否牢固，管子接头是否紧固有效，确认安全后汇报负责人，由负责人采用专用通讯工具联系地面充填负责人开始进行加水清洗管道工作，井下充填负责人将充填管子前方出水阀门打开，地面联系井下开始加水后由专人负责检查出料口，见水正常流出后立即通知地面，清洗管道工作完毕。

B　充填

根据采空区赋存情况，采用的充填材料为选矿尾砂和胶固粉（C 料）。

第一步，充填-690m～-680m 中段 69～64 线区域。因为此区域工程复杂，与民采空区的交汇点较多且存在某些不明的透点，故采用灰砂比 1：4、质量浓度68%～70%的尾砂料浆胶结充填。充填过程中，若发现有漏浆地点，应及时封堵，充填结束后放置一周时间，让充填料浆充分凝结固化。考虑到-690m 水平现有采场已回采结束，充填时需将-680m 换层及-660m 换层用木板墙封堵密实，充填时留作泄水用；-680m 水平各出矿巷道应全部进行封堵。充填管路由-680m 水平 66 线下放至各出矿巷道并架设牢固，吊挂至空区与-680m 中段顶板齐平位置。

第二步，充填-670m～-680m 中段上部民采空区。充填此区域时，需将-670m 中段与民采贯通点全部封堵。管路由-670m 和-641m 两个区域经民采巷吊挂至空区。考虑到以后此区域回采边角残矿以及民采预留矿柱，仍需使用灰砂比 1：4、质量浓度 68%～70%的尾矿料浆胶结充填。灰砂比 1：4 的分级尾砂胶结充填体 28d 强度可达到 3～4MPa 甚至更高，复采残余矿产资源时可在充填体内施工采准工程以回收这部分资源；若不复采此区域残余资源，则无需采用高灰砂比的胶结料浆进行充填治理。

第三步，充填-641m～-670m 中段民采空区。此区域民采空区体积较大，大部分矿石已被民采采净，充填时可考虑使用灰砂比 1：20 的全尾砂或分级尾砂料浆进行胶结充填治理，接顶时则采用灰砂比 1：4、质量浓度 68%～70%的尾砂料浆胶结充填，接顶层厚度约 1m。充填管路由-641m 矿房与空区的透点接入。

充填前，可根据周边情况先对空区进行废石回填。遗留空区（群）充填治理过程中，应注意的事项有：

（1）充填时采取多次少量的原则，每次充填量控制在 300～500m³；增加巡查充填管路及可能漏浆区域的人员，充填期间巡查频率每小时不能低于一遍。若发现有漏浆区域或者爆管时，应及时通知充填站停止充填作业，并通知相关人员封堵漏点以恢复管路。

（2）每次充填结束后需静置不少于 8h，让充填料浆充分凝结固化，保证细小缝隙能全部灌满，防止漏浆。

（3）每步充填结束后，放置时间不少于一周，期间需多次观察充填区域，观测空区内尾砂充填料浆高度变化（例如是否存在料浆液面急剧下陷的情况），以及确定充填体强度是否达到设计要求等。

将充填管路架设在待充填空区上方下料口，充填管出浆口应固定牢固，向充填挡墙内侧按照由下向上顺序进行充填。充填过程中，施工人员随时观察充填情况，发现跑浆、挡墙变形，应立即通知地表充填站停止充填作业并进行处理，确认安全后方准施工。充填过程中，充填空顶段时严禁人员进入空区。作业人员应在顶板完整支护保护下观察出料口出浆情况，若发现问题应及时联系充填负责人并进行处理。

各环节检查符合要求后，开启充填系统进行充填。充填过程中，随时观察充填管道出料流浆情况，出现流浆波动或流量减少甚至停止流浆时，应及时通知地面充填站停料，进行加水，同时打开井下压风阀进行疏料。不能及时疏料时，将井下立管事故阀打开，采用锤击法逐节检查管路情况。打开立管事故阀检查管路时，施工人员应站在事故阀出料侧的另一端安全地点进行操作，严禁正对出料口操作，以防窜浆伤人。

水平管堵管处理时，由立管向外方向逐节管段打开进行处理，可采用压风吹、水冲等方式进行处理。打开水平管检查管路时，施工人员站在管路出料侧的另一端安全地点进行操作，严禁正对出料口操作，以防窜浆伤人。处理堵管事故时，由现场充填负责人现场指挥以确保施工作业安全。

C　洗管

停料时，采用专用电话通知地面充填站停止下料，进行加水，打开井下风阀；待出料口无粗料时停止给风，确认无料后通知地面充填站停水。

7.2.3.3　治理保障措施

A　安全保障

（1）本充填区域属尾砂料浆长距离自流输送，充填主管、备用管必须保证完好，充填管路安装、更换时，必须防止大块杂物进入管内造成堵塞，充填管道的焊接、安装、吊挂必须牢固。

（2）充填期间严禁人员进入充填区域以防跑浆伤人，将充填作业范围内所有人员全部撤出，充填期间严禁人员进入，在充填工作面下口沿运输巷向外300m处专人拉警戒绳、挂警示牌进行站岗，由管理人员负责监督落实，站岗人员得不到撤岗命令严禁私自撤岗。

B　突发性跑漏尾砂事故的防范措施

因受各种因素影响，一旦发生突发性大量跑漏尾砂事故时，首先发现跑漏事故的人员，应尽快疏导现场人员向安全位置撤退并及时向矿区安全、调度值班人员报告。

凡井下作业人员，一旦发现或接到跑漏尾砂的通知，应尽快撤离危险区域，并积极参加抢险工作，力争将跑漏尾砂事故可能造成的损失降到最低限度。正常充填时，井下各中段水仓应保持在低水位运行，并确保排水设备（包括备用泵）、管道完好，一旦急用，立即投入运行。

各单位作业（值班）人员，必须严格遵守劳动纪律，坚守工作岗位，严禁脱岗、睡岗、串岗，避免突发事故，延续撤离时间。

C　空区充填实行挂牌负责制

（1）挂牌必须标明充填空区的中段及名称。

（2）挂牌必须标明分管领导、安全员、工程技术人员、充填班长、通风人员的姓名。

7.2.4　残余资源复采工艺

空区充填治理工作完成之后，经过一段时间（10~20d）固结硬化，充填体强度达到采矿设计要求。此时，充填体已充满原有空区，待采矿块可按照正常设计进行开采。根据矿体赋存特征，参考同类矿山复采经验，设计采用机械化上向分层水平进路尾砂胶结充填采矿法（图2-3）。

7.2.4.1　矿块构成要素

沿走向布置，采场长度50m，矿块高度40m，盘区宽为矿体厚度，底柱6m、间柱3m，不留顶柱。每分层回采3.25m高，进路尺寸为4m×3.25m（宽×高），标准矿块布3条进路，一步采中间进路，二步采两侧进路，每条分段巷道承担4个分层的回采，分段高为13m。进路宽度可根据矿体厚度和可布置进路条数适当调整。

7.2.4.2　采准切割

采准工程包括分段出矿巷道、溜矿井联络道、溜矿井、分层联络道、回风充填（泄水）天井、天井联络道。溜矿井和分段出矿巷道布置在下盘脉外，分段出矿巷道通过采区斜坡道与上下分段联通，从分段巷道向矿体掘进分层联络道。在盘区矿体中部上掘回风充填通风天井，随着采场向上回采，架设顺路泄水井。在下盘脉外掘溜矿井与分段巷道贯通，分段巷道分期掘进。

7.2.4.3　回采工艺

（1）回采顺序。当采场仅能布置两条进路时，先采下盘进路用尾砂胶结充填，后采上盘进路用尾砂非胶结充填；当采场能布置三条进路时，先采中间进路采用尾砂胶结充填，后采两侧进路用尾砂非胶结充填；间柱采用尾砂胶结充填。

（2）凿岩。设计推荐凿岩采用 MERCURY 1F 单臂凿岩台车（或 YGZ-90），钻凿水平炮孔，孔径 38~40mm、孔深 3.8m，孔网参数为 0.8m×1.0m，最小抵抗线为 0.8m，水平落矿，凿岩效率 280m/（台·班）。可根据采矿方法试验情况，选择是否采用中深孔落矿方式。

（3）爆破。采用乳化油炸药，剪式升降台车辅助装药，起爆器引爆非电导爆管、一次微差爆破。

（4）通风。爆破后立即进行通风。新鲜风流自竖井、中段运输巷道、辅助斜坡道进入分段巷道，再由分段巷道经分层联络道进入采场，进路内架设局扇和风筒，通过局扇将新鲜风流压入采场；清洗工作面后，污风经充填回风天井、上中段回风联络道、上中段回风巷道，最后经风井排出地表，必要时在采场上部回风联络道增设局扇辅助通风。

（5）矿石运搬。采用 1m³ 或 2m³ 铲运机出矿，铲运机将矿石直接运至矿体下盘矿石溜井卸矿，铲运机出矿效率为 350t/（台·班）（按平均运距 150m 计）。

（6）顶板管理。爆破通风后即进行顶板撬毛，矿岩稳定性好时可不进行支护，矿岩稳定性差时需进行锚杆支护，采用涨壳式或管缝式锚杆，锚杆间距视矿岩稳固情况具体掌握。

7.2.4.4　充填

进路回采完毕后即进行充填准备工作，充填管路由充填回风天井下放到采场，将塑料充填管架设在进路顶板中央最高点，在进路口处用木板打好隔墙（也可采用混凝土预制砖砌墙），隔墙上留有泄水检查孔。

充填时，在每个采场的底部第一个分层采用灰砂比 1:4、质量浓度 68%~70% 的尾砂胶结充填，为回采底柱创造条件；间柱也采用灰砂比 1:4 的尾砂胶结充填，为回采相邻采场创造条件。为减少充填成本，依据每分层进路个数，采用隔一采一、间隔尾砂胶结充填的方式。采用胶结充填时，可采用灰砂比 1:10 的胶结料浆充填；采用尾砂非胶结充填时，先将进路用分级尾砂非胶结充填约 2.25m 高，剩下的 1.0m 高则采用灰砂比 1:10、质量浓度 68%~70% 的胶结尾砂进行胶面充填，以利于回采上一分层时铲运机铲装和行走。每一条进路充填时，应密实接顶。

采场充填滤水经泄水天井进入中段巷道，再经钻孔下放到最低中段，进入井底水仓。

7.2.4.5　矿块生产能力

回采作业过程包括凿岩、爆破、通风、出矿、充填等主要工序，除爆破、通风、充填工序外，采矿、出矿可平行作业，其中凿岩爆破效率、充填工效是决定采场生产能力的主要因素。因遗留空区充填治理后，可按照正常采矿设计开采受空区影响区域内的残余资源，故其残矿回采生产能力与正常生产矿块等同。

7.2.4.6 矿柱回收

设计留设间柱、底柱。在矿房回采过程中，采用尾砂胶结充填方式回采间柱，采用下中段矿房向上联采方式回收矿房底柱。

7.2.5 经济效益分析

7.2.5.1 直接经济效益与新增利润

东风矿区 $171_{支1}$ 脉风井附近，存在较多民采遗留空区。据统计，遗留空区周边尚存在大量残余资源可供回采利用。经计算，东风矿区采用尾砂充填治理民采遗留空区后，实现地下开采环境再造，为空区周边残余资源的复采创造条件。东风矿区已复采残余资源的直接价值达 3136 万元、新增利润 1344 万元。目前，东风矿区仍有待充填治理的民采遗留空区（群）体积约 72800m³，预计可复采回收矿石约 95000t，可产生直接价值 4662 万元、新增利润 1998 万元。

7.2.5.2 间接经济效益

目前，东风矿区民采遗留空区共充填尾砂约 12000m³，按充填料浆中尾砂含量约 1.7t/m³ 计，则充填空区的尾砂量为 20400t。若这部分尾砂采用传统的尾矿库地表堆排方式，按尾矿库运营成本约 18.08 元/吨计，则可节约尾矿库堆排费用 36.9 万元。

根据国家政策，尾矿地表堆存将按 15 元/吨进行征税。若将尾矿回填到地下采空区（含废置巷道）或地表塌陷坑，则每年可减免税收约 30.6 万元。仅上述两项相加，实现尾砂空区充填治理，可产生间接经济效益约 67.5 万元。初步预计，东风矿区尚需充填治理的民采遗留空区体积约 72800m³，年可充填选矿尾砂约 123760t，产生间接经济价值约 409.4 万元。

7.3 大开头矿区残余资源复采工业试验

7.3.1 复采空区周边遗留矿柱工业试验

玲珑矿区大多数矿体属急倾斜极薄~薄矿脉，通常在矿体下盘或上盘布置平底出矿结构，采场基本上没有底柱，故矿山存在的矿柱主要是采场中段与中段之间留设的顶柱和间柱。若中段高度为 50m 时，这类顶柱留设的厚度一般为 4~8m，占中段矿量的 10%~16%，对这类矿柱的回收具有极大的经济价值，其必要性和意义主要体现在以下方面：

（1）多数采场采用浅孔留矿法开采，其特点是人员直接在矿房内的留矿堆上作业，自下而上分层回采，依靠矿柱和围岩自身的强度来维护采空区的稳定。这种采矿方法具有采场结构和回采工艺简单、采准切割工程量小、可利用矿石自重放矿、生产技术易于掌握、采矿成本低等优点，缺点是需留设矿柱支撑空区，造成矿柱损失大、回收难等问题。

（2）采用浅孔留矿法开采，若矿柱不能及时回收或采空区未能有效处理，空区规模逐步增大，必然存在顶板自然冒落的安全隐患，长期暴露势必形成一定规模的空区群效应，导致采空区垮塌，造成矿柱资源永久损失，引发井下安全事故，影响深部矿体后续开采。

（3）回采矿房时，矿山已完成相应的开拓工程和大部分的采准工程，只需做部分采准切割工程即可对矿柱进行安全复采。若不回收矿柱，势必造成这部分开拓、采准工程的浪费，增加吨矿开拓采准成本。

（4）若只进行空区充填治理而不回收矿柱资源，一方面已投入资金进行空区治理，另一方面却浪费大量矿石资源。只有回收矿柱，才能提高矿石总回收率，延长矿山服务年限。

据统计，玲珑金矿利用浅孔留矿法开采的矿房中，顶底柱矿量约占矿块总矿量的 10%~20% 甚至更大，而对于顶底柱矿石的二次回收损失贫化率大，一般达 40%~60%，甚至有些顶底柱因不具备回收条件而造成永久损失。为提高矿石回采率及经济效益，大开头矿区结合当前实施的遗留空区尾砂充填治理技术，对符合技术条件的遗留空区先进行全尾砂胶结（非胶结）充填，待空区充填体稳定后再进行复采采场顶柱及上部采场底柱，通过控制充填料浆质量浓度以及配比等参数，使得空区充填体顶层强度能够安全支撑上部中段残矿复采作业，获得了成功并取得了较好的经济效益。

7.3.1.1　复采方案选择原则

依据玲珑矿区生产现状、开采技术条件、残余资源赋存形态及其与邻近采空区的空间位置关系，结合国内外残矿回收经验，残余资源复采应遵循以下原则：

（1）复采方法应工艺简单、易于操作、安全可靠，确保人员设备安全，将风险降到最低。

（2）利用已有工程和设备，做到投资少，确保矿山能够获得较好的经济效益。

（3）充分复采残余矿产资源，延长矿山服务年限。

（4）针对不同的残余矿产资源，制定相应的复采方案，避免千篇一律。

7.3.1.2 试验矿块构成要素

选择大开头矿区-520m 中段 48#脉 86～88 线矿段作为试验矿块，该矿块（-520-48-8688）下部中段对应-570m 中段 48#脉 8688 采场（-570-48-8688）。该采场阶段高度 50m，矿块长度 40m，平均厚度 1.8m，目前已出矿结束，形成约 12000m³ 的采空区未进行处理。根据地质资料，-520-48-8688 矿块地质品位低，未曾列为可采矿块，但随矿山采、选矿技术水平进步，该矿块地质储量可供利用，但因下部-570-48-8688 采场已采并形成空区，导致上部-520-48-8688 矿块不具备开采条件。若要回采-520-48-8688 矿块，则需先对-570-48-8688 采空区进行充填处理。

7.3.1.3 空区充填治理工序

试验矿块下部-570m 中段对应采场（-570-48-8688）回采过程中，未留顶板，采场整体采透至-520m 中段水平后结束上采，并在大量出矿后形成较大采空区。为充分回收这部分残余资源，施工-520-48-8688m 脉外工程并将出矿穿贯通采空区（图 6-18），将东山充填站充填管路敷设至-520m 中段下料口并固定。

结合此前废置巷道充填试验以及-570m 中段实际开采情况，-570-48-8688 采空区自下而上拟采用如下充填治理顺序：

（1）空区底部采用废石充填。对-570-48-8688 采空区底部进行废石充填，充填物料来自-520m 中段掘进废石，充填高度约 7m、体积约为 1250m³。

（2）第二部分为空区废石上部 3～5m，采用全尾砂胶结充填，充填料浆灰砂比 1:10、质量浓度 65%～68%，充填体积约为 645m³。

（3）第三部分为采空区灰砂比 1:10 充填的全尾砂胶结层至-520m 中段水平以下 3～5m 的高度范围。此充填区域采用全尾砂非胶结充填，质量浓度 65%～68%，充填体积约 10200m³。

（4）第四部分为-520m 中段水平以下 3～5m 的范围，采用全尾砂胶结充填，充填料浆灰砂比 1:4、质量浓度 65%～68%，充填体积约为 480m³。

7.3.1.4 残余资源复采方案

通过合理封堵以及有效滤水等安全措施，将-570-48-8688 采空区充填治理完毕。经过一段时间沉降和固结后，空区充填体已具有一定强度（图 7-3），其上部中段对应的-520-48-8688 矿块具备开采条件，拟采用浅孔留矿法复采-520-48-8688 矿块（图 2-1）。

7.3.1.5 应用效果及经济效益

-570-48-8688 空区充填治理后，其上部中段对应的-520-48-8688 矿块具备开

图 7-3　大开头矿区 −570-48-8688 采空区上部充填体

采条件，可采用浅孔留矿法进行回采。经计算，可以安全回收矿量 5841t。根据目前黄金价格，换算为直接经济效益约为 359.8 万元，可新增利润 154.2 万元。由于该方案的实施，受到较多因素制约，初步预计玲珑金矿全年约有 10 个矿块可以采用该方案进行采矿，以每年回收残余资源 3.0×10^4 t、品位 2.0g/t 计，可创造直接经济价值约 1680 万元，新增利润约 720 万元。

空区共充填全尾砂 11325m³，此外，还在大开头矿区 50#脉、47$_支$脉等处共充填空区 28000m³。若按全尾砂充填料浆中全尾砂含量 1.7t/m³ 计，共充填空区的尾砂量为 66852t。若这部分尾砂采用传统的尾矿库地表堆排方式，尾矿库运营成本按 18.08 元/吨计，则可节约尾矿库堆排费用 120.9 万元。根据国家最新政策，尾矿地表堆存将按 15 元/吨进行征税。若将尾矿回填到地下采空区（含废置巷道）或地表塌陷坑，则每年可减免税收 100.3 万元。上述两项相加，实现尾砂空区充填治理，可产生间接经济效益 221.2 万元。初步预计，玲珑矿区每年可充填治理遗留空区（群）60000m³，全年可充填尾砂 102000t，年可产生间接经济价值约 337.4 万元。

7.3.2　复采民采扰动区域残矿工业试验

7.3.2.1　遗留空区概况

试验矿块位于大开头矿区 −570m 中段 50#东沿 67~72 线之间，上部 −520m 采场已回采，斜坡道沿脉底板 2m 以下已被民采采空，不具备安全开采条件。该矿体主要为石英脉型，上下盘均为玲珑花岗岩，相对较稳固，其走向约 46°，倾向 NW，倾角约为 60°，民采空区宽度平均约 3.0m。

7.3.2.2　残矿复采方法选择

根据矿体赋存条件以及现有探矿工程，决定采用机械化上向水平分层全尾砂胶结充填采矿法（图 2-2 和图 7-4）。设计采场长 91.58m、宽 2m、高 6m。为保证铲运机正常通过，将采幅控制在 2m。拟将上部待复采回收的矿体分成 B、C、

D 三个分层，分层平均厚度 2m，含金品位 3.35g/t。

新增采掘工程主要是送道（尺寸规格 2.2m×2.4m，长度 15.6m）。

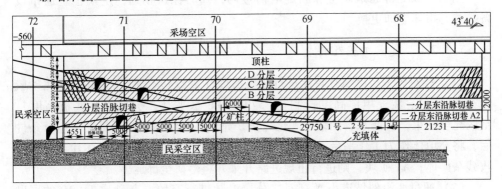

图 7-4　大开头矿区-520m 中段 50#-6772 上向分层充填采矿采场纵投影图

7.3.2.3　充填准备工程布置

A　充填线路规划

拟定空区充填线路为：东山充填站→-270m 中段西大巷→-270m 中段管道巷→-270m 中段充填钻孔→二中段→二中段通三中段 91 线顺路井→三中段 92S 穿→三中段 50#脉外巷→三中段通四中段 85 线顺路井→四中段 50#脉外巷→民采遗留空区。

B　充填管路敷设

通过分析计算，该遗留空区充填倍线约为 4.8。结合实际生产，经研究决定自-270m 中段管道巷至四中段 50#斜坡道外口选用 DN100mm 的塑料钢编复合管，四中段 50#脉斜坡道至空区采用 DN100mm 的 PVC 白管，选用与管路同等抗压强度的法兰盘、螺栓、螺帽。

C　封堵挡墙位置

五中段 50#脉 7678 采场脉外巷各出矿穿封堵滤水板墙和混凝土挡墙，具体封堵位置、施工要求以及滤水墙混凝土墙设计如图 7-4 所示。为方便集中排水，只在 1#混凝土挡墙设排水孔。

D　空区及采场滤水

空区内的充填料浆及滤水可流至五中段 76~78 线之间，因民采工程有较多不确定性，充填期间需认真巡查各中段可能的出水地点。

采场内每一分层的充填水，通过潜水泵抽出，由斜坡道排至四中段 50#脉外巷水沟。待空区充填滤水、固结、硬化之后，作业人员及铲运设备方准进入作业。

E　通讯联络

充填区域配备通讯设备和固定电话号码,随时保持畅通,定期检查通讯设备,若有损坏立即更换。

7.3.2.4　复采工艺及要求

(1) 针对民采空区赋存特点进行充填治理(废石+灰砂比1:20的全尾砂胶结充填料浆),将充填体高度控制在-579.103m水平(二分层沿脉底板高度)。空区充填结束,待滤水、固结、硬化完毕,充填体强度达到铲运机安全运行条件后,将充填体作为工作平台进行残矿复采。二分层沿脉,拟采用整体片帮方式回收残余矿体;A1矿块,则进行正规进路开采并将落矿全部运出。

(2) 通过西沿斜坡道小N穿对二分层沿脉进行充填(灰砂比1:10的尾砂胶结充填料浆)。A2矿块则通过东沿斜坡道,向东西施工沿脉进行矿体复采。为保护一分层斜坡道主穿,A1与A2矿块之间预留保安矿柱暂不予回收。

(3) 在A1、A2矿块采矿结束,并将落矿全部运出后,通过一分层斜坡道对回采空区进行充填(灰砂比1:10的尾砂胶结充填料浆)至-574.103m水平高度(一分层沿脉底板),从东西沿迎头两翼后退式对B、C、D矿块进行整体回采,预留顶柱暂不予回收;回采至最顶层后,对顶板进行仔细捡撬浮石,对破碎地方进行挂网支护后方可进行出矿。

(4) 大量出矿结束后,通过斜坡道施工一送道贯通采空区,对采空区进行尾砂胶结充填(灰砂比1:20的尾砂胶结充填料浆)。

(5) 施工要求:

1) 严格按照设计施工,确保工程质量,及时对顶板进行支护。

2) 按施工要求进行采矿作业,采矿施工紧跟矿体上盘,尽量减少贫化;需片帮处,技术人员应及时现场给定位置,按现场标定施工。

7.3.2.5　安全与通风

(1) 施工中要注意安全,若遇民采干扰等不安全因素,应及时撤离。做好撬帮、问顶、洒水等安全工作,禁止带浮石作业。特别是对A1、A2矿块进行复采之前,要求对一分层沿脉切巷仔细检撬浮石,对顶板矿岩不稳固或节理裂隙较为发育的地段,必须进行锚杆+钢网支护予以处理。

(2) 做好局部通风工作,压入风机风筒的出口应不超过作业面10m。作业人员下井必须佩戴矿上要求的各种劳动防护用品包括自救器,放炮后必须使用喷雾降尘设施,作业人员前往工作面必须随身携带CO检测仪,CO超标则不得前往工作面,严防炮烟中毒及粉尘危害。进路施工完毕,进行充填作业之前,及时回撤风机和风筒。

（3）采掘作业前，一定要用长 3m 的钎杆对作业面顶、底、迎头、左右两帮打超前眼，以探放水及超前探空区，确认安全后方准施工。

（4）采掘作业时，若遇现场矿岩不稳固或节理裂隙较为发育地段，必须采用锚网支护进行处理，并及时联系技术人员现场查看，进一步确定支护加固方案。

7.3.2.6 充填工程施工管理

加强施工管理是确保充填工程质量的关键，也是消除安全隐患的重要环节。凡充填工程，必须加强现场管理，确保施工质量。充填工程施工前，设计人员与施工技术员必须到现场向施工人员进行现场交底，确定施工具体位置。在充填工程施工中，施工队必须严格按照设计要求进行施工。

充填巡查管理系统维护注意事项如下：

（1）充填之前必须与相关中段的水泵房取得联系，水泵房值班人员做出回应后方可开始充填。当班充填开、停泵，由充填人员联系，认真做好记录。充填期间，充填巡管人员必须坚守岗位，一旦发生异常，及时联系停泵放水并现场处理，否则发生跑冒尾砂应由责任者承担经济损失。

（2）在充填期间，充填管路巡查、维护由充填人员负责，水平巷道需安排 1 人进行巡检，防止管路发生漏浆堵管现象。

（3）充填人员必须每班对充填空区及上下中段对应区域进行认真巡检，检查内容包括地压变化情况、充填体表层积水深度、滤水排水状况（采空区充填滤水，部分水从上下盘裂隙渗出，其余根据现场存水情况采用潜水泵抽水）、有无渗漏尾砂迹象等，并认真做好记录，出现异常情况时应提出处理措施，巡查记录应妥善保管，以备定期抽查。

（4）正常充填时，充填人员必须严格遵守交接班制度，并配带维修工具以备应急使用。

（5）严格做好充填前后的冲刷管路工作。

（6）安排专人定期检测管路壁厚、接头尤其弯道处，每隔 3 个月将管路旋转一定角度以延长充填管路使用寿命。

7.3.2.7 突发跑漏事故防范

（1）在可能出现漏浆的位置设置栅栏并悬挂非工作人员禁止入内的警标。

（2）因各种因素影响，一旦发生突发性大量跑漏事故时，首先发现跑漏事故的人员，应尽快疏导现场人员向安全位置撤退并及时向充填作业人员报告；凡井下作业人员，一旦发现或接到跑漏的通知，应尽快撤离危险区域并积极参加抢险，力争把跑漏事故可能造成的损失降至最低限度。

（3）正常充填时，井下各中段水仓应保持在低水位运行，并确保排水设备（包括备用泵）、管道完好，一旦急用，立即投入运行。

（4）各单位作业（值班）人员，必须严格遵守劳动纪律，坚守工作岗位，严禁脱岗、睡岗、串岗，避免突发事故，延续撤离时间。

7.3.2.8　经济效益分析

大开头矿区-570m 中段 50#脉 67~72 勘探线之间，受民采干扰，存在较多遗留空区未处理。据统计，遗留空区周边尚存在大量残余资源可供回采利用，具体统计数据见表 7-1。

表 7-1　大开头矿区-570m 中段 50#脉 67~72 线段斜坡道复采数据

指标	地质含量/t	地质品位/g·t^{-1}	地质金属量/kg	采矿量/t	矿石品位/g·t^{-1}	采矿金属量/kg	复采回收率/%	复采贫化率/%	空区体积/m^3	充填尾砂量/t
遗留空区	—	—	—	—	—	—	—	—	2809	4775.3
二分层	3394	3.4	11.5396	3186	3.3	10.5138	93.87	2.94	583	991.1
一分层	1210	3.3	3.993	1040	3.2	3.328	85.95	3.03	422	717.4
B 分层	1320	3.0	3.96	1186	2.8	3.3208	89.85	6.67	384	652.8
C 分层	1286	3.0	3.858	1092	2.9	3.1668	84.91	3.33	378	642.6
D 分层	1342	3.0	4.026	1178	2.8	3.2984	87.78	6.67	382	649.4
合计	8552	3.2	27.3766	7682	3.1	23.6278	89.83	3.92	4958	8428.6

经计算，大开头矿区采用尾砂充填治理该区域民采遗留空区后，可实现采矿应力环境再造，为空区周边残余资源的复采创造条件。截至 2018 年 11 月，已复采的残余资源的直接价值约 661.6 万元，可新增利润 283.5 万元。

目前，大开头矿区-570m 中段 50#脉 67~72 勘探线之间民采遗留空区共充填全尾砂 4958m^3，按全尾砂充填料浆中全尾砂含量约 1.7t/m^3 计，则充填空区的全尾砂量为 8428t。若这部分尾砂采用传统的尾矿库地表堆排方式，按尾矿库运营成本约 18.08 元/吨计，则可节约尾矿库堆排费用 15.2 万元。仅上述两项相加，实现尾砂空区充填治理，可产生间接经济效益约 27.8 万元。

7.4　综合效益分析

7.4.1　复采充填成本分析

以前述大开头矿区-570m 中段 48#脉 8688 采空区充填治理及其上部-520m 中段 48#脉 86~88 线矿段残余资源复采为例，分析玲珑矿区残余资源复采充填成本。

所研究的复采矿块（-520-48-8688）下部中段对应-570m 中段 48#脉 8688 采场空区，该采空区已出矿结束，形成约 12000m³ 的采空区未处理。根据地质资料，-520-48-8688 矿块地质品位低，未曾列为可采矿块，但随矿山采选技术水平进步，该矿块地质储量可供利用，但因下部-570-48-8688 采场已采并形成空区，导致上部-520-48-8688 采场不具备开采条件。若要回采-520-48-8688 矿块，则需先对-570-48-8688 采空区进行充填处理并保证充填体具有一定的承载能力，以确保上部-520-48-8688 矿块复采安全。

通过合理封堵以及有效滤水等安全措施，将大开头矿区-570-48-8688 采空区充填完毕，共充填全尾砂浆 11325m³。空区探测及计算表明，该空区充填共需全尾砂充填料浆约 11437m³，实际充填量为 11325m³，空区探测误差率为 $\frac{|11437-11325|}{11325}=1.0\%$，即空区探测准确率为 99%。经过一段时间沉降和固结后，空区充填体已具有一定强度，具体复采上部-520-48-8688 矿块的安全条件，共复采残余矿石资源 5841t，复采充填成本费用约为 40.09 元/m³。需说明的是，本次充填成本费用测算为工业试验阶段数据，若遗留空区充填治理与残余资源复采工作全面展开，充填成本费用可能略有波动。

7.4.2 经济效益

截至 2018 年末，东风矿区充填治理遗留空区（群）12000m³、残余资源复采回收黄金 120.0kg，实现产值约 3136.0 万元，新增利润约 1344.0 万元，间接经济效益 67.5 万元；下一步待治理遗留空区约 72800m³，预计可回收矿石约95000t，预计可产生直接价值约 4662.0 万元，新增利润约 1998.0 万元，间接经济效益 409.4 万元。

截至 2018 年末，大开头矿区充填治理遗留空区（群）44283m³、残余资源复采回收黄金 35.713kg，实现产值约 999.2 万元，新增利润约 437.7 万元，间接经济效益 249.0 万元。若推广应用本项目研究成果，初步预计每年可回收残余矿产资源 $3.0×10^4$t，若按品位 2.0g/t 计算，可创造直接经济价值约 1680 万元，新增利润约 720 万元；每年可充填治理遗留空区（群）60000m³，全年可充填尾砂102000t，年可产生间接经济价值约 337.4 万元。

此外，根据财政部、国家税务总局《关于全面推进资源税改革的通知》（财税〔2016〕53 号）、《关于资源税改革具体政策问题的通知》（财税〔2016〕54号）规定的资源税优惠政策，对符合条件的充填开采和衰竭期矿山，减征资源税30%~50%。

7.4.3 社会效益与环境效益

基于地下开采环境修复以及选矿尾砂、地下空区、残余矿产互为资源的理念，利用选矿尾砂充填治理地下遗留空区（群），为空区周边残余资源复采营造或恢复采矿应力环境，实现矿山绿色开采与生态保护并重，矿业资源可持续发展，有效地解决了金属矿山当前面临的尾矿库库容不足、生态环保压力大、井下遗留空区多、安全生产隐患大等问题，具有显著的社会效益与环境效益。

（1）有效治理地下遗留空区，是确保矿山深部安全开采的前提。经多年开采，在地下形成了大量的遗留采空区（群），部分采空区已垮塌，并在地表形成多处地表塌陷坑，对地表环境、生态以及地下采场安全生产均造成了重大的安全隐患，已成为矿山的重大危险源之一。随着矿山开采强度和开采深度的不断加大，井下采场的安全形势日趋严峻，直接关系到矿山的健康生产。因此，开展遗留采空区（群）治理是确保矿山深部安全开采的前提。

（2）以选矿尾砂充填地下空区，为空区周边残余资源复采营造或恢复采矿应力环境。由于采用空场采矿法开采，加之曾受民采盗采乱挖的影响，多数金属矿山存在大量的残余资源有待开发利用。随着矿产资源争夺的进一步升级，这些原本不太引人注意的采空区残余资源日益受到关注。基于地下开采环境修复理念，利用选矿尾砂充填治理地下遗留空区（群），为空区周边残余资源复采营造或恢复采矿应力环境，实现安全、高效、最大限度地复采和回收这部分残余资源，对延长资源危机矿山的服务年限，实现矿山可持续发展具有重要的意义。

（3）缓解尾矿库堆存压力，符合国家绿色矿山建设和环境保护要求。黄金矿山普遍存在选矿尾砂产出率高，而现有尾矿库剩余库容不足、新建尾矿库难度大的问题，解决选矿尾砂的安全处置已迫在眉睫，必须采取新思路、新技术、新工艺来解决这一难题。将选矿尾砂充填到地下遗留空区，对采空区进行尾砂料浆充填处理，为解决金属矿山当前面临的尾矿库库容不足、选矿尾砂环境友好型处置、矿区生态环境保护压力大、井下生产存在安全隐患以及延长资源危机矿山服务年限等问题提供了依据，最终实现矿区矿产资源开发与生态环境修复协同发展，符合国家绿色矿山建设和环境保护要求。

7.5　本章小结

基于地下开采环境修复以及选矿尾砂、地下空区、残余矿产互为资源的理念，利用选矿尾砂充填治理地下遗留空区（群），为空区周边残余资源安全复采营造或恢复采矿应力环境，实现矿山绿色开采与生态保护并重，矿业资源可持续发展，有效解决了玲珑矿区当前面临的尾矿库库容不足、生态环保压力大、井下遗留空区多、安全生产隐患大等问题，具有显著的社会效益与环境效益。

依据玲珑矿区生产现状、开采技术条件、残余资源赋存形态及其与邻近采空区的空间位置关系，结合国内外残矿回收经验，选择适宜的残余资源复采方案，力求工艺简单、易于操作、安全可靠、效益显著。

（1）针对东风矿区遗留空区（群）空间体积大、矿岩蚀变破碎等特点，先废石后尾砂胶结充填治理空区，再采用机械化上向分层水平进路尾砂胶结充填采矿法复采受空区影响区域内的残余资源。

（2）大开头矿区-520-48-8688矿块曾因地质品位低，未被列为可采矿块，但随矿山采选技术水平进步，该矿块地质储量可供利用，却因下部-570-48-8688采场已采并形成空区，导致上部-520-48-8688矿块不具备开采条件。若要回采-520-48-8688矿块，则需先对-570-48-8688采空区进行充填处理。结合该区域遗留空区（群）之间的空间位置关系，采用先全尾矿充填治理下部-570-48-8688采场空区后浅孔留矿法复采-520-48-8688矿块的设计方案。

（3）大开头矿区-570m中段50#脉67~72线之间受民采影响区域的矿体主要为石英脉型、上下盘相对较稳固，结合矿体赋存条件及现有探矿工程，确定先全尾矿充填治理遗留空区再采用机械化上向水平分层全尾砂胶结充填采矿法复采受空区影响区域内的残余资源。

8　研究结论与应用展望

　　针对当前玲珑矿区存在的遗留采空区（群）安全隐患日趋严峻、大量的残余资源有待开发利用、尾矿库剩余库容严重不足等问题，拟将玲珑矿区选矿尾砂充填到地下遗留空区，对采空区进行尾砂料浆充填处理，既可治理地下遗留空区（群）隐患，又可解决选矿尾砂的排放问题，还可实现残余资源的安全复采，最终实现玲珑矿区矿产资源开发与生态环境修复协同发展。

8.1　研究结论

　　项目主要研究内容包括玲珑矿区开采现状调研、遗留空区与废置巷道探测统计分析、全尾砂充填材料基本特性研究、遗留空区（群）稳定性评价与分级、大体积全尾砂充填料浆脱水工艺研究、遗留空区（群）稳定控制与充填治理等。通过现场调研、理论分析、室内试验、数值计算、现场试验等综合研究手段，对玲珑矿区遗留空区（群）治理与残余资源安全复采协同技术进行研究，为解决玲珑金矿当前面临的尾矿库库容不足、选矿尾砂环境友好型处置、矿区生态环境保护压力大、井下生产存在安全隐患以及延长资源危机矿山服务年限等问题提供了依据。

8.1.1　主要研究成果

　　项目取得如下主要研究成果：

　　（1）玲珑矿区现有充填系统难以实现连续造浆，要实矿山无尾排放，仍需要进行改造和提升充填能力。在现场调研和资料收集的基础上，通过充填管网分析和充填倍线计算，给出了玲珑各矿区（段）可自流输送充填和需泵送充填的范围。

　　（2）针对玲珑矿区遗留采空区（群）分布广泛且不规则，具有复杂性、隐蔽性的特点，提出了稳定成型的已知空区和不明空区的探测方法。通过现场调查、统计分析等方法，获得了玲珑矿区地下遗留空区总体积以及可充填利用的废置巷道总体积，为玲珑矿区实现无尾排放提供了设计依据。

　　（3）玲珑选矿尾砂充填料浆基本性质研究表明：1）尾砂化学成分稳定，不含有毒有害物质，可再回收金属含量较低，可作为良好的惰性骨料制备井下充填料浆。2）质量浓度为30%、40%、50%的全尾砂料浆分别在60min、65min、

90min 后，料浆浓度趋于稳定，全尾砂料浆最终浓度分别达到 56.71%、63.18%、68.97%。3）灰砂比 1:20、质量浓度 68%~70%时，全尾砂胶结试块单轴抗压强度达 0.52~0.59MPa，可满足充填需要；灰砂比 1:30、质量浓度 65%~70%时，充填体可满足对遗留空区充填要求。4）质量浓度 60%~70%的全尾砂胶结充填料浆的坍落度值在 26.9~28.0cm，满足高浓度胶结充填料浆管道输送的要求；若质量浓度达到 75%，全尾砂胶结充填料浆的坍落度仅为 14.8cm，实现管道输送充填难度较大。5）灰砂比 1:30~1:40 的充填体试块遇水泥化程度大，应根据现场空区治理需要选择适宜灰砂比进行全尾砂充填。

（4）尾砂级配对充填料浆的流变性能的影响研究表明，玲珑选矿尾砂中细、中、粗尾砂占比分别为 40%、10%和 50%时尾砂流动性能最佳，适当添加溢流尾砂有助于改善和提高玲珑矿区全尾砂充填料浆的流动性能。

（5）以玲珑矿区 50#脉、47$_支$脉、47$_支1$脉和 48#脉共计 26 个采空区为研究对象，采用理论分析、数值模拟等方法，对各矿脉采空区的稳定性进行评价和分级，确定稳定采空区 3 个、较稳定采空区 17 个、不稳定采空区 6 个。

（6）针对现有采空区充填脱水系统技术存在结构复杂、作业难度大、成本高、安全系数低，且无法实现快速有效脱水等问题，提出一种基于全尾砂和碎石存在渗透系数差异理论的井下采空区大体积充填体脱水系统及其使用方法，并以大开头矿区 -570m 中段 48-8688 采空区全尾砂充填治理为例，开展了空区大体积充填料浆脱排水工艺与系统的设计、施工及应用，效果明显。

（7）根据遗留空区（群）的稳定性及充填管路铺设的可行性等，具体设计合理的空区（群）充填治理顺序，以便确保空区充填治理工序的合理、有效开展。根据对玲珑矿区遗留空区（群）前期调研和稳定性综合评价，确定合理充填治理顺序的原则为：遗留空区（群）较为集中时，下部若为不稳定（Ⅲ）采空区，应该先充填下部采空区，待充填体固结后，再充填上部采空区；下部若为稳定（Ⅰ）或较稳定（Ⅱ）采空区，可先充填上部采空区，待充填体固结后，再充填下部采空区；若待充采空区与其他采空区相距较远时，可直接设计充填方案进行充填治理。

（8）选择大开头矿区 -570m 中段 48#脉 G16 采空区（即 -520m ~ -570m 中段 48#-8688 采空区）进行全尾砂充填治理工业试验，设计不同分层的充填料浆配比及其质量浓度，并采用综合的空区充填动态监测技术手段，包括空区充填料浆液位监测、基于 3D 激光扫描技术的空区体积探测以及基于脱水率/量的空区充填体健康动态监测，确保了大体积遗留空区（群）充填治理的安全保障。

（9）开展基于井下采矿环境修复的残余资源复采工业试验。先后在东风矿区 -630m ~ -690m 中段 171$_支$脉 65~68 线、大开头矿区 -520m 中段 48#脉 86~88 线、-570m 中段 50#东沿 67~72 线等处采用上向水平分层充填、浅孔留矿采矿、上向水平进路充填等方法共充填治理遗留空区 56283m³，复采回收残余资源 155.713kg 黄金，取得显著经济效益和环境效益。

8.1.2　主要创新点

8.1.2.1　遗留空区（群）精准探测与稳定性评价技术

针对玲珑矿区遗留采空区（群）具有复杂性、隐蔽性的特点，提出了隐覆空区物探结合开放空区激光扫描的空区精准探测技术。以玲珑矿区 50#脉、47支脉、47支1脉和48#脉采空区稳定性为研究对象，通过三维地质建模、理论分析和数值模拟，开展了遗留空区（群）链式致灾机理和稳定性评价技术的研究，将玲珑矿区遗留空区（群）按稳定程度划分为稳定、较稳定和不稳定三个等级，为遗留空区（群）治理与充填治理顺序优化提供理论指导。

8.1.2.2　遗留空区（群）大体积全尾砂充填料浆快速脱水与动态监测技术

针对全尾砂充填料浆颗粒细微、保水性强、脱水困难的特点，基于全尾砂和碎石存在渗透系数差异的理论，提出了一种大体积全尾砂充填料浆快速脱水与动态监测（动态监测空区体积、充填料浆脱排水量等）技术方法，并研发了一套空区充填料浆脱水模拟试验装置，为遗留空区（群）尾砂充填治理提供技术保障。

8.1.2.3　玲珑矿区遗留空区（群）隐患治理与残余资源安全复采协同技术

针对玲珑矿区遗留空区（群）影响区域内存在大量的残余资源有待开发利用，基于选矿尾砂与地下采空区、残余矿体互为资源的理念，以地下开采环境修复与再造为指导，从协同理论的角度出发，提出了一套玲珑矿区遗留空区（群）隐患治理与残余资源安全复采协同技术，并在大开头 48#脉和东风 171#脉等地开展现场工业试验与推广应用，最大限度地安全复采受遗留空区（群）影响的残余资源，对延长资源危机矿山的服务年限，实现矿山可持续发展具有重要意义。

8.1.3　效益分析

项目通过现场调研、理论分析、室内试验、数值计算、现场试验等综合研究手段，对玲珑矿区历史遗留空区（群）治理和隐患/残余资源安全复采进行多方位研究，研究成果可以保证隐患/残余资源的开采安全，实现了资源节约和综合利用，改善井下作业环境，并避免尾砂地表堆放产生的环境污染，同时可减少地表尾砂堆放占地，特别是可有效控制地表塌陷，保护地表生态环境，具有明显的经济效益与社会环境效益。

8.2 应用前景

玲珑矿区遗留空区（群）治理与残余资源安全复采协同技术研究成果的实施，达到了预定目标，取得了一些具有独创性的研究成果，经济效益和社会环境效益显著。项目成果运用属于采用新技术、新工艺、新设备来解决传统采矿面临的问题与困难，实现了矿山开采与环境治理在理论和工艺上的集成创新，具有良好推广应用价值：

（1）利用选矿尾砂充填治理地下遗留空区和废置巷道，既解决了地下空区安全隐患问题，又缓解了地表尾矿库堆存压力，开启了玲珑金矿无尾矿山建设的新模式，有助于玲珑金矿实现矿山绿色开采和矿业资源可持续发展，对类似条件的黄金矿山具有借鉴和推广应用价值。

（2）利用选矿尾砂充填治理地下遗留空区，实现地下开采环境的修复，为受空区影响的隐患资源和残余资源的复采营造了新的开采环境，有助于这部分资源的安全、高效、最大限度地复采和回收，为延长资源危机矿山的服务年限、开展国内外同类金属矿山残余资源回收提供思路和宝贵经验。

综上所述，本项目研究成果为玲珑金矿历史遗留空区（群）治理、选矿尾砂安全处置、无尾矿山建设和隐患/残余资源复采开辟了新思路、新方法、新工艺，不仅对玲珑矿区遗留空区（群）充填治理与残余矿产资源安全复采提供了理论依据和技术支持，而且还可供山东黄金集团及国内外其他类似金属矿山的资源开采和环境修复借鉴，实用性和可操作性强，具有广泛的推广应用前景和巨大的经济效益。

参 考 文 献

[1] 古德生, 李夕兵. 现代矿床开采科学技术 [M]. 北京: 冶金工业出版社, 2006.

[2] 干飞. 矿产资源消耗演化复杂性模型及应用研究 [D]. 北京: 中国地质大学 (北京), 2008.

[3] 彭欣. 复杂采空区稳定性及近区开采安全性研究 [D]. 长沙: 中南大学, 2008.

[4] 冯长根, 李骏平, 于文远, 等. 东桐峪金矿空场处理机理研究 [J]. 黄金, 2002, 23 (10): 11-15.

[5] 马海涛. 矿山采空区灾害风险分级与失稳预警方法 [D]. 北京: 北京科技大学, 2015.

[6] 周晓超. 采空区顶板-矿柱系统协同作用研究 [D]. 昆明: 昆明理工大学, 2013.

[7] 侯运炳, 魏书祥, 王炳文. 尾砂固结与排放技术 [M]. 北京: 冶金工业出版社, 2016.

[8] 赵奎, 廖亮, 廖朝亲. 采空区残留矿柱回采研究 [J]. 江西理工大学学报, 2010, 31 (1): 1-4.

[9] 孙光华, 李青山. 采空区充填技术研究 [J]. 矿业研究与开发, 2011, 31 (5): 16-17.

[10] 李一帆, 张建明, 邓飞, 等. 深部采空区尾砂胶结充填体强度特性试验研究 [J]. 岩土力学, 2005 (6): 865-868.

[11] 张飞, 张衡, 刘德峰, 等. 尾砂胶结充填在某金属矿采空区处理中的应用 [J]. 有色金属 (矿山部分), 2013, 65 (4): 16-19.

[12] 黄玉诚. 矿山充填理论与技术 [M]. 北京: 冶金工业出版社, 2014.

[13] Benzaazous M, Fall M, Belem T. A Contribution to Understanding the Hardening Process of Cemented Pastefill [J]. Minerals Engineering, 2004, 17 (2): 141-152.

[14] 李瑞龙, 何廷树, 何娟. 全尾砂胶结充填材料配合比及性能研究 [J]. 硅酸盐通报, 2015, 34 (2): 314-319.

[15] 郭利杰, 杨小聪. 深部采场胶结充填体力学稳定性研究 [J]. 矿冶, 2008 (3): 10-13.

[16] 任高峰, 王官宝, 石栓虎. 特大地下采空区稳定性评价及处理措施 [J]. 矿山压力与顶板管理, 2005 (2): 22-25.

[17] 张安兵, 高井祥, 张兆江, 等. 老采空区地表沉陷混沌特征及时变规律研究 [J]. 中国矿业大学学报, 2009, 38 (2): 170-174.

[18] 来兴平. 西部矿山大尺度采空区衍生动力灾害控制 [J]. 北京科技大学学报, 2004 (1): 1-3.

[19] 刘敦文, 徐国元. 金属矿采空区探测新技术 [J]. 中国矿业, 2000, 9 (4): 34-37.

[20] 罗一忠. 大面积采空区失稳的重大危险源辨识 [D]. 长沙: 中南大学, 2005.

[21] 柴炜, 饶运章, 黄奔文. 地下大面积采空区失稳研究 [J]. 中国矿山工程, 2008, 37 (3): 27-30.

[22] Greg Turner, Richar J Y, Peter J H. Coal Mining Applications of ground Radar [J]. Explo-ration Geophysics, 1990, 21 (1-2): 165-168.

[23] Cladio B, Bertrand G, Fredcric G. Ground Penetrating Radar and Imaging Metal Detector for Antipersonnel Mine Detection [J]. Journal of Applied Geophysics, 1998, 40 (1-3): 59-71.

[24] 刘敦文, 黄仁东, 徐国元, 等. 地雷达技术在西部大开发中应用展望 [J]. 金属矿山,

2001（9）：1-4.

［25］吴建功，林清湲，高锐．地球物理方法及在地质和找矿中的应用［M］．北京：地质出版社，1988.

［26］曾若云，姚建华．直流电法在探测老窑采空区的应用［J］．中国煤田地质，2001，14（2）：142-144.

［27］宋卫东，付建新，谭玉叶．金属矿采空区灾害防治技术［M］．北京：冶金工业出版社，2015.

［28］李夕兵，李地元，赵国彦，等．金属矿地下采空区探测、处理与安全评价［J］．采矿与安全工程学报，2006，23（1）：24-29.

［29］过江，古德生，罗周全．金属矿3D激光探测新技术［J］．矿冶工程，2006，26（5）：16-19.

［30］蔡嗣经，陈清运，明世祥．金山店铁矿平行矿体地下开采地表沉降物理模拟预测研究［J］．中国安全生产科学技术，2006，2（5）：13-19.

［31］宋卫东，付建新，谭裕叶．金属矿采空区灾害防治技术［M］．北京：冶金工业出版社，2016.

［32］高峰，闫茂林．突变理论及其在采矿工程中的应用［J］．重庆工学院学报（自然科学版），2008（2）：64-67.

［33］Li Fanxiu. Four-element Connection Number Based on Set Pair Analysis for Un-derground Goaf Risk of Fully Mechanized Coal Face with Big Dip and Hard Roof［J］. Procedia Engineering, 2012, 43: 168-173.

［34］Li Juanjuan, Pan Dongming, Liao Taiping. Numerical Simulation of Scattering Wave Imaging in a Goaf［J］. Mining Science and Technology, 2011, 21（1）: 29-34.

［35］Gao Yunkun, Jiang Zhongan, Zhang Yinghua. Experimental Study on Sodium Bicar-bonate Inhibiting Spontaneous Combustion of Remaining Coal in Goaf［J］. Energy Procedia, 2011, 13: 4150-4157.

［36］翟群迪，姚强岭，李学华，等．充填开采控制地表沉陷的关键因素分析［J］．采矿与安全工程学报，2010，27（4）：458-462.

［37］汪令辉．特大采空区全尾砂充填治理工程研究与实践［D］．长沙：中南大学，2012.

［38］赵国彦．金属矿隐覆采空区探测及其稳定性预测理论研究［D］．长沙：中南大学，2010.

［39］蔡美峰，王双红．玲珑金矿深部地应力测量及矿区地应力场分布规律［J］．岩石力学与工程学报，2010，29（2）：227-233.

［40］吴启红．矿山复杂多层采空区稳定性综合分析及安全治理研究［D］．长沙：中南大学，2010.

［41］张海波，宋卫东．金属矿山采空区稳定性分析与治理［M］．北京：冶金工业出版社，2014.

［42］徐文彬，宋卫东，谭玉叶，等．金属矿山阶段嗣后充填采场空区破坏机理［J］．煤炭学报，2012，37（S1）：53-58.

［43］宋卫东，曹帅，付建新，等．矿柱稳定性影响因素敏感性分析及其应用研究［J］．岩土

力学, 2014, 35 (S1): 271-277.

[44] 李青山. 阿尔登-托普坎铅锌矿矿柱回收与空区处理技术研究 [D]. 唐山: 华北理工大学, 2017.

[45] 刘敦文, 古德生, 徐国元. 地下矿山采空区处理方法的评价与优选 [J]. 中国矿业, 2004, 13 (8): 52-55.

[46] 李兆平, 张弥. 南京铅锌银矿地下采空区的治理 [J]. 中国地质灾害与防治学报, 1999, 10 (2): 58-62.

[47] 刘献华. 紫金山金矿采空区处理技术研究 [J]. 有色矿山, 2002, 31 (1): 20-22.

[48] 乔春生, 田治友. 大团山矿床采空区处理方法 [J]. 中国有色金属学报, 1998, 8 (4): 734-738.

[49] 邱贤德, 张栋志. 数值计算在采空区稳定性评价中的应用 [J]. 矿山压力与顶板管理, 2002, 19 (4): 105-107.

[50] 刘凯. 全尾砂充填空区的脱水试验研究 [D]. 昆明: 昆明理工大学, 2009.

[51] 张磊, 吕力行, 吴昌雄. 某铜矿全尾砂充填体脱水研究 [J]. 有色金属 (矿山部分), 2014, 66 (4): 107-110.

[52] 宋嘉栋, 甯瑜琳, 詹进, 等. 袋装尾砂充填及围空区采矿柱技术研究 [J]. 矿业研究与开发, 2014, 34 (5): 1-2.

[53] 林卫星, 周爱民, 宋嘉栋, 等. 特大空区矿柱群分区协同开采技术研究与应用 [J]. 采矿技术, 2015, 15 (2): 9-11.

[54] 任凤玉, 李楠. 团城铁矿多空区矿体开采技术研究 [J]. 金属矿山, 2008 (3): 32-34.

[55] 刘晓明, 张伟, 刘为洲, 等. 基于空区实测的隐患资源回收综合技术研究 [J]. 金属矿山, 2008 (8): 88-91.

[56] 吴爱祥, 焦华喆, 王洪江, 等. 深锥浓密机搅拌刮泥耙扭矩力学模型 [J]. 中南大学学报 (自然科学版), 2012 (4): 1469-1474.

[57] 柴岳鹏. 温度和尾砂级配对充填料浆流变性能影响的研究 [D]. 北京: 中国矿业大学 (北京), 2018.

[58] 赵海啸. 高浓度全尾砂充填料浆流动时变性和温变性研究 [D]. 北京: 中国矿业大学 (北京), 2015.

[59] 徐文彬, 宋卫东. 高浓度胶结充填采矿理论与技术 [M]. 北京: 冶金工业出版社, 2016.

[60] 张磊. 某铜矿全尾砂充填体脱水方案研究 [D]. 昆明: 昆明理工大学, 2015.

[61] 肖刚, 李树鹏, 姜磊, 等. 尹格庄金矿水砂充填采场脱水技术试验 [J]. 金属矿山, 2013 (6): 29-30.

[62] 刘凯. 全尾砂充填空区的脱水试验研究 [D]. 昆明: 昆明理工大学, 2009.

[63] 颜丙乾, 杨鹏, 吕文生. 三山岛金矿采场充填脱水工艺改进措施 [J]. 金属矿山, 2015 (3): 48-52.

[64] 张磊, 吕力行. 某矿井下采空区充填体脱水的研究 [J]. 矿产保护与利用, 2013 (5): 9-12.

[65] 韦华南. 水力充填负压强制脱水研究 [D]. 长沙: 中南大学, 2010.

［66］李瑛．软黏土地基电渗固结试验和理论研究［D］．杭州：浙江大学，2011.

［67］王甦达，张林洪，吴华金，等．电渗法处理过湿土填料中有关参数设计的探讨［J］．岩土工程学报，2010，32（2）：211-215.

［68］焦丹，龚晓南，李瑛．电渗法加固软土地基试验研究［J］．岩石力学与工程学报，2011，30（S1）：3208-3216.

［69］冯源，詹良通，陈云敏．城市污泥电渗脱水实验研究［J］．环境科学学报，2012，32（5）：1081-1087.

［70］肖秀梅．动电技术处理城市污水脱水污泥的试验研究［D］．上海：同济大学，2007.

［71］孙路长，张书廷．生物污泥的电渗透脱水［J］．中国给水排水，2004（5）：32-34.

［72］波尔特诺夫ΦM，杨培章．充填体脱水试验［J］．国外金属矿采矿，1984（11）：52-55.

［73］杨建永，黄文钿．胶结充填电渗脱水试验研究［J］．有色矿山，1995（6）：29-31.

［74］长沙矿山研究院动电固结组．全尾矿充填料的动电固结试验［J］．有色金属（矿山部分），1980（6）：35-38.

［75］何小芳．硅酸盐水泥水化产物的高温分解反应动力学［M］．徐州：中国矿业大学出版社，2016.

［76］周科平，古德生．采矿环境再造理论方法及应用［M］．长沙：中南大学出版社，2012.

［77］陈庆法，周科平．隐患资源开采与空区处理协同技术［M］．长沙：中南大学出版社，2011.

附　　录

附表 1　高浓度级配尾砂胶结充填料浆流动性试验设计（理论）

编号	粒组占比	细颗粒/g	中颗粒/g	粗颗粒/g	水泥/g	水/g	总重/g
1	1-1-8	13.6	13.6	108.8			
2	1-3-6	13.6	40.8	81.6			
3	2-1-7	27.2	13.6	95.2			
4	2-3-5	27.2	40.8	68			
5	2-5-3	27.2	68	40.8			
6	2-7-1	27.2	95.2	13.6			
7	3-1-6	40.8	13.6	81.6			
8	3-3-4	40.8	40.8	54.4			
9	3-5-2	40.8	68	27.2			
10	4-1-5	54.4	13.6	68	17	72	225
11	4-3-3	54.4	40.8	40.8			
12	4-5-1	54.4	68	13.6			
13	5-1-4	68	13.6	54.4			
14	5-3-2	68	40.8	27.2			
15	6-1-3	81.6	13.6	40.8			
16	6-3-1	81.6	40.8	13.6			
17	7-1-2	95.2	13.6	27.2			
18	全尾砂		136				

附表 2　高浓度级配尾砂胶结充填料浆流动性试验设计（实际）

编号	配料占比	细颗粒/g	中颗粒/g	粗颗粒/g	水泥/g	水/g	总重/g
1	1-1-8	13.6	0.2	122.2			
2	1-3-6	5.9	38.4	91.7			
3	2-1-7	26.7	2.3	107.0			
4	2-3-5	19.1	40.5	76.4			
5	2-5-3	11.5	78.7	45.8			
6	2-7-1	3.8	116.9	15.3			
7	3-1-6	39.9	4.4	91.7			
8	3-3-4	32.3	42.6	61.1			
9	3-5-2	24.6	80.8	30.6			
10	4-1-5	53.1	6.5	76.4	17	72	225
11	4-3-3	45.5	44.7	45.8			
12	4-5-1	37.8	82.9	15.3			
13	5-1-4	66.3	8.6	61.1			
14	5-3-2	58.6	46.8	30.6			
15	6-1-3	79.5	10.7	45.8			
16	6-3-1	71.8	48.9	15.3			
17	7-1-2	92.6	12.8	30.6			
18	全尾砂		136				

附表3　细颗粒组尾砂粒径分布

编号	粒径/μm	微分/%	累积/%	编号	粒径/μm	微分/%	累积/%
1	0.2	0	0	22	11	12.23	40.69
2	0.24	0	0	23	13.31	8.18	48.87
3	0.29	0	0	24	16	7.39	56.26
4	0.35	0	0	25	19.5	8.66	64.92
5	0.43	0	0	26	23.6	9.74	74.66
6	0.52	0	0	27	28.56	11.35	86.01
7	0.63	0	0	28	32	6.32	92.33
8	0.76	0.02	0.02	29	41.84	7.24	99.57
9	0.92	0.26	0.29	30	50.64	0.42	99.99
10	1	0.22	0.5	31	61.28	0	99.99
11	1.35	1.28	1.78	32	65	0	99.99
12	1.63	1.16	2.94	33	80	0	99.99
13	1.97	0.77	3.71	34	108.63	0	100
14	2	0.04	3.75	35	131.47	0	100
15	2.89	4.05	7.8	36	159.11	0	100
16	3	0.71	8.51	37	192.57	0	100
17	4	4.93	13.44	38	233.06	0	100
18	5.13	4.4	17.84	39	282.06	0	100
19	6.21	3.89	21.73	40	341.36	0	100
20	7.51	4.8	26.53	41	413.14	0	100
21	8	1.93	28.46	42	500	0	100

附表4　中颗粒组尾砂粒径分布

编号	粒径/μm	微分/%	累积/%	编号	粒径/μm	微分/%	累积/%
1	0.2	0	0	22	11	1.79	6.17
2	0.24	0	0	23	13.31	1.28	7.45
3	0.29	0	0	24	16	0.68	8.13
4	0.35	0	0	25	19.5	0.8	8.93
5	0.43	0	0	26	23.6	1.96	10.89
6	0.52	0	0	27	28.56	2.83	13.72
7	0.63	0	0	28	32	1.96	15.68
8	0.76	0.01	0.01	29	41.84	6.31	21.99
9	0.92	0.01	0.02	30	50.64	6.73	28.72
10	1	0.01	0.03	31	61.28	7.65	36.38
11	1.35	0.13	0.16	32	65	2.38	38.76
12	1.63	0.14	0.3	33	80	8.32	47.08
13	1.97	0.21	0.51	34	108.63	16.55	63.63
14	2	0.02	0.53	35	131.47	10.43	74.06
15	2.89	1.18	1.7	36	159.11	8.15	82.22
16	3	0.11	1.82	37	192.57	7.1	89.32
17	4	0.59	2.41	38	233.06	6.36	95.68
18	5.13	0.58	2.98	39	282.06	3.44	99.12
19	6.21	0.52	3.5	40	341.36	0.38	99.49
20	7.51	0.63	4.13	41	413.14	0.46	99.95
21	8	0.24	4.38	42	500	0.05	100

附表5　粗颗粒组尾砂粒径分布

编号	粒径/μm	微分/%	累积/%	编号	粒径/μm	微分/%	累积/%
1	0.2	0	0	22	11	0.04	0.98
2	0.24	0	0	23	13.31	0.04	1.01
3	0.29	0	0	24	16	0.07	1.08
4	0.35	0	0	25	19.5	0.06	1.14
5	0.43	0	0	26	23.6	0.07	1.21
6	0.52	0	0	27	28.56	0.17	1.38
7	0.63	0	0	28	32	0.18	1.56
8	0.76	0	0	29	41.84	0.39	1.96
9	0.92	0	0	30	50.64	0.24	2.2
10	1	0	0	31	61.28	0.36	2.56
11	1.35	0	0	32	65	0.23	2.79
12	1.63	0.02	0.02	33	80	0.97	3.76
13	1.97	0.06	0.08	34	108.63	1.25	5.02
14	2	0.01	0.09	35	131.47	1.5	6.52
15	2.89	0.35	0.44	36	159.11	4.66	11.19
16	3	0.03	0.47	37	192.57	15.19	26.38
17	4	0.14	0.61	38	233.06	26.9	53.28
18	5.13	0.07	0.67	39	282.06	31.69	84.96
19	6.21	0.11	0.79	40	341.36	6.41	91.38
20	7.51	0.12	0.9	41	413.14	7.76	99.14
21	8	0.03	0.93	42	500	0.86	100

附表6　不同粒级组成不同养护时间的剪切应力（y）-剪切速率（x）拟合函数关系

序号	尾砂编号	尾砂配比	时间/min	斜率	截距	拟合方程	相关系数
1			5	3.727	9.3	$y = 3.727x + 9.3$	0.999
2			30	4.019	753.4	$y = 4.019x + 753.4$	0.977
3			60	2.982	1078.2	$y = 2.982x + 1078.2$	0.973
4	1#	1-1-8	90	3.206	1183.3	$y = 3.206x + 1183.3$	0.983
5			120	3.034	1438.8	$y = 3.034x + 1438.8$	0.983
6			150	1.471	1981.7	$y = 1.471x + 1981.7$	0.862
7			180	1.106	1485.2	$y = 1.106x + 1485.2$	0.778

序号	尾砂编号	尾砂配比	时间/min	斜率	截距	拟合方程	相关系数
8	2#	1-3-6	5	0.440	34.6	$y = 0.44x + 34.6$	0.992
9			30	1.043	221.1	$y = 1.043x + 221.1$	0.991
10			60	2.157	474.9	$y = 2.157x + 474.9$	0.987
11			90	3.517	648.8	$y = 3.517x + 648.8$	0.997
12			120	3.821	795.3	$y = 3.821x + 795.3$	0.995
13			150	4.183	944.6	$y = 4.183x + 944.6$	0.989
14			180	3.393	1195.7	$y = 3.393x + 1195.7$	0.991
15	3#	2-1-7	5	0.321	51.3	$y = 0.321x + 51.3$	1.000
16			30	0.441	163.8	$y = 0.441x + 163.8$	0.998
17			60	0.675	278.9	$y = 0.675x + 278.9$	0.999
18			90	0.844	419.2	$y = 0.844x + 419.2$	0.998
19			120	1.059	562.6	$y = 1.059x + 562.6$	0.997
20			150	2.162	649.3	$y = 2.162x + 649.3$	0.998
21			180	1.947	876.4	$y = 1.947x + 876.4$	0.993
22	4#	2-3-5	5	0.186	69.5	$y = 0.186x + 69.5$	1.000
23			30	0.462	159.4	$y = 0.462x + 159.4$	0.999
24			60	0.732	295.8	$y = 0.732x + 295.8$	0.999
25			90	0.667	459.5	$y = 0.667x + 459.5$	0.996
26			120	0.436	574.9	$y = 0.436x + 574.9$	0.992
27			150	0.742	650.7	$y = 0.742x + 650.7$	0.995
28			180	0.456	780.8	$y = 0.456x + 780.8$	0.986
29	5#	2-5-3	5	0.155	73.4	$y = 0.155x + 73.4$	1.000
30			30	0.440	165.1	$y = 0.44x + 165.1$	0.999
31			60	0.777	303.4	$y = 0.777x + 303.4$	1.000
32			90	0.922	491.8	$y = 0.922x + 491.8$	0.999
33			120	0.726	679.1	$y = 0.726x + 679.1$	0.992
34			150	0.831	776.7	$y = 0.831x + 776.7$	0.995
35			180	0.751	890.2	$y = 0.751x + 890.2$	0.996
36	6#	2-7-1	5	0.190	95.4	$y = 0.19x + 95.4$	1.000
37			30	0.587	197.7	$y = 0.587x + 197.7$	0.999
38			60	1.123	346.8	$y = 1.123x + 346.8$	0.999
39			90	1.152	576.7	$y = 1.152x + 576.7$	0.999
40			120	0.769	780.0	$y = 0.769x + 780$	0.958
41			150	1.115	817.0	$y = 1.115x + 817$	0.996
42			180	0.567	944.9	$y = 0.567x + 944.9$	0.987

序号	尾砂编号	尾砂配比	时间/min	斜率	截距	拟合方程	相关系数
43			5	0.119	76.6	$y = 0.119x + 76.6$	0.998
44			30	0.195	120.7	$y = 0.195x + 120.7$	0.997
45			60	0.313	179.0	$y = 0.313x + 179$	1.000
46	7#	3-1-6	90	0.437	256.3	$y = 0.437x + 256.3$	1.000
47			120	0.380	372.4	$y = 0.38x + 372.4$	0.999
48			150	0.536	436.4	$y = 0.536x + 436.4$	0.994
49			180	0.517	533.7	$y = 0.517x + 533.7$	0.988
50			5	0.115	86.4	$y = 0.115x + 86.4$	0.993
51			30	0.177	128.3	$y = 0.177x + 128.3$	0.998
52			60	0.285	182.4	$y = 0.285x + 182.4$	0.999
53	8#	3-3-4	90	0.391	251.5	$y = 0.391x + 251.5$	1.000
54			120	0.518	333.7	$y = 0.518x + 333.7$	1.000
55			150	0.520	434.3	$y = 0.52x + 434.3$	0.999
56			180	0.521	528.3	$y = 0.521x + 528.3$	0.996
57			5	0.119	112.3	$y = 0.119x + 112.3$	1.000
58			30	0.214	155.0	$y = 0.214x + 155$	1.000
59			60	0.351	212.6	$y = 0.351x + 212.6$	0.999
60	9#	3-5-2	90	0.492	288.6	$y = 0.492x + 288.6$	1.000
61			120	0.582	380.9	$y = 0.582x + 380.9$	0.999
62			150	0.669	474.3	$y = 0.669x + 474.3$	1.000
63			180	0.601	582.3	$y = 0.601x + 582.3$	0.997
64			5	0.140	137.1	$y = 0.14x + 137.1$	0.989
65			30	0.195	147.5	$y = 0.195x + 147.5$	0.998
66			60	0.247	185.1	$y = 0.247x + 185.1$	0.999
67	10#	4-1-5	90	0.268	239.3	$y = 0.268x + 239.3$	0.998
68			120	0.272	302.1	$y = 0.272x + 302.1$	0.998
69			150	0.224	373.1	$y = 0.224x + 373.1$	0.997
70			180	0.164	442.2	$y = 0.164x + 442.2$	0.994
71			5	0.150	226.9	$y = 0.15x + 226.9$	0.975
72			30	0.249	233.4	$y = 0.249x + 233.4$	0.999
73			60	0.308	264.4	$y = 0.308x + 264.4$	0.999
74	11#	4-3-3	90	0.320	312.1	$y = 0.32x + 312.1$	0.999
75			120	0.277	372.6	$y = 0.277x + 372.6$	0.996
76			150	0.216	436.0	$y = 0.216x + 436$	0.994
77			180	0.130	492.1	$y = 0.13x + 492.1$	0.996

序号	尾砂编号	尾砂配比	时间/min	斜率	截距	拟合方程	相关系数
78			5	0.232	168.7	$y = 0.232x + 168.7$	0.989
79			30	0.245	203.6	$y = 0.245x + 203.6$	1.000
80			60	0.304	236.9	$y = 0.304x + 236.9$	0.999
81	12#	4-5-1	90	0.373	277.7	$y = 0.373x + 277.7$	1.000
82			120	0.343	337.7	$y = 0.343x + 337.7$	0.995
83			150	0.309	397.5	$y = 0.309x + 397.5$	0.990
84			180	0.285	450.5	$y = 0.285x + 450.5$	0.995
85			5	0.649	271.4	$y = 0.649x + 271.4$	0.999
86			30	0.605	305.9	$y = 0.605x + 305.9$	0.999
87			60	0.531	351.2	$y = 0.531x + 351.2$	0.999
88	13#	5-1-4	90	0.497	401.8	$y = 0.497x + 401.8$	0.999
89			120	0.426	464.7	$y = 0.426x + 464.7$	0.997
90			150	0.358	529.6	$y = 0.358x + 529.6$	0.999
91			180	0.273	592.5	$y = 0.273x + 592.5$	0.998
92			5	0.626	481.3	$y = 0.626x + 481.3$	0.997
93			30	0.540	525.6	$y = 0.54x + 525.6$	0.998
94			60	0.585	549.7	$y = 0.585x + 549.7$	0.993
95	14#	5-3-2	90	0.619	598.3	$y = 0.619x + 598.3$	0.990
96			120	0.463	704.1	$y = 0.463x + 704.1$	0.989
97			150	0.552	727.1	$y = 0.552x + 727.1$	0.993
98			180	0.384	805.1	$y = 0.384x + 805.1$	0.991
99			5	0.484	410.6	$y = 0.484x + 410.6$	0.977
100			30	0.781	403.0	$y = 0.781x + 403$	1.000
101			60	0.662	459.4	$y = 0.662x + 459.4$	1.000
102	15#	6-1-3	90	0.639	508.9	$y = 0.639x + 508.9$	0.999
103			120	0.466	581.9	$y = 0.466x + 581.9$	0.999
104			150	0.413	634.9	$y = 0.413x + 634.9$	0.996
105			180	0.321	685.1	$y = 0.321x + 685.1$	0.968
106			5	0.241	936.6	$y = 0.241x + 936.6$	0.901
107			30	1.169	787.8	$y = 1.169x + 787.8$	0.993
108			60	1.260	810.3	$y = 1.26x + 810.3$	0.996
109	16#	6-3-1	90	1.184	891.9	$y = 1.184x + 891.9$	0.995
110			120	0.909	1001.2	$y = 0.909x + 1001.2$	0.998
111			150	0.618	1106.4	$y = 0.618x + 1106.4$	0.978
112			180	0.717	1168.4	$y = 0.717x + 1168.4$	0.996

序号	尾砂编号	尾砂配比	时间/min	斜率	截距	拟合方程	相关系数
113			5	2.118	1055.5	$y = 2.118x + 1055.5$	0.994
114			30	1.828	1138.5	$y = 1.828x + 1138.5$	0.997
115			60	1.733	1215.8	$y = 1.733x + 1215.8$	0.997
116	17#	7-1-2	90	1.560	1301.6	$y = 1.56x + 1301.6$	0.997
117			120	1.397	1456.8	$y = 1.397x + 1456.8$	0.977
118			150	1.166	1594.0	$y = 1.166x + 1594$	0.990
119			180	1.216	1687.5	$y = 1.216x + 1687.5$	0.992
120			5	0.142	108.7	$y = 0.142x + 108.7$	0.998
121			30	0.175	148.7	$y = 0.175x + 148.7$	0.999
122			60	0.245	199.7	$y = 0.245x + 199.7$	0.999
123	0#	全尾砂	90	0.309	261.5	$y = 0.309x + 261.5$	0.999
124			120	0.338	335.5	$y = 0.338x + 335.5$	0.999
125			150	0.333	412.2	$y = 0.333x + 412.2$	0.998
126			180	0.283	549.1	$y = 0.283x + 549.1$	0.996

附表7 不同料级组成、不同养护时间的料浆阻力损失

尾砂配比	时间/min	阻力损失/Pa·m⁻¹	尾砂配比	时间/min	阻力损失/Pa·m⁻¹	尾砂配比	时间/min	阻力损失/Pa·m⁻¹
1# 1-1-8	5	12423.89	3# 2-1-7	5	3765.269	5# 2-5-3	5	4410.485
	30	53040.75		30	10149.08		30	10211.26
	60	67045.44		60	17035.65		60	18668.15
	90	73368.85		90	25057.56		90	29179.06
	120	86444.16		120	33394.67		120	38542.61
	150	110397.9		150	41547.09		150	44083.36
	180	82749.87		180	52967.79		180	49878.97
2# 1-3-6	5	3251.659	4# 2-3-5	5	4298.773	6# 2-7-1	5	5692.331
	30	15127.57		30	9979.637		30	12421.6
	60	32228.91		60	18118.1		60	22089.39
	90	45859.63		90	26643.62		90	34441.71
	120	54644.69		120	32054.73		120	44059.93
	150	63762.45		150	37079.85		150	47143.36
	180	74629.23		180	43104.39		180	52210.37

尾砂配比	时间/min	阻力损失/Pa·m⁻¹	尾砂配比	时间/min	阻力损失/Pa·m⁻¹	尾砂配比	时间/min	阻力损失/Pa·m⁻¹
7# 3-1-6	5	4467.051	11# 4-3-3	5	12579.73	15# 6-1-3	5	23448.47
	30	7060.235		30	13242.2		30	23990.39
	60	10548.59		60	15084.03		60	26619.46
	90	15066.13		90	17670.2		90	29183.11
	120	21076.17		120	20759.2		120	32526.01
	150	24987.06		150	23945.8		150	35179.99
	180	30117.01		180	26663.39		180	37565.33
8# 3-3-4	5	4977.664	12# 4-5-1	5	9738.987	16# 6-3-1	5	50721.01
	30	7408.715		30	11641.18		30	45753.71
	60	10638.31		60	13606.36		60	47245.97
	90	14665.72		90	16004.33		90	51357.97
	120	19452.91		120	19109.31		120	56305.3
	150	24826.88		150	22186.65		150	60984.7
	180	29844.63		180	24940.04		180	64610.22
9# 3-5-2	5	6369.045	13# 5-1-4	5	16553.71	17# 7-1-2	5	63069.97
	30	8949.536		30	18250.44		30	66569.6
	60	12462.09		60	20428.77		60	70389.23
	90	16966.47		90	23017.79		90	74409.07
	120	22179.56		120	26147.05		120	82167.68
	150	27435.85		150	29392.09		150	88744.85
	180	32980.92		180	32474.69		180	93892.48
10# 4-1-5	5	7760.576	14# 5-3-2	5	27671.54	全尾砂	5	12029.92
	30	8490.976		30	29759.13		30	13840.95
	60	10662.31		60	31187.64		60	16204.62
	90	13621.03		90	33889.11		90	19387.09
	120	16982.5		120	39031.42		120	22653.31
	150	20616.77		150	40545.05		150	25332.16
	180	24109.11		180	44168.38		180	26524.54

附表 8　全尾砂胶结充填体单轴抗压强度（70.7mm×70.7mm×70.7mm 试块）

试验分组	灰砂比	质量浓度/%	充填料浆配比/g				单轴抗压强度/MPa			坍落度/cm
			水	全尾砂	水泥	总计	7d	14d	28d	
B04-65		65	840	1248.0	312.0	2400	2.85	3.73	4.00	—
B04-68		68	768	1305.6	326.4	2400	3.06	2.73	3.10	—
B04-70	1:4	70	720	1344.0	336.0	2400	3.53	4.57	4.19	27.9
B04-72		72	672	1382.4	345.6	2400	3.79	4.48	4.89	27.3
B04-75		75	600	1440.0	360.0	2400	5.14	6.15	—	14.8
B04-78		78	528	1497.6	374.4	2400	6.28	7.03	8.60	—
B08-65		65	840	1386.8	173.2	2400	1.57	1.73	1.87	—
B08-68		68	768	1450.8	181.2	2400	1.5	1.37	1.54	—
B08-70	1:8	70	720	1493.2	186.8	2400	2.29	2.78	2.77	—
B08-72		72	672	1536.0	192.0	2400	2.13	2.34	2.55	—
B08-75		75	600	1600.0	200.0	2400	2.85	3.00	3.30	—
B08-78		78	528	1664.0	208.0	2400	3.37	3.63	3.99	—
B10-65		65	840	1418.0	142.0	2400	1.07	1.52	1.33	—
B10-68		68	768	1483.6	148.4	2400	1.40	1.75	1.52	—
B10-70	1:10	70	720	1527.2	152.8	2400	1.84	1.45	1.25	—
B10-72		72	672	1570.8	157.2	2400	1.34	2.29	2.05	—
B10-75		75	600	1636.4	163.6	2400	1.83	2.14	2.20	—
B10-78		78	528	1702.0	170.0	2400	2.54	2.71	2.87	—
B20-65		65	840	1485.6	74.4	2400	0.26	0.40	0.32	—
B20-68		68	768	1554.4	77.6	2400	0.48	0.65	0.52	—
B20-70	1:20	70	720	1600.0	80.0	2400	0.50	0.66	0.59	28.0
B20-72		72	672	1645.6	82.4	2400	0.67	0.83	0.74	26.9
B20-75		75	600	1714.4	85.6	2400	0.63	0.72	0.91	—
B20-78		78	528	1782.8	89.2	2400	0.79	0.99	0.98	—
B30-65		65	840	1509.7	50.3	2400	—	0.30	0.25	—
B30-68		68	768	1579.4	52.6	2400	—	0.32	0.26	—
B30-70	1:30	70	720	1625.8	54.2	2400	0.22	0.33	0.27	27.5
B30-72		72	672	1672.3	55.7	2400	0.31	0.38	0.37	26.9
B30-75		75	600	1741.9	58.1	2400	0.45	0.58	0.61	—
B30-78		78	528	1811.6	60.4	2400	0.66	0.74	0.79	—

试验分组	灰砂比	质量浓度 /%	充填料浆配比/g				单轴抗压强度/MPa			坍落度 /cm
			水	全尾砂	水泥	总计	7d	14d	28d	
B40-65		65	840	1522.0	38.0	2400	—	0.27	—	—
B40-68		68	768	1592.2	39.8	2400	—	0.23	0.22	—
B40-70	1：40	70	720	1639.0	41.0	2400	—	0.22	0.24	27.5
B40-72		72	672	1685.9	42.1	2400	0.23	—	0.35	26.9
B40-75		75	600	1756.1	43.9	2400	0.24	0.35	0.42	—
B40-78		78	528	1826.3	45.7	2400	0.39	0.54	0.49	—

附表 9　大开头矿区-570-48-8688 采场空区充填记录

充填时间	充填时长	实际配比	质量浓度 /%	充填量 /m³	-620m 积水坑新增水量/m³	空区充填脱水率/%	说　明
03-08	2h15min	1：04	45	56	10.26	24	
03-22	3h00min	1：04	40	116	24.13	26	
03-29	2h00min	1：06	40	63	13.61	27	
04-27	4h35min	1：05	45	84	20.53	32	冲管水进入充填体
05-15	3h40min	1：30	50	35	6.34	25	
05-18	3h30min	1：30	50	150	20.65	19	充填水从空区裂隙溢出
05-19	3h30min	1：26	55	206	33.71	24	
05-22	3h30min	1：29	60	190	24.32	24	
05-25	3h30min	1：16	65	198	26.57	23	
06-03	4h20min	1：28	55	205	34.94	25	
06-07	3h45min	1：28	50	220	41.45	26	
06-14	4h12min	1：29	60	187	25.93	26	
06-28	4h11min	1：29	60	222	33.15	28	
06-29	5h45min	1：29	59	280	30.49	17	充填水从空区裂隙溢出
07-04	5h50min	1：30	59	215	33.06	24	
07-06	3h48min	1：30	63	208	32.81	26	
07-12	0h40min	1：11	66	85	11.27	23	
07-13	1h20min	1：11	50	85	7.33	25	
07-14	1h00min	1：10	50	34	3.75	32	冲管水进入充填体
07-17	0h40min	1：07	49	34	12.14	25	
07-18	1h10min	1：07	50	50	8.69	24	
07-19	0h50min	1：07	49	33	6.25	26	
07-21	0h37min	1：07	49	24	4.37	25	
07-23	0h40min	1：07	48	30	5.35	24	

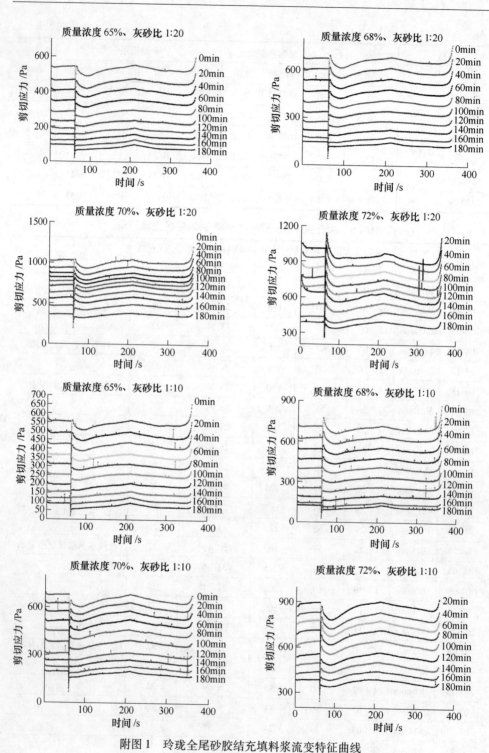

附图 1　玲珑全尾砂胶结充填料浆流变特征曲线

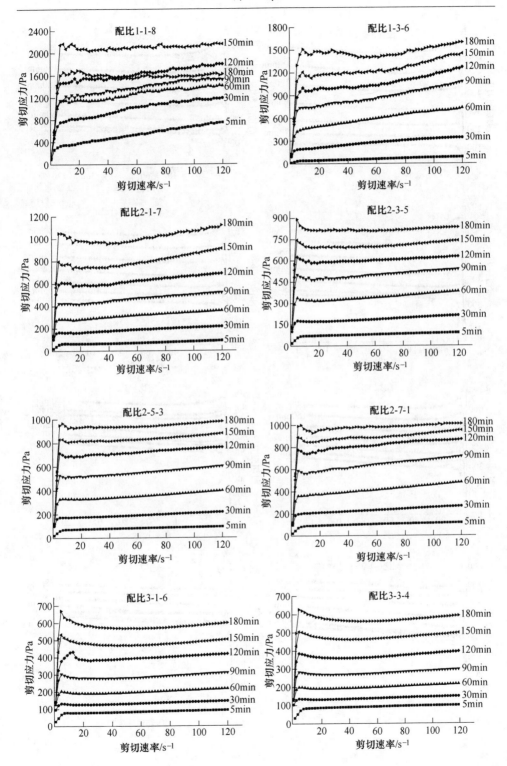

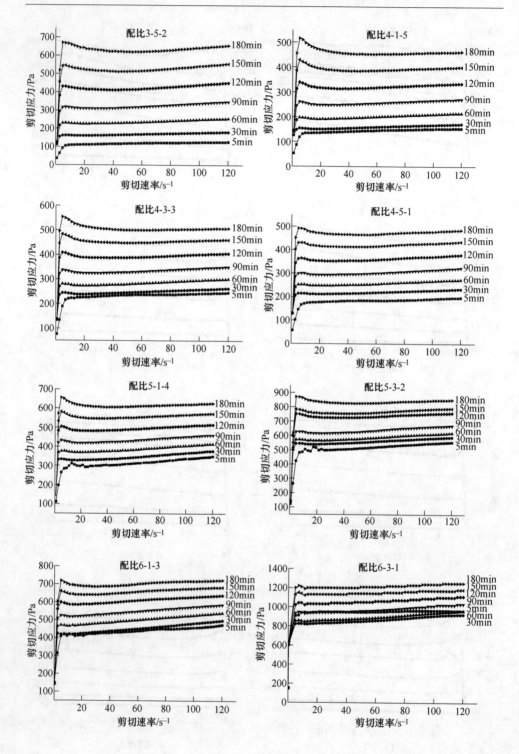

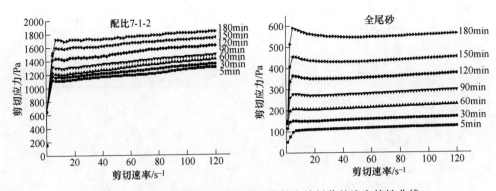

附图 2　不同粒级组成的高浓度尾砂胶结充填料浆的流变特性曲线